职教师资本科电子与计算机工程专业核心课程系列教材

计算机网络技术

李 军 纽 焱 熊 英 主编

科学出版社

北 京

内 容 简 介

本书以任务导向为主线，以问题引导方式将理论知识逐步融入每个学习任务中，涵盖了计算机网络技术的软件和硬件主要知识点，并以职业需求的技能作为实践的主要内容，通过完成这些项目任务，有效激发学生的学习兴趣，提高学生的实践技能。

全书分为 9 章，主要包括网络的基本知识、构建标准，以及局域网技术、广域网技术、联网设备、网络安全、Internet、网站建设等。

本书可作为电子技术、计算机科学与技术、电子与计算机工程、物联网等专业中等职业教育专业师资（本科）培养的教材，也适用于电子技术、计算机科学与技术、电子与计算机工程等各类本科专业。

图书在版编目(CIP)数据

计算机网络技术/李军，纽焱，熊英主编. —北京:科学出版社,2016.12
职教师资本科电子与计算机工程专业核心课程系列教材
ISBN 978-7-03-051039-6

Ⅰ.①计… Ⅱ.①李… ②纽… ③熊… Ⅲ.①计算机网络-高等学校-教材
Ⅳ.①TP393

中国版本图书馆 CIP 数据核字(2016)第 287812 号

责任编辑：闫　陶　杜　权/责任校对：王　晶
责任印制：彭　超/封面设计：苏　波

科 学 出 版 社 出版
北京东黄城根北街 16 号
邮政编码：100717
http://www.sciencep.com

武汉市首壹印务有限公司印刷
科学出版社发行　各地新华书店经销
*
开本：787×1092　1/16
2017 年 9 月第 一 版　印张：17 3/4
2017 年 9 月第一次印刷　字数：430 000
定价：40.00 元
(如有印装质量问题，我社负责调换)

前　　言

本书受教育部、财政部职业院校教师素质提高计划"电子与计算机工程"专业职教师资培养标准、培养方案、核心课程和特色教材开发项目(项目编号:LVTNE038)的资助,作为"电子与计算机工程"专业的专业基础课之一,由相关高校、中职教师及企业工程师合作完成。

本书具有重要职业背景需求和知识体系的技术能力背景,从相关专业(涵盖电子信息类、计算机类、物联网类等多个专业方向)教学实际需求出发,突出"技术性、职业性、师范性",培养学生的学术应用能力和技术能力。

本书注重"问题导入"和"实践场景"的教学方法,注重保持适当宽知识面的基础,加强技能培养的要求,着重增加实践案例的实训指导和网络应用技术方面的知识。

从职业性角度,本书以工作岗位的知识、能力需求为内容选取依据。根据计算机网络相关就业岗位要求,学生应具备的知识、能力来选取本书的内容;同时借鉴思科课程,并将职业认证(如信息产业部的计算机网络管理员认证、思科的网络工程师认证)的考试大纲要求融入教学内容中,采用"工学结合"的思路,充分体现职业特色。

在基本理论方面适当地参考"全国计算机等级考试四级计算机网络考试大纲"和"计算机专业课考研大纲"的主干知识节点,覆盖两个大纲中应用性强的教学模块。

本书主要介绍计算机网络技术的基础知识,通过实例阐述计算机网络的基本原理和实现技术,讨论通过网络传输数据时遇到的各种问题和技术,涉及数据信号的编码和传输、协议的封装和解析、网络的建设和网站等网络技术,对难理解的协议分析和网络硬件配置,结合实际情况,使用大量课堂实践加以说明。对于每章节的知识点,均加入"问题导入式"的知识引导环节。

在结构编排上,全书根据"原理及硬件、按范围组网、网络应用"三条主线进行讲解,对于每一章节,采用"章节引导、问题分析、相关知识、任务实施"的四步教学法依次展开,即围绕章节引导问题先进行分析,再讲解相关支撑知识,然后把某个实际需求或对应的知识难点分解成课堂实践,最后进行演示和实践解释。

本书主要由高校、中职学校多位从事计算机网络技术教学的老师参与编写,并得到了部分企业工程师的直接指导和帮助,提高了实验教学质量,为推动计算机网络教学领域内的教学变革作出了有益的尝试。

感谢吉林中软吉大信息技术有限公司提供了优秀的网络协议软件仿真平台及解决方案,采用形象的协议分析工具,解决了网络协议概念多,复杂抽象难理解的问题,提高了学生对网络软件及协议的配置理解。

感谢北京润尼尔网络科技有限公司提供了优秀的网络硬件实验仿真平台及解决方案,提供了基于 B/S 架构的虚拟实验课程,课程模拟真实实验中用到的器材与设备,提供与真实实验相似的实验环境,提高了学生对硬件的管理、维护、组网能力。

感谢职教师资开发项目专家指导会的专家在编写过程中的关心与指导。

李　军

2016 年 3 月

目　　录

第1章　网络基本知识

章节引导

　　如果你穿越到 1000 年前，驻守边疆，你会怎样传递信息？这些方式有哪些缺点？现代的社会会采用哪些方式传递信息？

知识技能

　　掌握计算机网络组成和分类。

　　掌握计算机网络参考模型。

　　掌握数字通信的基本概念。

本章重点

　　本章重点讨论计算机网络的基本概念、计算机网络的结构组成、计算机网络的分类、计算机网络技术的发展趋势、标准化组织与机构等。

课时建议

4 学时。

课堂实践

　　考察网络实验室、认识基本的网络组成。

　　家庭两台计算机组网及共享局域网资源。

　　理解 TCP 的三次握手建立连接和四次握手的释放连接过程。

　　理解序号、确认号等字段在 TCP 可靠连接中所起的作用。

 知识结构

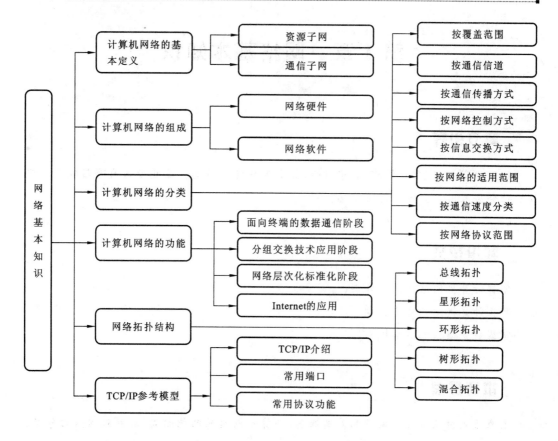

1.1 任务一 认识网络

章节引导

观点"我们生活在一个网络的世界"对吗？那么，"网络如何改变了我们的生活？"饮食、学习、交通、付款、购物，对比一下，各举一个网络带来快捷的例子。

随着联网方式的增多和联网速度的提高，网络越来越深入生活的各个方面，人们最常见的接触网络的界面是什么？最常见的上网方式包括两方面，计算机上网和手机上网，这两个界面如图 1-1 所示。

通过这个界面来认识网络，通过图 1-2 中的框中提示，当前接口的连接速度为 100.0 Mbit/s，已发送 66 252 588 字节，收到 251 558 556 个字节。这就是我们对网络的初步认识，就是发送和接收字节，并且稳定可靠地传送到远端。

从图 1-2 中可以看到，计算机表达最常见的网络速度单位之一为 Mbit/s，而下载常见的单位为 B/s。其他常用的网速单位有：千比特每秒（Kbit/s，10^3 bit/s）、兆比特每秒（Mbit/s，10^6 bit/s）、吉比特每秒（Gbit/s，10^9 bit/s）、太比特每秒（Tbit/s，10^{12} bit/s）。

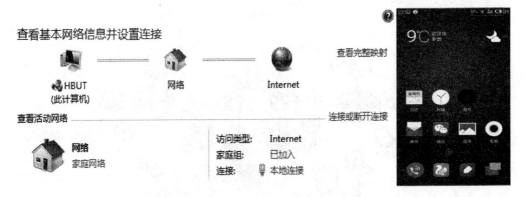

图 1-1　常见的接触网络的两种方式

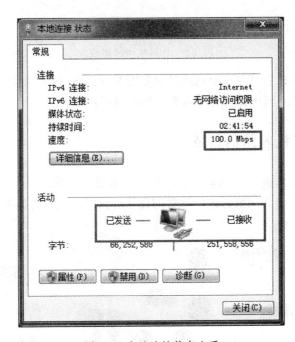

图 1-2　本地连接状态查看

1.1.1　计算机网络的定义

如图 1-3 所示,计算机网络指一组地理位置不同的、相互连接的、自治的计算机及其外部设备的集合。这些具有独立功能的计算机使用通信设备、信道相互连接起来,在网络操作系统、网络管理软件和网络通信协议的管理和协调下,实现信息传递、数据通信和资源共享的计算机系统。

从资源共享观点出发,计算机网络可定义为"以能够相互共享资源的方式互联起来的自治计算机系统的集合"。它有三个基本特征。

(1) 计算机网络建立的主要目的是实现网络内计算机资源的共享。

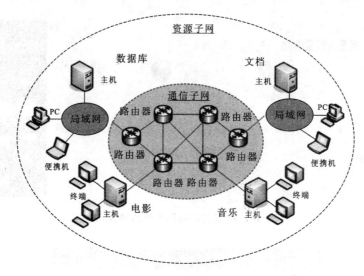

图 1-3　计算机网络构成

（2）互联的计算机是分布在不同地理位置的多台自治（独立）的计算机。

（3）联网计算机之间的通信必须遵循共同的网络协议。

1.1.2　计算机网络的组成

　　无论是遍及全世界的 Internet，还是小至一个家庭的局域网，所有能够互联的计算机网络构成通常符合一些共同的标准。常见的计算机网络组成方式如图 1-4 所示。

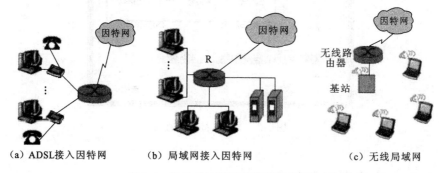

（a）ADSL接入因特网　　　（b）局域网接入因特网　　　　（c）无线局域网

图 1-4　常见的计算机网络组成方式

　　计算机网络是一个集计算机系统、通信设备、计算机等硬件设备，以及操作系统、网络软件、工具软件等软件系统，数据和信息资源融于一体，实现资源共享的现代化综合服务系统。其基本组成如图 1-5 所示。

　　网络硬件系统是计算机网络的物理基础，主要包括计算机、传输介质、通信设备等。网络软件指根据网络协议所编制的服务程序，对网络中的各种资源进行全面管理、调度和分配，保障网络安全和信息安全。网络软件包括协议软件、通信保障软件、操作系统软件、管理软件和应用软件。

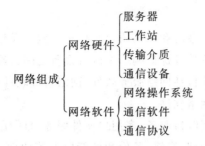

图 1-5　计算机网络组成

【思考】如果一个宿舍有 4 台计算机需要组网,需要哪些软硬件?

计算机网络硬件系统中常用的设备包括以下几种。

1)计算机系统

(1)服务器(server):服务器是计算机网络中向其他计算机或网络设备提供服务的计算机,通常按提供的服务冠名,如数据库服务器、邮件服务器等。在计算机网络中,服务器是网络的核心组成部分。常用的服务器有文件服务器、打印服务器、通信服务器、数据库服务器、邮件服务器、信息浏览服务器等。

(2)客户机(client):在计算机网络中共享其他计算机提供服务的计算机称为客户机。

2)通信设备

(1)网卡:又称网络适配器或者网络接口卡(network interface board),该硬件可以集成在主板上,也可是单独地插在计算机主机板扩展槽上的印刷电路板卡,网卡负责计算机与通信设备的连接和通信,负责传输或者接收数字信息。

(2)调制解调器(modem):是计算机与公用电话线相连的一种信号转换装置,在发送端将计算机中传输的数字信号转换成通信线路中传输的模拟信号,在接收端将通信线路中传输的模拟信号转换成数字信号。将数字信号转换成模拟信号,称为调制;将模拟信号转换成数字信号,称为解调。

(3)交换机(switch):以太网交换机从网桥发展而来,我国通信行业标准 YD/T 1099—2001《千兆以太网交换机设备技术规范》中,对以太网交换机的定义是,以太网交换机实质上是支持以太网接口的多端口网桥,交换机通常使用硬件实现过滤、学习和转发数据帧。交换机产品有以太网交换机、ATM 网交换机、电话网程控交换机等。

(4)网桥(bridge):是局域网常用的连接设备,是一种在链路层实现局域网互联的存储转发设备。网桥工作在数据链路层,用来连接两个在数据链路层以上各层具有相同协议的网络。

(5)路由器:是互联网中常用的连接设备,用路由器将两个以上的网络连接在一起,组成更大的网络,也可以将局域网与 Internet 互联。路由器通过转发数据包实现网络互联,路由器支持多种网络协议(如 TCP/IP、IPX/SPX、AppleTalk 等),在我国绝大多数路由器运行 TCP/IP。

3)传输介质

传输介质就是通信中实际传送信息的载体,在网络中是连接收发双方的物理通路。目前使用较多的局域网传输介质有双绞线、同轴电缆、光缆等。

4）软件系统

软件系统包括网络操作系统和网络协议软件等。网络操作系统是指能够控制和管理网络资源的软件。网络协议软件保证网络中两台设备之间正确地传送数据。

服务器版网络操作系统包括网络服务软件、网络管理软件和网络环境软件，个人计算机版操作系统包括客户机网络软件。

网络服务软件包括域名解析服务、多用户文件服务、打印服务、电子邮件服务等服务；网络管理软件包括安全性管理、容错、备份和性能监控等软件；网络环境软件包括多任务软件、传输协议软件、多用户文件系统等软件；工作站网络软件的主要功能是实现客户与服务器之间的通信，方便地访问服务器和共享资源。

常用的网络操作系统可以分为两类。

（1）Windows 系列，Microsoft 公司 Windows NT，Windows 2003 Server，Windows 2008 Server 等。

（2）非 Windows 操作系统主要有基于 UNIX 的 UNIX SVR 4.0、HP-UX 11.0，Sun 的 Solaris 8.0 以及基于 Linux 的 RedHat、红旗 Linux 等。

网络操作系统与通常的操作系统的区别在于网络操作系统除了应具有计算机操作系统的处理机管理、存储器管理、设备管理和文件管理基本功能，还应具有以下两大功能。

（1）提供高效、可靠的网络通信能力。

（2）提供多种网络服务功能，如远程作业录入并进行处理的服务功能；文件转输服务功能；电子邮件服务功能；远程打印服务功能。

1.1.3 计算机网络网络的发展

1. 计算机网络的形成

现代的计算机网络始于 20 世纪 60 年代，60 年代初美国（国防部）高级研究计划局（Advanced Research Projects Agency，ARPA）提出在计算机之间传送数据的网络研究计划，在美国国防部资助下，1969 年 12 月建立了由 4 个节点构成的第一个分组交换的 ARPANET。ARPANET 利用租用的通信线路把加州大学洛杉矶分校、圣巴巴拉的分校及斯坦福大学、犹他大学的计算机主机连接在一起，最初采用网络控制协议（network control protocol，NCP）进行互连，采用分组交换技术传送数据，构成了分组交换计算机网络。随后出现了多种结构的计算机网络，ARPA 开始对这些异构网络之间的互联技术进行研究，实现了异构网络之间的互联。1983 年，美国国防部通信局决定，ARPANET 的通信协议由 NCP 过渡到 TCP/IP，Internet 由此诞生。

2. 计算机网络的发展过程

计算机网络的形成和发展可以分为如下四个阶段。

（1）第一阶段，面向终端的数据通信阶段（20 世纪 50 年代）。1954 年出现了带收发器的终端设备，通过电话线路实现终端与远程的计算机相连，终端用穿孔卡片机输入。

（2）第二阶段,分组交换技术应用阶段（20 世纪 60 年代初到 70 年代初）。1969 年 12 月,第一个采用分组交换技术的网络 ARPANET 投入运行,促进了分组交换技术的发展,形成具有数据处理和数据通信两大功能的第二代计算机网络。计算机网络的中心为通信子网,计算机主机与终端在外围构成资源子网。

（3）第三阶段,网络层次化标准化阶段（20 世纪 70 年代初到 80 年代初）。随着网络技术的发展,局域网、城域网、广域网等各种类型的网络中出现不同结构的网络系统,不同的网络产品制造商制造出结构不同的各种网络产品,这些异构网络的互连,要求网络的体系结构必须层次化,网络协议必须标准化。由国际标准化组织（ISO）于 1983 年形成了开放系统互连参考模型（ISO/OSI-RM）,简称为 OSI（open system interconnection）参考模型,即 ISO/IEC 7498 国际标准。该模型是一个由 7 层协议构成的标准,包括物理层、数据链路层、网络层、运输层、会话层、表示层和应用层 7 个层次。

（4）第四阶段,Internet 的应用阶段（20 世纪 90 年代到现在）。随着 Internet 技术的发展和广泛的计算机联网,带动了 Internet 应用的高速发展和普及。高速网络技术和全光网络的发展,为 Internet 的应用提供了足够的带宽,网络带宽由早期的 10 Mbit/s, 100 Mbit/s,1 Gbit/s,2 Gbit/s 到现在的 100 Gbit/s 以上。

从计算机网络发展的四个阶段可以看出,第一阶段只是计算机网络形成过程中前期的雏形;第二阶段是网络成长中百花齐放的自由发展期,只将网络粗略地划分为通信子网和资源子网;第三阶段是网络互联的磨合期,将网络协议分层,制定每层互连的标准,各种网络设备必须按协议标准设计生产,网络设备的层次清楚,对等层相互通信;第四阶段是网络的应用期,各种网络技术的研究和开发主要是根据 Internet 应用的需求而进行的,网络的应用,特别是 Internet 的应用,是这个时期的主要任务。

3. 计算机网络方面的标准化组织

在网络的发展过程中,由标准化组织制定的各种标准在网络的标准化工作中起到至关重要的作用。计算机网络的标准化有两个优点,第一,使得不同设备之间的兼容性和互操作性更加紧密;第二,可以更好地实现计算机网络的资源共享。在计算机网络方面的标准化组织有以下几个。

国际标准化组织（International Standardization Organization,ISO）是一个代表了 130 多个国家的标准组织的集体,负责目前绝大部分领域（包括军工、石油、船舶等垄断行业）的标准化活动。

国际电信同盟（International Telecommunications Union,ITU）是一个政府间的组织,由国际电报电话咨询委员会（CCITT）、无线电通信委员会（CCIR）等组织合并而成。负责管理无线电和电视频率、卫星和电话的规范、网络基础设施、全球通信所使用的关税率。

美国国家标准协会（American National Standards Institute,ANSI）负责制定电子工业的标准,此外也制定其他行业的标准。

电子工业联盟（Electronic Industries Association,EIA）是代表来自全美各电子制造公司的商业组织,由美国国家标准协会授权编写电子器件、消费电子产品、电信和互联网安全等方面的标准。

电气与电子工程师协会（Institute of Electrical & Electronic Engineers,IEEE）是一

个由电气工程、电子技术和计算机科学领域的工程专业人士组成的国际社团,致力于电气、电子、计算机工程和与科学有关的领域的开发和研究,在太空、计算机、电信、生物医学、电力和消费性电子产品等领域已制定了 900 多个行业标准。

这些标准化组织制定的标准很多,例如,国际标准化组织于 1983 年形成了开放系统互连参考模型(ISO/OSI-RM),简称为 OSI,是一个由 7 层协议构成的标准,即 ISO7498 国际标准。电气电子工程师协会于 1980 年 2 月组成了 IEEE 局域网标准委员会(简称 IEEE 802 委员会),制定的 IEEE 802 局域网标准,都在网络的发展中起到重要作用。

1.1.4 计算机网络分类

在互联网中,每个网络可以有不同的网络结构,使用不同的介质和信道,采用不同的接入方式和通信方式,使用在不同的地域范围,甚至网络产品的不同生产厂商都会产生不同形式的计算机网络。从不同的角度,按不同的标准对计算机网络进行分类,可以从不同的侧面来描述计算机网络,反映出不同类型网络的技术特征和网络服务功能。计算机网络的分类方法很多,主要介绍的分类方法如下。

1. 按计算机网络覆盖的地理范围的大小分类

可分为局域网(local area network,LAN)、城域网(metropolitan area network,MAN)和广域网(wide area network,WAN)。

局域网的覆盖范围较小,通信距离小于 10 km,传输速率在 0.1~1000 Mbit/s,响应时间为百微秒级,一般用在一座建筑物内或有限的几座建筑物内,其特点是结构简单、技术单一、组网方便、使用灵活、管理容易,如图 1-6 所示。

城域网覆盖范围比局域网大,是介于广域网与局域网之间的一种高速网络,是根据一个园区、一个行业、一座城市中多个局域网互连的需求而设计的网络功能齐备的中型网络,其主干线路传输速率在 2.5 Gbit/s 以上。城域网设计的范围是满足几十千米的数据、语音、图形与视频等多种信息的传输和交换,如图 1-7 所示。

图 1-6　局域网　　　　　　　　　　　　　图 1-7　城域网

广域网又称远程网,其覆盖范围很广,大于几十千米,可以分布在一个地区、一个国家以至于全世界,如图 1-8 所示。广域网网络结构非常复杂,提供的服务功能全面,信息量庞大。最典型的广域网是 Internet、中国公用计算机互联网(ChinaNET)、中国金桥信息网(ChinaGBN,又名金桥网),以及中国教育科研计算机网(CERNET)等。

图 1-8　广域网

2．按通信信道分类

可分为有线网和无线网。有线网使用有线信道;无线网使用无线信道。

3．按通信传播方式不同分类

可分为广播式网络和点对点式网络。

广播式网络采用广播方式传输数据,网络中的每台计算机都共享一个公共的通信信道,其中任意一台计算机向信道发送报文分组,实质上是向信道发送报文分组的广播,网络中其他的计算机都会接收到这个报文分组,每台计算机都会将报文的目的地址与本节点地址进行比较,地址相同的计算机接收该分组,地址不同的计算机则丢弃该分组。

点对点式网络中,每一对计算机必须通过一条链路相连,该链路可以是由一条物理信道直接连通源节点和目的节点,也可以从源节点通过几个节点的线路到达目的节点,从源节点发出的报文分组通过中间节点的接收、存储、转发到下一节点,直到目的节点。报文分组从源节点经过确定的节点传输到目的节点的通路称为路由,每一对计算机之间进行通信存在多条路由,通过路由选择算法决定报文分组的路由,因此,报文分组的存储转发和路由选择是点对点式网络的传输特点。

4．按网络控制方式分类

可分为集中式和分布式两种网络。

5．按信息交换方式分类

可分为电路交换网、报文交换网和分组交换网。

电路交换网是在网络中任意两个节点之间建立一条专用通信线路,进行数据交换。电路交换是面向连接的交换方式,由"建立连接"→"通信"→"释放连接"三个步骤完成通信。其特点是独占资源,面向连接,如图 1-9 所示。例如,电话网络,每次会话预留沿其路径(线路)所需的独占资源。

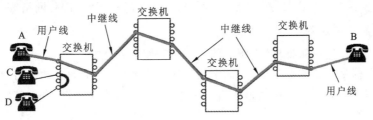

图 1-9　电路交换

要发送的整块数据称为报文,报文交换网不需要在两个节点中建立专用通信线路,网络中的任一节点都可以发送报文,发送报文的节点将报文和目的地址封装在一起,发送到下一节点,下一节点经过暂存这个报文后再往下发送,直到目的节点,如图 1-10 所示。

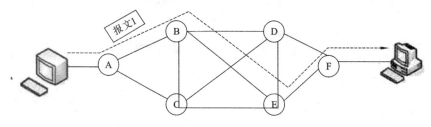

图 1-10　报文交换

分组交换网采用存储转发等技术,将报文分割成更小长度的等长数据段,在每一个数据段前面加上必要的报头控制信息构成分组,报包头包括源地址和目标地址等重要控制信息,每一节点读取目标地址后,将分组发送到下一节点,每一个分组可以根据网络的当前状态独立选择一条路由,如图 1-11 所示。

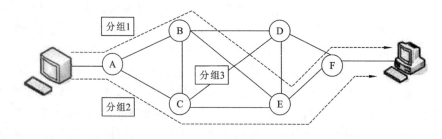

图 1-11　分组交换

6. 按网络的适用范围分类

可分成公用网和专用网。公用网指电信企业出资建造的大型网络,它面向公众,凡按电信部门规定交纳费用的人和部门均可使用;专用网指某些行业、部门、单位为自身工作需要建立的计算机网络,这些网络只为内部人员服务,如企业网、政务网和校园网等。

7. 按通信速度分类

可分成低速网、中速网和高速网。

8. 按网络协议分类

可分为以太网(ethernet)、令牌环网(token ring)、光纤分布式数据接口(FDDI)网络、X. 25 分组交换网络、TCP/IP 网络、SNA 网络、异步传输模式(ATM)网络等。

9. 按传输方式分类

可分为基带传输和频带传输,频带传输又分为窄带和宽带。

传输的数据是原始的数字信号,数字信号所固有的频带(未调制的频带)称为基带,这种数字信号称为基带信号。在信道中直接传输基带信号,称为基带传输,其网络称为基带网络,如图 1-12 所示。

把调制到不同频率的多种信号在同一传输线路中传输称为频带传输,如图 1-13 所

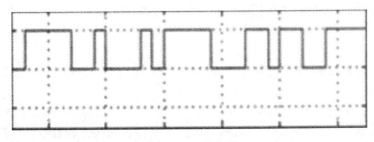

图 1-12　基带传输

示。带宽(bandwidth)是模拟信道中,信号或信道通频带的宽度,通常指信道内可以传输频率的范围。带宽的单位是 Hz。

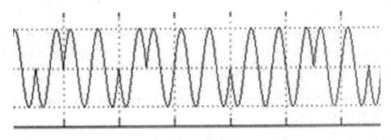

图 1-13　频带传输

在数字信道中传送数字信号的速率称为数据传输率,简称比特率,单位为 bit/s。习惯上将数据传输率称为数字信道的带宽,单位仍用 bit/s。宽带是相对窄带而言的,没有统一标准,电信企业常将传输速率高于 1 Mbit/s 的通信业务统称为宽带业务,如 ADSL业务,而低于 1 Mbit/s 的电信业务如电话网、N-ISDN 所提供的业务称为窄带业务。

1.1.5　计算机网络的常用功能

计算机网络的用途很多,最主要的功能有数据通信、资源共享、分布处理、综合信息服务等功能。

1. 数据通信

数据通信是计算机网络最基本的功能之一,通过互联网在计算机与计算机之间快速传送包括文字、声音、图像、动画、影视等多媒体信息,快速可靠地相互传递数据、程序或文件。传送各种类型的数据,文字信件、新闻报道、咨询访问、图片资料、文艺演出、体育竞赛、股票行情、科技动态、报纸杂志、商品广告、道路交通、天气预报等诸多消息,还可以通过网络拨打IP 电话、发电子邮件、打视频电话、开视频会议,观看影视节目等。

2. 资源共享

资源指网络中所有的软件、硬件和数据资源。共享指网络中的用户能够部分或全部地使用网络内的共享资源,如网络打印机。资源共享包括硬件资源共享、软件资源共享和数据资源共享三个方面。

(1) 硬件资源共享:可以在全网范围内提供对处理器资源、存储资源、输入输出资源等资源的共享,可共享的设备包括高性能计算机、大容量存储器、打印机、图形设备、通信线路、通信设备等。共享硬件资源能提高硬件资源的使用效率,节省投资,便于集中管理和均衡分担负荷。

(2)软件资源共享:允许网络用户访问共享的程序与文件,访问共享的远程计算机的数据库和应用软件、程序等。

(3)数据资源共享:通过网络共享数据资源,创建网上数据资源库,建立网上图书馆和网上情报资料室,集中管理数据资源,实时提供数据查询服务和数据传输服务,实时发送商业信息、天气预报、股票行情、科技动态等公共数据。事实上 Internet 中存在大量的数据资源库,就像一个信息的海洋,有取之不尽、用之不竭的信息与数据,如各种网站和主页、电子出版物、网上消息、报告和广告等信息与数据。

3. 分布处理

多台计算机联网以后可以形成一个大规模的计算机系统,一些大型的工作任务可以划分成若干个子任务分散到网络上的各台计算机上去完成。分布处理指组成网络的多台计算机协同工作,这些协同工作的计算机之间按照协作的方式实现信息交流和资源共享,当执行一件较大的工作时,根据分布式算法将该工作分配给网络上多台计算机共同完成。

4. 综合信息服务

综合信息服务是由各行各业根据自身的需求,搭建的一个内容丰富、业务功能强大的信息服务平台,该信息平台能够为社会公众、企事业单位、政府机关、教师学生提供信息咨询、数据查询等信息服务。例如,提供全面的城市信息、旅游、交通、订票、订餐、订房等全方位信息服务。

【思考】一天之中,我们的日常生活中应用了哪些 Internet 服务?

1.1.6 最常见的网络拓扑结构

网络的拓扑结构形式较多,主要可分为总线拓扑、星形拓扑、环形拓扑、树形拓扑和混合拓扑结构。在网络中,各种网络设备相互连接可抽象成节点和线,节点和线的集合称为网络拓扑。

总线拓扑网络以公共的传输线(如细缆,两端有终接器)作为网络的传输介质,各节点通过硬件接口直接和传输线相连,信号沿介质以广播方式传播,如图 1-14 所示。

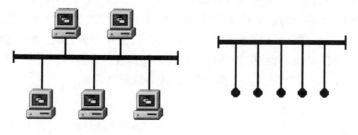

图 1-14 总线拓扑网络

星形拓扑网络以集线器(hub)或交换机(switch)为中心节点,端口通过双绞线连接各主机或其他节点,如图 1-15 所示。

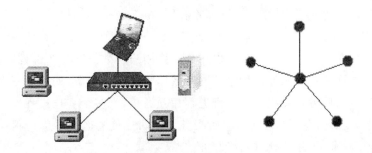

图 1-15　星形拓扑网络

　　环形拓扑网络的通信介质将所有的节点转发器连接成封闭的环路,如图 1-16 所示。环路中信息单向逐点传输,环路中的信息组织成数据帧,数据帧每经过一个节点,数据转发一次,直到回到始发节点,该节点删除数据帧。节点的数据转发器具有插入数据、接收数据和删除数据的功能。

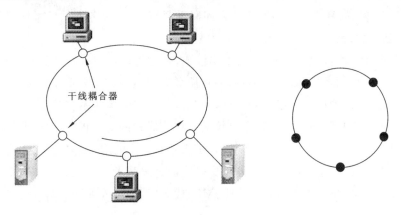

图 1-16　环形拓扑网络

　　树形拓扑网络由总线型网络演变而来,形状如同一棵倒置的树,用一个交换机(或集线器)作为根节点,其他交换机(或集线器)和主机作为子节点,如图 1-17 所示。

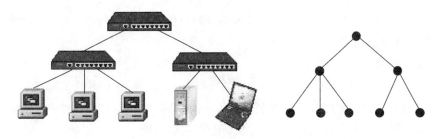

图 1-17　树形拓扑网络

1.1.7　最常见的网络互相访问方式

C/S 模式和 B/S 模式是两种常见的软件系统体系结构,C/S 模式指客户机/服务器

(client/server)模式;B/S模式指浏览器/服务器（browser/server）模式。

C/S模式主要由客户端应用程序（client）、服务器端管理程序（server）和中间件（middleware）三个部件组成。客户应用程序是网络用户与数据交互的部件，客户进程与服务器进程相互交换数据。服务器程序负责有效地管理系统资源，如管理一个部门的数据库，服务器运行时，服务器进程与客户机进程相互通信，当多个客户进程发送服务请求时，服务器进程响应服务请求，提供相应的服务。中间件负责连接客户进程与服务器进程，协同完成一个作业，为用户提供网络服务。

C/S模式有以下特点。

（1）C/S模式将应用与服务分离，系统具有稳定性和灵活性。

（2）C/S模式配备的是点对点的结构模式，适用于局域网，有可靠的安全性。

（3）C/S模式的客户端与服务器端直接连接，服务器进程与客户机进程直接通信，不需要访问其他服务器，因此，响应速度快。

（4）C/S模式的客户程序与服务器程序联系紧密，一旦服务器软件系统升级，每台客户机都要相应地升级，系统升级和维护较为复杂。

B/S模式是一种基于Web技术的工作模式，是把传统C/S模式中客户机的应用程序简化成一个浏览器的客户/服务器结构，并将服务器分解为一个数据库服务器与一个或多个应用服务器，从而构成一个以Web技术为基础的三层结构体系。

第一层客户机是网络用户与整个系统的接口。客户的应用程序精简为一个通用的浏览器软件，如网景公司的Netscape Navigator或微软公司的IE等浏览器。

第二层Web服务器将启动相应的进程来响应客户请求，并动态生成一串超文本标记语言（Hyper Text Markup Language，HTML）代码，其中嵌入处理的结果，返回给客户机的浏览器。

第三层数据库服务器负责协调不同的Web服务器发出的服务请求，提供相应的数据服务，并管理数据库中的数据。

B/S模式有以下特点。

（1）因为客户机采用的是通用浏览器，节省客户机的硬盘空间与内存，而且使安装过程更加简便、网络结构更加灵活。

（2）在B/S模式下，用户通过通用的浏览器进行访问，系统开放性好。

（3）由于Web的平台无关性，B/S模式的结构易于扩展，并且开发成本低。

（4）当服务器应用程序升级时，浏览器软件不需要修改，系统开发、维护、升级方便。

（5）由于浏览器易于获得，使用成本低，用户使用方便。

【思考】某公司90人左右，局域网连接，有什么方案可以实现不同用户访问不同的文件？完成以上方案后，怎样在分公司访问总公司的文件呢？

提示：两种常见方案。

（1）Windows 7下设置共享文件夹。

（2）建立局域网或广域网的FTP（File Transfer Protocol）服务器。

课 堂 实 践

操作 1　考察网络实验室、认识基本的网络组成

[实训目的]

通过本次实训,能够了解我们上机所在机房的网络如何建立,了解网络的拓扑结构,为后续的讲解和实训建立基础。

[实训内容]

通过对机房的实际观察和引导,结合具体环境说明计算机网络的定义、组成、分类和拓扑结构。

[网络环境]

已建好的 100Mbit/s 以太网络,包含交换机、智能网络设备、组控设备、5 类非屏蔽双绞线(UTP)直通线、交叉线、42 台计算机。

[软件需求]

Windows 7 或 Windows Server 2003。

[实训步骤]

(1) 分组,每 6 人 1 组,选出组长。

(2) 认识网络协议平台。

① 展示机柜、地板布线(用吸盘将机房地板掀开一部分),通过真实环境讲解网络的定义、组成、分类和拓扑结构。

② 计算机网络教学实验系统的网络结构中各组实验主机配置及编号设置如下。

展示图片如图 1-18～1-21 所示。

图 1-18　吸盘

图 1-19　地板

图 1-20　机架服务器　　　　　　　　　图 1-21　交换机、路由器组控设备

a. 学生主机。每组六台主机,其中主机 B、主机 D 和主机 E 是双网卡,双网卡主机上的第二块网卡的网线必须直接连接到智能网络设备上。

实验室中有 n 个小组(n 为实验组别),以实验室中的第 1 个小组为例。

第 1 组:1A、1B、1C、1D、1E、1F。(为 6 台计算机的编号)

b. 组控设备。组控设备具有数据采集、动态缓冲区分配、均衡网络负载等功能,并可配合智能网络设备实现多种网络结构。

c. 智能网络设备。用于构建网络硬件结构,具有基本的二层和三层交换机以及路由器功能,提供网络拓扑结构的自动化管理。即可以实现网络拓扑结构的循环切换,从而有效避免更改网络结构时频繁插拔网线的问题;还可以设置智能网络设备的集联控制模式和对实验室内所有实验组网络结构的一键式切换。

d. 主控中心平台。主控中心平台是系统的硬件核心,由专用高性能服务板卡和交换板卡构成,为实验环境提供各种系统服务(如 FTP、DNS、DHCP 等),保障网络数据流量,确保实验结构完整和实验用户数的有效扩展,同时为各产品提供实验室管理服务。

e. 服务器。在网络协议和网络安全实验中,提供各种需要的网络服务,如网站 Linux 平台、FTP 服务器、邮件服务器、网络监控等。运行 4 个 VMware 虚拟机。

操作 2　家庭两台计算机组网及共享局域网资源

[实训目的]

通过基本的两台计算机的互联,掌握对网络组的配置。

加深资源共享的理解。

[实训内容]

通过对 Windows 7 家庭组的设置,实现文件夹的共享。

[网络环境]

已建好的 100 Mbit/s 以太网络,两台计算机,操作系统为 Windows 7。

[软件需求]

Windows 7。

[实训步骤]

1. 创建家庭组

在"打开网络与共享中心"界面上,单击"家庭组"选项,然后按照说明界面提示,选择创建家庭组,确定要共享的图片、文档、视频、文件夹等,操作系统生成家庭组共享的密码,最后确定完成。如图 1-22~图 1-24 所示,并可在如图 1-25 所示的界面中修改和查看密码。如果网络上已存在一个家庭组,则 Windows 会询问用户是否愿意加入该家庭组而不是新建一个家庭组。

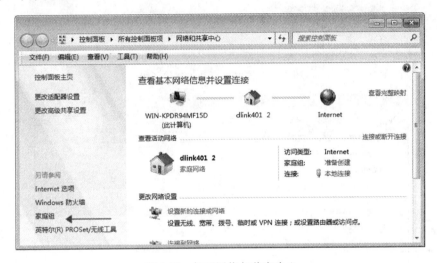

图 1-22　打开网络与共享中心

图 1-23　创建家庭组

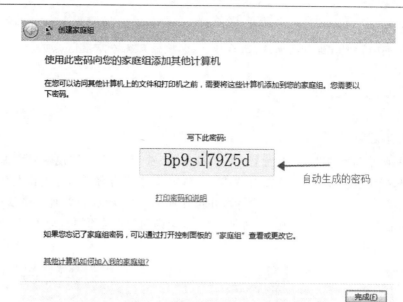

图 1-24　家庭组自动生成的密码

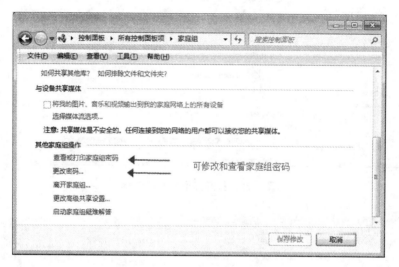

图 1-25　修改和查看家庭组密码

2. 加入家庭组

在网络上的某主机创建家庭组后,下一步是加入该家庭组。如果网络上已存在一个家庭组,则 Windows 会询问您是否愿意加入该家庭组。上一步主机 WIN-KPDR94MF15D(192.168.1.2)已经创建了家庭组,并共享了文件夹 mp3。下面以主机(192.168.1.3)为例,首先需要使用家庭组密码,可以从创建该家庭组的人那里获取该密码加入家庭组。执行下列步骤。

单击"家庭组"选项,单击"立即加入"按钮,然后完成该向导。

注意,如果未看到"立即加入"按钮,则可能没有家庭组。请确保事先已有人创建了一个家庭组,如图 1-26～图 1-28 所示。

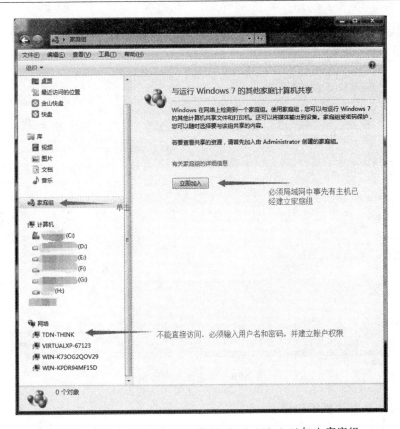

图 1-26　主机 WIN-K73OG2QOV29(192.168.1.3)加入家庭组

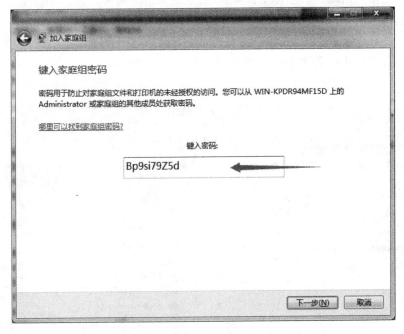

图 1-27　输入加入家庭组的密码

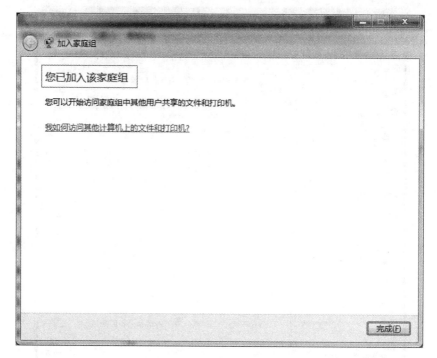

图 1-28　成功加入家庭组

3．访问共享文件夹的资源

单击"开始"按钮，然后单击用户名。在导航窗格（左窗格）中的"家庭组"下，单击希望访问其文件的用户的帐户名。在文件列表中，双击要访问的库，然后双击所需的文件或文件夹。注意，计算机处于关闭、休眠或睡眠状态时将不会出现在导航窗格中。

如果已使家庭组文件或文件夹在脱机时可用，然后断开网络连接，则文件或文件夹将不再出现在"库"窗口中。若要找到这些文件或文件夹，请打开网络文件夹。在主机 WIN-KPDR94MF15D（192.168.1.2）中设置文件夹 mp3 为家庭组可读写，如图 1-29 所示。

图 1-29　文件夹设置为家庭组可读取/写入

在主机 WIN-K73OG2QOV29(192.168.1.3)中查看家庭组中的共享库中是否可以看到新共享的文件夹 mp3,如图 1-30 和图 1-31 所示。

图 1-30　查看是否看到家庭组成员

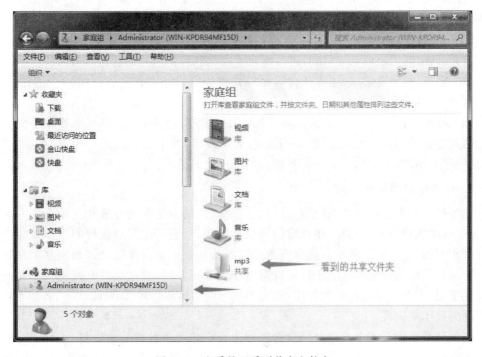

图 1-31　查看是否看到共享文件夹

1.2 任务二 认识网络体系结构的标准

章节引导

在动画片《蜡笔小新》中有这样一个片段,很多年前的一个母亲节,小新给妈妈写信的故事。请思考四个问题:①小新的信是怎么寄出去的? ②信是怎么送到他妈妈手中的,会不会丢失? ③信不是寄给邮局的为什么要送到邮局? ④小新写的信妈妈不会看不懂吧?

可以看出:邮局系统分为三层,分别是用户、邮局、运输,各司其职,上一层对下一层提出要求,下一层完成上一层提出的要求。送信过程中存在着重要的"约定"。收信人和发信人有约定,如用同样的语言,用同样的语法结构等。邮局依据共同遵守的约定邮编进行分类,同样在用户与用户之间,运输部门与运输部门之间都遵守一些约定。

【思考】构建网络需要标准吗? 如果没有标准各大厂商的网络设备能够互相通信吗? 以手机网络的不同标准对比一下。

1.2.1 网络协议

设想:如果发送者以 100 Mbit/s 的速率发送而接收者只能以 1 Mbit/s 的速率处理数据,那么传输中会使接收者过载而造成数据的大量丢失。因此,双方必须先协商规则,包括发送的内容、格式、顺序事先进行约定,而这些规则就是协议。

计算机网络中,计算机之间正确地发送数据、传输数据、接收数据,要求数据的内容、格式、传输顺序必须遵守事先约定的一整套完备的规则和标准,这些为进行网络数据交换而制定的规则、约定与标准称为网络协议(protocol)。

网络协议主要由语法、语义、同步三个要素组成。

(1) 语法,确定通信双方"如何讲",规定了数据和控制信息的结构或格式。

(2) 语义,确定通信双方"讲什么",是对协议中协议元素含义的解释,不同类型的协议元素规定了通信双方所要表达的不同内容。

(3) 时序(同步规则),确定通信双方"讲话的次序",定义了速度匹配和排序等。

协议有两种不同的表现形式,一种是用文字描述,便于人们阅读和理解,如 RFC 文档;另一种是用算法描述,适合计算机操作的程序代码编写。

1. 计算机网络体系结构

计算机网络采用层次体系结构,将完成网络通信的全过程划分成相互独立的几个层次,每个层次实现一定的功能,用该层的协议来描述,层与层之间通过层间接口提供的服务进行相互通信。因此,将计算机网络的分层及其协议的集合称为计算机网络的体系结构。网络体系结构研究的是关于计算机网络应设置哪几层,每个层次又能提供哪些功能的精确定义,至于这些功能应如何实现,则不属于网络体系结构部分,事实上,各层可以使用不同的技术来实现。

层次体系结构是一个普遍的科学管理方法,例如,大学教育分为专科、本科、硕士、博士等不同的层次,每个层次又可以分成不同的年级各个子层,每个层次的教学计划、教学大纲、教学内容、教学方法、论证标准等都制定了完备的规则、约定与标准,要求师生员工共同遵守,不妨称为教育协议。不同学校相同层次的毕业生,应具有相同的知识水平和业务能力,同类学校的对等年级(层)的学生可以转学(交换)。网络协议的分层结构与教学管理的分层结构有某些相似之处,各层之间相互独立,具有一定的灵活性,便于管理,结构上可以分割,各层可以采用最合适的技术,使网络管理层次化、标准化、规范化。

采用层次体系结构的计算机网络有如下优点。

(1) 各层之间相互独立,任一层不需要知道其上层或下层使用何种技术、如何实现,只需知道该层通过层间的接口对下一层所提供的服务。

(2) 具有灵活性,当任何一层使用的技术和实现的方法改变时,只要保持层间接口的关系不变,不会影响到其他层。

(3) 各层可以采用合适的技术实现层间分离,各层技术的改变不影响其他层。

(4) 分层后,一个复杂的系统化大为小,化复杂为简单,易于实现与维护。

(5) 对每一层的功能和所提供的服务进行了精确的定义,易于标准化。

2. 术语解释

实体:网络采用层次体系结构,每一层都由一些实体组成,这些实体抽象地表示了通信时的软件元素(如进程或子进程)或硬件元素(如智能 I/O 芯片等)。可以说,实体是通信时能发送和接收信息的任何硬件设备或软件进程。

对等层:两个不同系统的同名层次,如 A 主机的网络层和 B 主机的网络层是对等层。

对等实体:位于不同系统的同名层次中的两个实体。协议只能作用在对等实体之间。

接口:相邻两层之间交互的界面,定义相邻两层之间的操作和下层对上层提供服务。

服务:下层按接口要求为上层处理数据,通过接口提供给其相邻上层。在协议的控制下,两个对等实体间的通信使得本层能够向上一层提供服务;要实现本层协议,还需要使用下面一层所提供的服务。

征求意见(request for comments,RFC)文档:由一系列讨论计算机通信及网络方面的草案和设想组成,主要讨论与 Internet 相关的网络协议、过程、程序以及一些会议注解、意见、程序风格方面的概念。例如,RFC872 文档提出了局域网上应用 TCP 的合理方法。RFC 涉及了关于 Internet 的几乎所有重要的文字资料,是学习网络的最常用、最重要的资料。

1.2.2　国际标准 OSI 的体系结构

1. ISO/OSI-RM

ISO 于 1977 年成立了专门的研究机构,研究全世界不同体系结构的计算机互连问题,寻找将全世界计算机互联成网络的方法。1983 年形成了 OSI-RM(the reference model of open system interconnection)的正式文件,著名的 ISO7498 国际标准由此诞生,称为 ISO/OSI-RM,简称为 OSI。这是一个由 7 层协议构成的指导网络发展方向的标准。

"开放系统"指位于世界任一位置的计算机网络系统,只要它遵循 OSI 进行通信,就是开放系统。"开放系统互连"是指任何两个遵循 OSI 研制的网络系统是相互开放的,可以进行互连。

OSI 解决问题的思路是化繁为简,将复杂的问题分解成多个功能相对简单、易于解决问题的层次。网络中各节点都包括相同的层次结构,各层之间相对独立,每一层不受其他层影响。下一层为其上层提供服务,上一层使用下一层提供的服务。不同节点的对等层之间进行数据交换,这样的网络结构易于实现和维护。

2. OSI-RM 的分层结构与原则

ISO/OSI－RM 将整个网络的功能划分成 7 个层次,如图 1-32 所示。应用层(application layer)是 OSI－RM 的最高层,该层面向用户提供应用服务。应用层之下依次为表示层(presentation layer)、会话层(session layer)、运输层(transport layer)、网络层(network layer)、数据链路层(data link layer)和物理层(physical layer),物理层是最底层,物理层连接传输媒体实现数据通信。网络中两个节点通信的物理基础是物理层下面的传输介质,各对等层之间通过通信协议进行通信(用虚线连接),实质上都是通过物理层下的传输介质实现的。

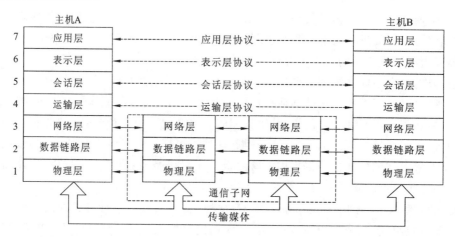

图 1-32　　OSI-RM

OSI 七层模型的工作流程与现实生活中的信件传递方式非常类似,可以假设如下场景。

如果中俄两个公司进行商务合作,双方均懂英语,但不懂对方语言。首先,由中方经理写好草稿,然后由经理助理翻译成英语,再交由秘书查找地址,按固定格式的要求填写信封,接着交由司机将信件带至邮局,邮局工人按区域将信件归类,再由包装工人将信件打成包裹,最后由搬运工人搬上货车进行运输,到达对方邮局后依次经历解开包裹、整理目标邮件、公司取件、制作副本、翻译、阅读的过程,最后完成了一次书信的操作。整个过程中可以看到,每个步骤与 7 层模型中的对应实体相对应。

应用层——经理,负责书写信件的草稿。

表示层——相当于公司中翻译信件、书写正式格式信件的助理。

会话层——相当于公司中收寄信、写信封与拆信封的秘书。

运输层——相当于公司中跑邮局的送信司机。

网络层——相当于邮局中的排序工人。

数据链路层——相当于邮局中的装拆箱工人。

对于网络中具体的各个层次,分别实现的功能如下。

1) 物理层

物理层是 OSI 参考模型中的最底层,它向下直接与传输介质相连接,向上服务于相邻的数据链路层。物理层是在物理介质之上为数据链路层提供传输比特流的物理连接。它的作用是在两个网络设备之间实现二进制位流的透明传输,这里提到的"透明"是一个常用术语,它是指一个实际存在的事物看起来好像并不存在,可以直接看到结果,而不考虑实现的过程和方法。

物理层提供的功能包括保证数据按位传送的正确性,提供连接器定义、控制信号、数据传输速率、接口信号电平等,对物理层的管理,打开和关闭物理连接,采用带冲突检测的载波监听多路访问技术(CSMA/CD)进行冲突检测;物理层对数据链路层提供的服务包括激活一个物理连接,为数据链路层传送链路协议数据单元(帧)提供服务,确定几种服务质量参数(如误码率(出错率)、传输延迟、传送速度等)。

物理层的特性指物理连接具有的标准特性,包括机械特性、电气特性、功能特性和规程特性四种。物理连接离不开接口,物理层协议要解决的是主机、工作站等数据终端设备(data terminating equipment,DTE)与数据线路终端设备(data circuit terminating equipment,DCE)之间的接口以及与数据交换设备之间的接口问题。物理层不涉及所传输的比特流的格式和含义。

2) 数据链路层

数据链路层是 OSI 参考模型中的第二层,它向下与物理层相连接,利用物理层所建立起来的物理连接形成数据链路;向上为网络层提供有效的服务,将网络层传下来的 IP 数据报组装成帧,然后传送给物理层,由物理层传送到对方的数据链路层。发送数据时,发送方将来自网络层的数据分解成多个数据帧,顺序地将这些帧发送出去,并处理接收方回送的确认帧,并在帧上附加特殊的编码,确保发送方和接收方同步,实现在两个相邻节点间的链路上无差错的以帧为单位的数据传送。

数据链路层的功能包括组帧、定界与帧同步、差错控制、流量控制和链路管理。

(1) 组帧,即数据链路层从网络层接收数据,分装成帧,按顺序传送,并处理从接收方返回的确认帧,接收方缓存到达的数据帧,直到构成完整的帧再上传到网络层。

(2) 定界与帧同步,即产生/识别帧边界,数据链路层将在帧上附加特殊的编码实现帧边界,从而做到发送方和接收方的同步。

(3) 差错控制,由于存在噪声、干扰和设备故障等原因,信道非 100% 可靠,要解决传输可靠问题。链路层以帧为单位进行差错检测,丢掉错误的数据包,重传数据包进行校正。

(4) 流量控制,即控制源端发送能力和目的端接收能力之间的均衡,使双方传输速率匹配。

(5) 链路管理包括建立、维护和释放数据链路,并进行服务质量管理。

数据链路层可以划分为逻辑链路控制(logical link control,LLC)子层和介质访问控制(media access control,MAC)子层两个子层,由 MAC 子层解决介质访问控制问题。

MAC 子层的地址称为物理地址,通常固化在网卡上,当一台计算机插上一块网卡后,该计算机的物理地址就是该网卡的 MAC 地址。MAC 地址有 48 位(6 B),例如,某块网卡的 MAC 地址可用十六进制数表示为 02 60 8C 67 05 A2。

数据链路层的帧结构如图 1-33 所示,其中,A 为 MAC 地址字段,包括源地址和目的地址;C 为控制字段;FCS 为帧检验序列,一般采用循环冗余校验码(CRC)校验,其校验范围包括 A、C 和 Data 字段。

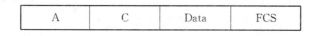

图 1-33　数据链路层的帧结构

3) 网络层

网络层是 OSI 参考模型中的第三层,它向下与数据链路层相连接,在数据链路层提供的数据链路基础上通过路由选择、拥塞控制,为不同网络系统中的源主机和目标主机之间的通信建立一条逻辑通道,为数据包的传送选择一条最佳路径,将运输层产生的报文段和用户数据报封装成分组(或包)进行传送。

网络层的主要功能是为报文分组提供最佳路由,先将网络地址翻译成对应的物理地址,再由网络层通过综合考虑发送优先权、网络拥塞程度、服务质量以及可选路由的花费来决定最佳路径。对于异构网络,使用不同的技术,最大传输单元(MTU),即一个帧最多能携带的数据量不同,从 MTU 大的网络到 MTU 小的网络,网络层要对数据包进行分段,目的主机接收到所有分段后,对分段的报文进行重新组装。

网络层提供两种服务方式,一种是面向连接的虚电路服务方式;另一种是面向无连接的数据报服务方式。面向连接服务在数据交换之前必须建立连接,数据交换结束后则必须终止连接,即具有建立连接、传输数据、释放连接三个阶段。虚电路是在传送数据开始时由发送方与接收方通过呼叫、确认的过程建立起来的连接,能保证报文无差错、不丢失、不重复和顺序传输。面向无连接服务,发送方不需要建立连接,不需要接收方做任何响应,都可以发送报文。例如,当我们玩游戏时,追求的是游戏速度,往往会选择面向无连接的 UDP,当使用网络购买火车票或网上银行时,必须确保数据安全可靠,这时往往选择面向连接的 TCP。

网络层限制了数据单元的长度,从运输层接收的长报文,分成多个符合网络层数据单元长度的数据,加上数据报的报头,封装成数据报,又称为分组。

4) 运输层

运输层是 OSI 参考模型中的第四层,负责屏蔽下面三层数据通信的细节,消除各种通信子网差异,向用户提供可靠的端对端服务,保证在发送端和接收端之间透明地传送数据。运输层还要处理端到端的差错控制和流量控制问题。

运输层端对端通信控制是指从发送端的主机到接收端的主机之间直接利用运输层通信协议进行数据传送,不必知道通信子网的存在。运输层协议都具有端到端的性质,这种端到端的特性对通信两端的网络用户来说,各通信子网都变成了透明的,高层用户看见的好像是在两个传输实体间有一条端到端的可靠的通信链路。

运输层的主要功能有提供建立、维护和拆除运输层的连接,选择网络层提供的合适的服务,提供端对端的错误恢复和流量控制,向会话层提供运输服务和可靠、透明的数据传送。

5) 会话层

会话层是 OSI 参考模型中的第五层。会话是指完成一项任务而进行的一系列相关信息的交换。会话层负责在两个互相通信的应用进程之间建立、组织和协调进程之间的会话,实施服务请求者与服务提供者之间的通信。会话层负责会话管理、数据传输的同步、会话活动的管理。

会话管理分为会话连接管理和会话数据交换两部分,会话连接管理服务是在本地应用层进程与远端对等的应用进程之间建立和维持一条畅通的信道;会话数据交换服务指两个进行通信的应用进程在信道上交换报文。会话层的活动管理将一个完整的对话分解成若干个活动进行管理并保证活动的完整性和正确性。例如,一次会话传送多个文件,其中每一个文件的传送为一个活动。

6) 表示层

表示层是 OSI 参考模型中的第六层,负责把不同的数据表示形式转换成通用的数据表示形式,以保证发送端应用层发送的数据能被接收端的应用层正确地读出。不同的计算机有不同的数据表示形式,发送端的表示层从应用层获得特定数据形式并将其转换成通用的数据表示形式,传输到接收端的运输层、会话层,直到表示层,表示层将其转化为目的主机特定的数据表示形式。

表示层的主要功能包括数据转换、数据压缩和数据加密。

数据转换,即表示层将要交换的数据从适合于某一应用层的数据表示形式,转换成 OSI 系统内部使用的通用数据表示形式,即进行不同数据表示形式的相互转换;数据压缩,即表示层把应用层传送的数据压缩后再交给会话层,这样可以节省通信带宽、减少传输时延、提高传输效率,并能节省存储空间,从而提高系统之间的通信效率;数据加密,即在发送方的表示层将报文加密,使用密文传输,接收方再将密文解密,变成明文。通过数据加密,可以防止数据在传输过程中被复制或窃听。

7) 应用层

应用层是 OSI 参考模型中的最高层,是计算机网络和最终用户之间的界面。应用层为用户的应用进程提供了访问 OSI 环境的途径,提供了完成特定网络服务功能所需的各种应用协议。

应用层包含了若干个独立的、通用的服务协议模块,这些服务协议模块为用户提供一个应用平台,用户通过这个应用平台交换信息,由用户自己决定要实现哪些功能和使用哪些协议。该层包含的网络应用程序可由厂商提供,也可由用户自己开发。为了避免重复开发,人们为一些常用的功能制定了标准。

在 OSI 模型的 7 个层次中,应用层包含的协议最多,如报文处理系统(message handling system)、文件传送(file transfer)、存取和管理(access and management)、虚拟终端协议(virtual terminal protocol)、远程数据访问(remote database access)、目录服务(directory service)、事务处理(transaction processing)等。

1.3 任务三 认识简化的 TCP/IP 参考模型

章节引导

通过学习网络体系结构,基本了解了网络的体系结构,但是还缺乏直观的理解。网络数据包是什么?我们能看得见、摸得着吗?利用 Wireshark 工具或 Ethereal,可以通过观察网络流量信息,了解协议。

OSI 七层模型是理论模型,一般用于理论研究,它的分层有些冗余,例如,在保证可靠性传输方面,在数据链路层和传输层都有校验功能,有时选择其一即可。

OSI 参考模型是网络的理想模型,它有完整的体系结构、明晰的理论框架,得到了全世界的认同,但其定义过于复杂,实现比较困难,在实际应用中很少有系统能够完全符合其要求。实际应用,选择简化后的四层模型,即传输控制协议/网际协议(TCP/IP)模型,它已被公认为网络体系结构的工业标准。

1.3.1 最主流的联网协议 TCP/IP

TCP/IP 泛指由 TCP、IP、UDP、ARP、ICMP 等上百个协议的集合,它是一个协议族。TCP/IP 参考模型包括应用层(application layer)、运输层(transport layer)、互联网层(internet layer)和网络接口层(network interface layer)四个层次的体系结构。TCP/IP 体系结构与 OSI 参考模型之间存在一定的对应关系,如图 1-34 所示。

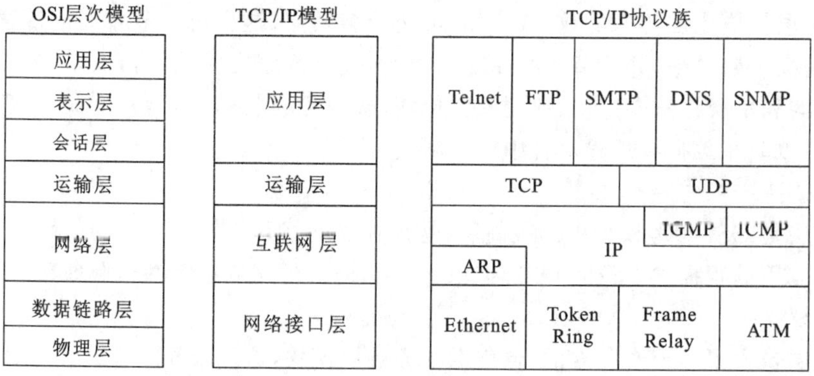

图 1-34 TCP/IP 模型与 OSI-RM 比较

TCP/IP 协议的应用层涵盖了 OSI 的应用层、表示层和会话层的功能,将这些层相关内容归并到应用程中。

端口号用于标识主机中的进程。在网络中,主机是用 IP 地址来标识的。而要标识主机中的进程,就需要第二个标识符,这就是端口号。在 TCP/IP 协议族中,端口号是 0~65535 的某个整数。例如,QQ 聊天软件对应的端口号为 UDP8000。

TCP/IP 协议的运输层主要用于接收网络层的 IP 数据报,并对收到的报文进行差错检测和流量控制,提供端对端的逻辑通道,实现源端主机和目标端主机之间端对端的可靠通信,保证在发送端和接收端之间透明地传送数据。同时向上一层应用层提供通信服务,与 OSI 协议的运输层功能相似。运输层的协议包括传输控制协议(transmission control protocol,TCP)和用户数据报协议(user datagram protocol,UDP)。

　　TCP/IP 协议的传输层实现了源端主机和目标端主机之间端对端的可靠通信,与 OSI 协议的传输层功能相似。

　　TCP 提供面向连接的、可靠的、全双工的数据流传输服务。TCP 的连接建立过程称为三次握手。如图 1-35 所示,为客户端与服务器端的建立连接过程。

　　(1) 客户发送第一个报文,这是一个 SYN(同步)报文,在这个报文中只有 SYN 标志置为 1。这个报文的作用是使序号同步。

　　(2) 服务器发送第二个报文,即 SYN+ACK(同步+响应)报文,其中 SYN 和 ACK 标志被置为 1。

　　(3) 客户发送第三个报文。这仅仅是一个 ACK(响应)报文。它使用 ACK 标志和确认号字段来确认收到了第二个报文。

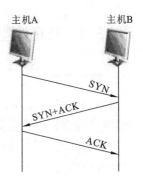

图 1-35　TCP 三次握手过程

　　在发送数据之前应用程序建立一个到达目的主机的连接,连接建立完毕,应用程序就可以在该连接上发送或接收数据。TCP 在指定的时间内没有接收到确认的报文,发送方重发数据,保证通信的可靠性。TCP 常用熟知端口如表 1-1 所示。

表 1.1　TCP 常用熟知端口

端口	协议	端口	协议
20	FTP 数据信息	80	HTTP
21	FTP 控制信息	110	POP3
23	Telnet	143	IMAP
25	SMTP		

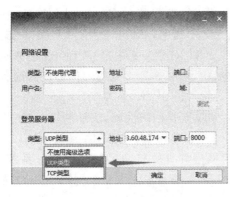

图 1-36　QQ 聊天高级设置

　　UDP 提供面向非连接的、不可靠的传输服务,它将数据直接封装在数据报中进行发送,UDP 不确认到达的数据报,也不对收到的报文排序。UDP 传送数据的速度快、效率高,容易实现,但会出现丢失数据现象。

　　例如,在 QQ 中,这两个协议均可在高级设置中加以配置,用户可以根据自己当时的需求加以选择协议,如图 1-36 所示。

　　互联网层是 TCP/IP 的核心层,对应于 OSI 模型的网络层,负责路由选择和分组交换。为传输数据选择一条最佳路由,从源计算机通过一个或多个路由器将数据传送到目的计算机,形成点到点的通信。IP 是互联网层的主要协议,IP 是面向非连接的协议,IP 处理的数据单元称为 IP 数据报,IP 数据报可以用来传输数据信息和控制信息。

网络接口层是 TCP/IP 的最底层,对应于 OSI 模型的数据链路层和物理层,负责接收或发送 IP 数据报。TCP/IP 支持底层的各种物理网络的网络协议,包括不同的拓扑结构、不同介质的网络,如以太网、令牌环、帧中继、FDDI、ATM 等网络协议,由 IEEE 802 委员会制定的 IEEE 802 系列标准。

1.3.2 简化模型的各层常用协议功能

1. 应用层协议

应用层协议负责为最终用户提供服务,是为解决某一类应用问题而制定的一组通信规则,规定应用进程在通信时所遵守的规则,而不是为解决用户各种具体应用的协议。常用的协议包括远程登录协议(Telnet)、文件传输协议(FTP)、普通文件传输协议(TFTP)、简单邮件传输协议(SMTP)、邮局协议(POP3)、简单网络管理协议(SNMP)、域名系统(DNS)、超文本传输协议(HTTP)等。

Telnet,是登录远程主机的标准互联网应用协议,规定用户与远程主机系统相连接的编码规则与其他服务,实现终端仿真。Telnet 在 RFC854 中定义,服务端口为 TCP 端口 23。

图 1-37　126 邮箱中关于协议的配置

FTP 使用 TCP 在各主机之间高速可靠地传输文件,能够远程存取文件。用户与 FTP 服务器建立连接时,使用 20 和 21 两个端口,20 端口是数据端口,21 端口是控制端口。例如,下载某个远程文件可通过 IE 浏览器输入地址 ftp://ftp.njtu.edu.cn:21。

TFTP 使用 UDP 在各主机之间传输文件,TFTP 不需要任何形式的用户登录论证,安全性较差。TFTP 在 RFC1350 中定义,服务端口为端口 69。

SMTP 用于发送电子邮件的互联网协议,在 RFC821 和 RFC822 中描述,SMTP 使用 TCP 端口 25。

POP3 用于接收邮件的互联网协议,在 RFC1939 和 RFC2449 中描述,POP3 服务端口通常使用端口 110。例如,在我们常用的 126 邮箱中,均有 3 种常见的邮件协议的配置页面,如图 1-37 所示。

SNMP 的指导思想是网络管理要尽可能简单,实现监视网络性能,统计网络信息,检测和分析网络差错,配置网络设备等。SNMPv3 在 RFC2571-2575 中描述。

DNS 是 Internet 中按层次型名字管理机制为网络和计算机命名的名称服务系统。例如,域名 ftp.hbut.edu.cn,其中 ftp 为主机名,hbut 为湖北工业大学校园网名,edu 为教育网名,cn 为中国顶级域名。因特网的域名系统设计为联机分布式数据库系统,采用客户/服务器方式工作。域名依次由各级网络中的域名服务器进行域名解析。

HTTP 是 WWW 服务器和浏览器之间传输数据的协议,它采用客户/服务器工作方式,例如,访问网易新闻,必须在域名前面说明 HTTP:http://www.163.com。

2. 运输层协议

运输层协议负责实现源端主机和目标端主机之间端对端的可靠通信,运输层的协议包括 TCP 和 UDP。

3. 互联网层协议

互联网层(网络层)包括路由选择、拥塞控制和网络互联等功能。互联网层的主要协议包括 IP、地址解析协议(ARP)、反向地址解析协议(RARP)、互联网控制报文协议(ICMP)、互联网组管理协议(IGMP)、内部网关协议(IGP)、外部网关协议(EGP)、路由信息协议(RIP)、开放式最短路径优先协议(OSPF)等。

IP 指网际协议,用于管理客户端与服务器端之间的报文传送,定义 IP 数据报格式,规定数据报的寻址和路由、数据报的分片和重组、传送过程中差错检测和处理办法,是一种面向非连接的协议。

ARP 是将 IP 地址翻译成物理地址(MAC 地址)的过程。每台联网后的计算机设有一个 ARP 高速缓存,用于存放局域网上各主机和路由器的 IP 地址到 MAC 地址的映射表,由 ARP 动态地更新这个映射表。

RARP:网络中必须有一台 RARP 服务器,服务器装有工作站的 IP 地址和 MAC 地址的映射表。服务器从映射表中查出工作站的 IP 地址,写入响应分组中发回工作站。

ICMP 是 IP 层的控制协议,用于传送差错报文和询问报文。ICMP 是作为 IP 数据报的数据部分,加上 IP 报头封装成数据报进行传送的。ICMP 差错报文分为终点不可达(类型为 3)、源站抑制(类型为 4)、时间超时(类型为 11)、参数问题(类型为 12)和改变路由(类型为 5)5 种;ICMP 询问报文包括回送请求报文(类型为 8)和回答报文(类型为 0)、地址掩码请求报文(类型为 17)和回答报文(类型为 18)等。

IGMP 管理为多个用户发布邮件和新闻,交互式会议等多播(组播)业务,IP 使用 D 类地址支持多播业务。

IGP 指在一个自治系统内部使用的路由选择协议,如 RIP 和 OSPF。

EGP 源站和目的站分别处于两个使用不同的路由协议的自治系统中。数据传送到自治系统的边界时,使用的协议将路由选择信息传递到另一自治系统中,这种协议为外部网关协议。

RIP 是使用距离-矢量路由算法的路由选择协议。它规定路由器交换路由信息的时间、格式,过时路由的处理等。RIP 的距离也称为跳数,每经过一个路由器跳数加 1,从路由器到目的网络的距离以跳数计算,跳数最少的距离最短。

OSPF 是使用链路-状态算法的路由选择协议,基本思想是互联网上的每个路由器周期性地向其他路由器广播自己和相邻路由器的连接关系,每个路由器构造一张互联网的拓扑图,利用这张拓扑图和最短距离优先算法,路由器可以算出自己到达各个网络的最短路径。

4. 网络接口层协议

网络接口层协议在 TCP/IP 体系结构中未进行硬性规定,TCP/IP 支持底层的各种物理介质和不同的拓扑结构网络。

课 堂 实 践

操作 1 理解 TCP 的三次握手建立连接和释放连接过程

[实训目的]

(1) 掌握 TCP 的报文格式。

(2) 掌握 TCP 连接的建立和释放过程。

(3) 掌握 TCP 数据传送中编号与确认的过程。

(4) 掌握 TCP 校验和的计算方法。

(5) 理解 TCP 重传机制。

[实训内容]

查看 TCP 连接的建立和释放。

[网络环境]

网络环境如图 1-38 所示。

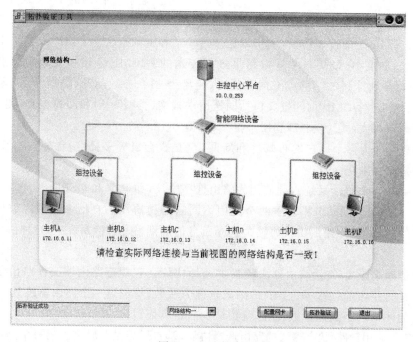

图 1-38 网络环境

[实训步骤]

各主机打开工具区的"拓扑验证工具",选择相应的网络结构,配置网卡后,进行拓扑验证,如果通过拓扑验证,关闭工具继续进行实验,如果没有通过,请检查网络连接。

将主机 A 和 B 作为一组,主机 C 和 D 作为一组,主机 E 和 F 作为一组。现仅以主机 A、B 为例,其他组的操作参考主机 A、B 的操作。

（1）主机 B 启动协议分析器捕获数据，并设置过滤条件（提取 TCP），如图 1-39 所示。

图 1-39　设置过滤条件

主机 B 在命令行下输入 netstat – a – n 命令来查看主机 B 的 TCP 端口号，如图 1-40 所示。

图 1-40　查看主机 B 的 TCP 端口号

（2）主机 A 启动 TCP 工具连接主机 B。

主机 A 启动实验平台工具栏中的"TCP 工具"。选中"客户端"单选按钮，在"地址"文本框中填入主机 B 的 IP 地址，在"端口"文本框中填入主机 B 的一个 TCP 端口，单击"连接"按钮进行连接，如图 1-41 所示。

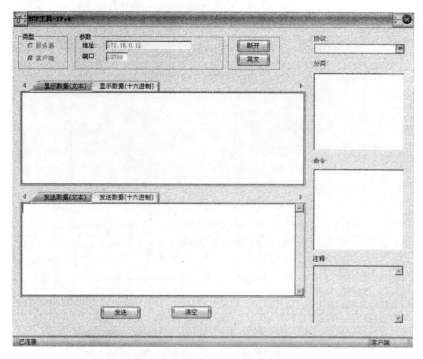

图 1-41　主机 A 启动 TCP 工具连接主机 B

（3）查看主机 B 捕获的数据，

（4）主机 A 断开与主机 B 的 TCP 连接。

　　分析协议分析器的主机 B 捕获的数据，可以发现三次握手建立连接和四次握手释放连接的过程，如图 1-42 所示。

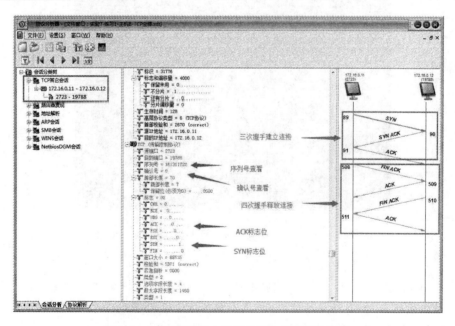

图 1-42　三次握手建立连接和四次握手释放连接

操作 2　理解序号、确认号等字段在 TCP 可靠连接中所起的作用

[**实训步骤**]

（1）查看每个包的序列号、确认号、ACK、SYN 标志位填入表 1-2。

表 1-2　主机 B 捕获的建立连接包信息标志

字段名称	报文 1	报文 2	报文 3
序列号	161311722	3665255669	161311723
确认号	0	161311723	3665255670
ACK	0	1	1
SYN	1	1	0

【**思考**】　TCP 连接建立时，前两个报文的首部都有一个"最大字段长度"字段，它的值是多少？作用是什么？结合 IEEE 802.3 协议规定的以太网最大帧长度分析此数据是怎样得出的。

（2）如图 1-43，查看主机 B 捕获的数据，填入表 1-3 中。

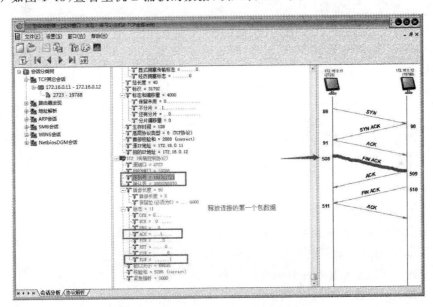

图 1-43　主机 B 捕获的释放连接的第一个包

表 1-3　主机 B 捕获的释放连接包信息及标志

字段名称	报文 4	报文 5	报文 6	报文 7
序列号	1613117	366525	366525	16131172
确认号	3665255	161311	161311	36652556
ACK	1	1	1	1
FIN	1	0	1	0

【思考】 结合步骤(1)、(2)所填的表,理解 TCP 的三次握手建立连接和四次握手释放连接过程,理解序号、确认号等字段在 TCP 可靠连接中所起的作用。

如果令 X=161311722,Y=3665255669,则三次握手建立连接和四次握手释放连接的包规律如下。

建立连接如表 1-4 所示。

表 1-4　建立连接的包规律

字段名称	报文 1	报文 2	报文 3
序列号	X	Y	X+1
确认号	0	X+1	Y+1
ACK	0	1	1
SYN	1	1	0

释放连接如表 1-5 所示。

表 1-5　释放连接的包规律

字段名称	报文 4	报文 5	报文 6	报文 7
序列号	X+1	Y+1	Y+1	X+2
确认号	Y+1	X+2	X+2	Y+2
ACK	1	1	1	1
FIN	1	0	1	0

习　题

1. 什么叫计算机网络?
2. 计算机网络有哪些功能?
3. 计算机网络的发展分为哪些阶段?各有什么特点?
4. 计算机网络按地理范围可以分为哪几种?
5. 计算机网络常见拓扑结构有哪些?各有什么特点?
6. 计算机网络系统由通信子网和_____子网组成。
7. 一座大楼内的一个计算机网络系统,属于(　　)
   A. PAN　　　　　　B. LAN　　　　　　C. MAN　　　　　　D. WAN
8. 计算机网络中可以共享的资源包括(　　)
   A. 硬件、软件、数据、通信信道　　　　　B. 主机、外设、软件、通信信道
   C. 硬件、程序、数据、通信信道　　　　　D. 主机、程序、数据、通信信道

第2章　数据通信子网的基本知识

章节引导

大家知道蝙蝠是靠什么通信的吗？它与雷达有什么类似之处？蛇又是如何获得前面障碍物或猎物的信号？很多的技术其实来源于生活和自然，还有哪些动物采用特别的通信交流方式？

 知识技能

掌握数据通信子网和常用通信信道类型。
掌握数据调制与编码技术。
掌握计算机数据传输技术。
熟悉多路复用技术。
熟悉数据交换技术和差错控制。

 本章重点

数据通信的基本概念，数据传输与编码技术。

 本章难点

多路复用技术、数据交换技术。

 课时建议

4学时。

 效果或项目展示

本章操作任务：①网线制作；②差错控制。

知识讲解与操作示范

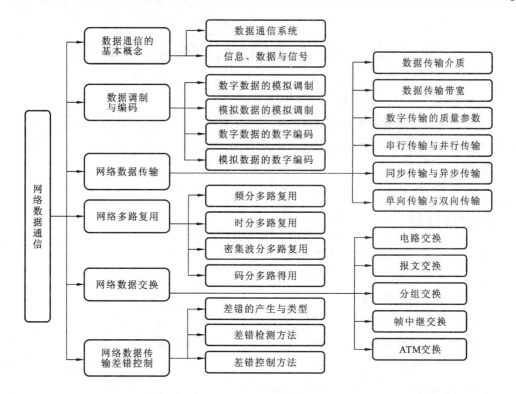

2.1 任务一 认识数据通信子网

章节引导

你经常听到宽带这个词吗？你们家使用的是哪家网络公司的宽带上网的呢？宽带的传输速率大概是多少呢？

2.1.1 数据通信子网的组成

数据通信（data communication）系统就是指以计算机为中心，用通信线路连接分布在各地的数据终端设备而执行数据传输功能的系统。本章重点介绍数据通信的基础知识，为计算机网络和其他相关后续课程的学习和实践打下基础。

数据通信子网指由数据传输电路将分布在不同地区的数据终端设备（包括计算机系统）和相关通信设备连接起来，组成一个具有数据传输、数据交换、数据处理和数据存储功能的计算机系统。数据通信子网主要由数据终端设备（DTE）（包括计算机系统和其他数据终端）、数据传输电路（包括数据电路终接设备（DCE）和传输信道）等组成，如图 2-1所示。

图 2-1　数据通信子网组成

在通信系统中,利用电信号把数据从一个端点传到另一个端点,该过程中的任一次通信,产生和发送信号的一端称为信源,接收信号的一端称为信宿。数据以信号的形式传播,信号中携载着数据。

1. 数据终端设备

在数据通信子网中,用于发送和接收数据的设备称为数据终端设备,简称为终端。数据终端设备泛指各种类型的计算机系统或数据终端(如接收数据的打印机等),是数据输入/输出的工具。

数据终端设备中含有通信控制器,它主要用于控制通信收发双方的同步、差错和传输链路的建立、维持或拆除,数据流量控制等通信操作,实现有效而且可靠地进行通信。

2. 数据电路终接设备

用于连接数据终端设备与传输信道的设备称为数据电路终接设备,该设备是用户设备接入数据传输电路的连接点。数据电路终接设备的功能是完成数据信号的变换。

2.1.2　数据和信号的转换

1. 数据的概念

数据(data)是实体特征(包括性质、形状、数量等)的符号说明,泛指那些能被计算机接受、识别、表示、处理、存储、传输和显示的符号。

数据具有媒体的表现形式,可以用文字、特殊符号、语言、声音、音符、图形、图像、视频等多媒体表示数据。数据分为模拟数据与数字数据两种,模拟数据在给定的定义域内表示为时间的连续函数值,如声音和视频数据;数字数据指时间离散、幅度量化的数值,可以用二进制代码 0 或 1 的比特序列表示。

2. 信号的概念

信号(signal)是数据在传输过程中的电磁波表示形式。信号作为数据的具体物理表现形式,它具有确定的物理描述,如电信号、光信号或磁场强度等。信号分为数字信号和模拟信号两种。

【思考】数据和信号能直接转换吗?

模拟信号是指随时间连续变化的物理量(信号),电话线上传送的话音信号,电视、摄像机产生的图像信号等都是模拟信号。模拟信号的信号电平是连续变化的,其波形如图2-2 (a)所示;数字信号是一种离散的脉冲序列,是通过采样脉冲抽样,获得时间离散的取样信号,将抽样信号的幅值量化,变换成二进制数码序列。数字信号的信号电平是不连续变化的,其波形如图 2-2(b)所示。例如,普通电话线中传输的是模拟信号,而双绞线网线传播的是数字信号。

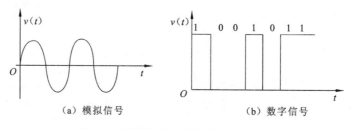

（a）模拟信号   （b）数字信号

图 2-2   模拟信号和数字信号的波形图

3. 两种数据与两种信号的转换关系

数据分为模拟数据和数字数据两种类型,信号作为数据的具体物理表现形式也分为模拟信号和数字信号两种类型。

模拟数据通过高频载波信号调制到一个指定频率范围,形成模拟信号进行传输。例如,声音模拟数据通过高频调制后形成高频电磁波信号进行传输,接收端将接收到的高频信号通过滤波器滤波,放大器放大,经驱动设备,转化成声音。

模拟数据通过采样、量化和编码三个步骤转化为数字信号,数字信号传输到目标节点后,使用解码器解码,转化为模拟信号,通过驱动设备转换为模拟数据。

数字数据通过编码转化为数字信号,经发送器发送数字信号。常用的数字信号编码有不归零编码、曼彻斯特编码和差分曼彻斯特编码等。数字信号通过解码器转换成计算机使用的数字数据。相应的数据编码方式称为数字编码。

数字数据使用调制器转化为模拟信号,相应的数据编码方式称为模拟数据编码。调制方式有幅度调制、频率调制和相位调制。模拟信号传输到目标节点后,用解调器解调还原成数字数据。例如,计算机用模拟电话线上网,用户使用调制解调器,将计算机输出的数字数据,调制成模拟信号用电话线传输。

2.1.3   选择传输信号的通道

信道指从信源到信宿传输信号的通道,其传输介质是信道的载体。

根据传输介质的不同,信道可以分为有线信道和无线信道两类,有线信道包括明线、双绞线、同轴电缆和光缆等信道;无线信道包括无线电、微波、卫星、远红外线等无形线路作为传输介质的信道。根据传输信号的类型不同,信道可以分为数字信道和模拟信道两类。

【思考】模拟信道和数字信道哪个更好?

使用模拟信道传输数字数据,如图 2-3 所示。数字数据经过调制器调制成模拟信号后进入信道,模拟信号在信道中传输一定距离后会衰减,同时还会受到噪声的干扰,克服的办法是用放大器放大信号,随信号放大而混入的噪声量也会增大,以致引起信号畸变,影响信号的传输质量。信号传送到信宿之后,需要解调器进行解调,还原为原始数据。

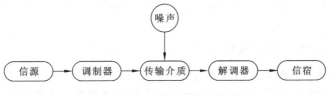

图 2-3 用模拟信号传输数字数据

利用数字信道传输数据时,将模拟数据或数字数据转化为数字信号后,再使用数字信道传输数据。由于数字信号是离散的数值,由"0"或"1"构成,抗干扰能力强,在传输过程中即使受到噪声的干扰,只要没有畸变到不可辨认的程度,都可以用信号再生的方法进行恢复。数字信号长距离传输也会衰减,克服的办法是使用中继器,把数字信号恢复为"0""1"的标准电平后继续传输。所以数字传输最大的好处是对信号不失真地传输,这就是在数字电视中看到的图像更清晰的原因。另外,数字设备集成度高,比复杂的模拟设备便宜很多。但传输数字信号比模拟信号所要求的频带要宽得多,因而信道利用率较低。数字信号的另一个特点是易于加密并且保密性好。

2.1.4 选择数据通信方式

数据通信方式由并行传输与串行传输、单工或双工与全双工通信、同步或异步通信技术三个层面构成。

1. 并行传输与串行传输

数据的传送方式有并行传输和串行传输两种,并行传输在数据的发送端和接收端之间有多根电缆相连接,一次可以同时发送多个数据位,如图 2-4 所示。例如,早期的非USB 打印机往往使用 25 针的 D 型并口。串行传输是一位一位地传送数据,从发送端到接收端数据信道只需一根传输电缆,如图 2-5 所示。例如,USB 接口是采用串行传输方式进行通信的。

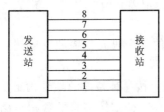

图 2-4 并行传输

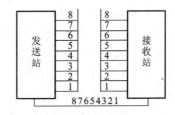

图 2-5 串行传输

计算机单机内部与网络传输数据有一定差别,单机内部总线多采用并行传输,而外部网络通信常用串行传输。因此,在传输前需先将计算机输出的并行数据经并/串转换装置转换为串行数据,后通过串行信道传输,再在接收端经串/并转换装置将串行数据转换为并行数据输入计算机。

【思考】并行传输和串行传输哪个更好?

并行传输速度更快,但存在硬件成本高、整理数据要求高的缺点,串行传输方式虽然速度比并行慢,但易于实现,维护简单,硬件成本低,随着新技术的应用,其速度已能满足应用需要。

2. 单工、半双工与全双工通信

按照通信线路的信号传输的方向与通信时间可以分成下列三种通信方式。

(1)单工通信(simplex communication)。信号只能从一个方向传输,从发送端 A 到接收端 B,不能改变传输方向,如图 2-6(a)所示。例如,广播电台、BP 机、电视传播等都是单工通信。

(2)半双工通信(half-duplex communication)。这种通信方式可以实现双向的通信,但不能同时进行,必须轮流交替地进行,如图 2-6(b)所示。例如,对讲机属于半双工通信。

(3)全双工通信(duplex communication)。能同时在两个方向传输信号,可以从 A 的发送端到 B 的接收端传输信号,同时也可以从 B 的发送端到 A 的接收端传输信号,如图 2-6(c)所示。例如,电话属于全双工通信。

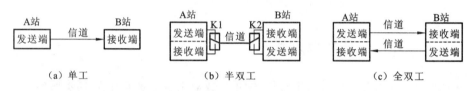

(a)单工 (b)半双工 (c)全双工

图 2-6 单工、半双工与全双工通信

3. 同步、异步通信

【思考】当计算机 A 和计算机 B 进行通信时,若计算机 A 第 0 秒钟开始发送数据,计算机 B 是否应该第 0 秒钟开始接收数据?事实上,无论两台计算机距离长短,都必定会滞后某个时间片,计算机网络如何解决这个问题?

在数据通信子网中,通信系统接收端接收的数据与发送端发来的数据序列在时间上必须同步,以便正确接收发送端发送的数据。同步,就是接收端要按照发送端所发送的每个码元的频率和起止时间来接收数据,使通信的收发双方在时间基准上保持一致。

同步分为码元同步、帧同步和字符同步。

(1)码元同步又称为位同步,要求接收端接收的每个码元都要和发送端对应的码元准确地保持同步,即在每一个二进制位保持同步。

(2)帧同步将要传输的数据连同必要的控制信息按一种特殊的帧结构组织起来。帧结构有两类,一类是面向字符帧;另一类是面向比特帧,分别按各自的数据链路控制协议产生帧同步。

(3)字符同步分为异步式字符同步和同步式字符同步两种。

同步式字符同步在多个数据帧之前先发送一个特定字符,并以另一个特定字符结尾,该特定字符具有特定结构,如图 2-7 所示。

异步式字符同步简称异步传输,异步传输的数据以字符为单位,每个字符都带有起始

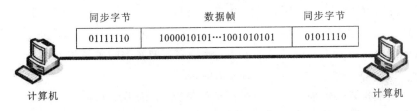

图 2-7　同步传输

位、校验位和停止位。具体来说,异步传输方式传输一个字符时,每个字符前面有一个起始位,后面有一个停止位,当没有数据要发送时,发送器就发出连续的停止位,这样,接收器就可以根据从 1 到 0 的跳变来识别一个新字符的开始,如图 2-8 所示。

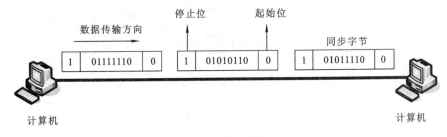

图 2-8　异步传输

2.1.5　了解数据通信的主要技术指标

如何来衡量计算机网络的速度？通常所说的 10ADSL 宽带、20 M 宽带上网的单位是什么？衡量一个文件下载的速度单位又是什么？

1. 带宽

模拟信道中,带宽(bandwidth)指能通过的最高频率和最低频率的差值。

信道的带宽通常指信道内可以传输频率的范围,信道的带宽越宽,在单位时间内能够传输的信息量就越大,带宽的单位是 Hz。例如,一个标准电话话路频率范围为 300～3400 Hz。

这个单位在日常应用中较少使用。

2. 数据传输率

在数字信道中传送数字信号的速率称为数据传输率(data transmission rate),数据传输率分为比特率和波特率两种。

比特率(S)指单位时间内传送二进制代码的有效位数,单位为 bit/s 或 bps。对于二进制数据,比特率为

$$S = (1/T)\log_2 n$$

式中,T 为信号脉冲重复周期,指单位脉冲波所需要的时间;n 为一个脉冲信号代表的有效状态数,是 2 的整数位;$\log_2 n$ 为单位脉冲能表示的比特数。

波特率(B)指脉冲信号经过调制后的传输速率,又称对称调制速率、波形速率、码元

速率,单位为波特(Baud)。对于模拟信号传输过程,波特率指"调制解调器"上输出的调制信号每秒钟载波调制状态改变的次数;对于数字信号传输过程,波特率指线路上每秒钟传送的波形个数。由于 $B=1/T$,由此可见,比特率与波特率的关系为

$$S=B\log_2 n。$$

习惯上常常将数据传输率称为数字信道的带宽,单位仍用 bit/s。

波特率(调制速率)和比特率(数据传输速率)是两个最容易混淆的概念,但它们在数据通信中确实很重要。两者的区别与联系如图 2-9 所示。

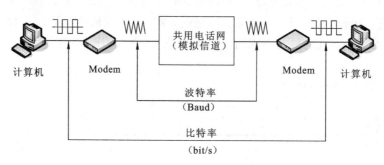

图 2-9　比特率和波特率的区别

典型的转换关系如表 2-1 所示。例如,一波特可以通过调制,转换成 1 或多比特。

表 2-1　比特率和波特率的关系

波特率 Baud/S	1200	1200	1200	1200
多相调制相数	二相调制($n=2$)	四相调制($n=4$)	八相调制($n=8$)	十六相调制($n=16$)
比特率 bit/s	1200	2400	3600	4800

3. 信道容量

信道容量(channel capacity)指信道的最大数据传输能力。当信道上传输的数据速率大于信道容量时,信道就不能正常传输数据。因此,通过信道的数据传输速率一定要低于信道容量所规定的数值。

4. 误码率

误码率(bit-error rate)指信道中数据传输的错误率,是衡量数据传输系统正常工作状态下传输可靠性的参数之一,即二进制码元在数据传输系统中被传错的概率。对于一个实际的数据传输系统,不能笼统地说误码率越低越好,要根据实际传输要求提出误码率要求。在计算机网络中,一般要求误码率低于 10^{-6},若误码率达不到这个指标,可通过差错控制方法检错和纠错。误码率 $P=$ 错误的位数/传输的总位数。

5. 时延

时延(delay)指信号从网络的一端传输到网络的另一端所需的时间。时延由发送时延、传播时延和处理时延三者之和组成。总时延＝发送时延＋传播时延＋处理时延,如图 2-10 所示。

处理时延：交换节点为存储转发而进行一些必要的处理所花费的时间。

排队时延：节点缓存队列中分组排队所经历的时延。

传播时延：信号排队所等待的时间。

$$传播时延 = \frac{信道长度(m)}{信号在信道上的传播速率(m/s)}$$

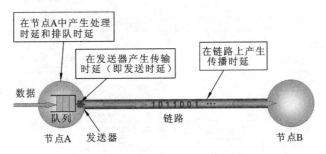

图 2-10 从节点 A 向节点 B 发送数据时延分析

在时间轴上信号的宽度随带宽的增大而变窄。对于高速网络链路，我们提高的仅仅是数据的发送速率而不是比特在链路上的传播速率。提高链路带宽可以减小数据的发送时延，如图 2-11 和图 2-12 所示。

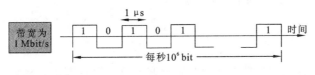

图 2-11 带宽为 1 Mbit/s 的信号

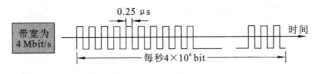

图 2-12 带宽为 4 Mbit/s 的信号

2.2 任务二 了解传输介质及主要特性

章节引导

某大学学生在宿舍通过网络电商购买了一件商品，商家将货物发出一直到该学生收到商品，中途经过了哪些途径呢？

按照 CCITT 对媒体的划分，媒体分为感觉媒体、表示媒体、显示媒体、存储媒体和传输媒体，传输媒体定义为将信号从一个位置传送到另一个位置的物理信道，以及构成这些信道的传输介质和传输设备。传输介质分为两类，一类是制作成线型的介质，如双绞线、同轴电缆（细缆和粗缆）、光纤；另一类是利用空间电磁波传输信号的介质，如无线电波、微波、激光、红外线等。传输介质的分类如图 2-13 所示。传输介质和传输设备构成了有线信道和无线信道两类,有线信道是由光纤、双绞线和同轴电缆(细缆和粗缆)等介质构成的信道;无线信道由无线电波、微波、激光、红外线等介质构成的信道。

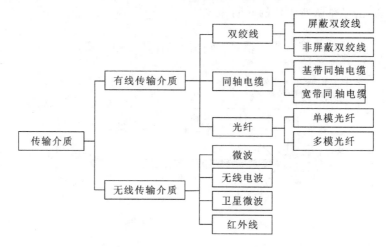

图 2-13　几种主要的传输介质

2.2.1　主流的有线传输介质

1. 双绞线

用一对互相绝缘的铜导线互相绞合在一起构成一对双绞线。双绞线是最常用的传输介质,可以传输模拟信号或数字信号,如电话机通过双绞线连接到电话交换机。

典型的网线由 4 对双绞线构成,可以看到,每对双绞线是扭曲在一起的。

【思考】双绞线为什么不采用平行结构?

采用扭绞结构是为了减小一根导线流发射的能量对另一根导线的干扰,也有助于减少其他导线中的信号对这根的干扰。扭绞得越密,抗干扰就越强,性能也越好,但价格就越高,例如,四类线要求每英尺(1 英尺＝0.3048 m)至少扭绞 3 次,五类线一对线对的扭绞长度在 12.7 mm 以内。

电话系统中使用的双绞线一般是一对双绞线,而计算机网络中使用的双绞线一般是四对。四对双绞线包在一个绝缘的电缆套管里,使用 RJ-45 连接器与网卡或交换机的端口相连接。

双绞线的标准化工作是由美国电子工业协会(EIA)和电信工业协会(TIA)联合制定的。1991 年 EIA/TIA 联合发布了 EIA/TIA－568 标准,随着网络传输速率的提高,EIA/TIA 的标准也在不断更新,先后规定了 1 类～6 类标准。目前,常见的为五类、超五类和六类线,如表 2-2 所示。传统的百兆网络只用到其中的 1、3、2、6 四根线缆来传输,而千兆网络要用到 8 根来传输。根据线序,双绞线分为直通线和交叉线两种。两端连接的设备类型不同,用直通线;两端连接的设备类型相同,用交叉线。

表 2-2　常见网线的技术指标

线缆分类	传输频率	传输距离	传输带宽	线缆特点	主要用途
五类线	100 MHz	100 m	100 Mbit/s	与四类线相比,增加了绕线密度	用于语音传输和最高传输速率为 100 Mbit/s 的数据传输
超五类	100 MHz	100 m	1000 Mbit/s	与五类线相比,衰减小,串扰少,并且具有更高的衰减与串扰的比值和信噪比	主要用于快速以太网和千兆以太网中
六类线	200～250 MHz	100 m	1000 Mbit/s	与五类线相比,改善了在串扰以及回波损耗方面的性能	用于传输速率 1 Gbit/s 的应用

双绞线分为屏蔽双绞线(STP)和无屏蔽双绞线(UTP)两种。屏蔽双绞线在外套层和双绞线之间增加了用金属丝编织的屏蔽层,提高了抗干扰能力。屏蔽双绞线由保护层、金属屏蔽层和双绞线组成,其结构如图 2-14(a)所示。非屏蔽双绞线由保护层和双绞线组成,其结构如图 2-14(b)所示,常用的无屏蔽双绞线有 5 类线、超 5 类线和 6 类线。

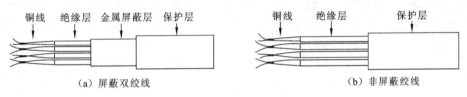

（a）屏蔽双绞线　　　　　　　　　　　　　　　（b）非屏蔽绞线

图 2-14　双绞线结构示意图

双绞线的主要特性如下。

(1)物理特性:双绞线芯一般是铜质的材料制成的,具有良好的导电性能。

(2)传输特性:双绞线可以传输模拟信号和数字信号,最常用于声音的模拟传输。

(3)连通性:双绞线普遍用于点对点的连接,也可以用于点对多点的连接。

(4)地理范围:局域网的双绞线在 100 Kbit/s 速率下传输距离可达 1 km,在 10 Mbit/s 或 100 Mbit/s 传输速率下传输距离均不超过 100 m。

(5)抗干扰性:在较低频率传输时,双绞线的抗干扰性相当于或高于同轴电缆,随着频率的增加,双绞线抗干扰能力逐步降低。

(6)价格:双绞线的价格低于其他传输介质。

2. 同轴电缆

同轴电缆由铜芯线作为内导体,铜导线外是用绝缘材料制作的圆筒形的内绝缘层,绝缘层外包着铝箔,铝箔外是用金属丝编织成网状的外导体屏蔽层,最外面是绝缘保护套,内、外导体的圆心在同一轴线上,故称同轴电缆,如图 2-15 所示。

同轴电缆使用 BNC 接头,如图 2-16 所示,BNC 接头与 T 型分接头相连。同轴电缆分为基带同轴电缆和宽带同轴电缆。基带同轴电缆常用特征阻抗为 50 Ω 的细缆制作而成,用于传输基带数字信号。宽带同轴电缆常用特征阻抗为 75 Ω 的粗同轴电缆制作而成,用于传输频分多路复用的模拟信号,也可传输高速数字信号和模拟信号,是有线电视系统(CATV)的标准传输电缆。

图 2-15　同轴电缆　　　　　　　图 2-16　BNC 接头

3. 光纤

光纤的全名为光导纤维,光纤是采用超纯的熔凝石英玻璃拉成的比人头发丝还细的芯线,称为纤芯,纤芯外加上包层,纤芯的直径只有 $8\sim100\ \mu m$,纤芯加上包层直径不到 $0.2\ mm$,纤芯的折射率高于包层的折射率,光线在纤芯和包层的分界面上几乎是全反射,光线遇到包层就会折射回纤芯,形成光波沿着纤芯传输。

图 2-17　光纤剖面

光缆是由很多芯光纤组成的,为了满足工程施工强度的要求,光缆内加入抗拉强度达几公斤的钢筋制成的加强芯,固定光纤的填充物,有的光缆中还加入远程供电电源线,外面加上包带层和外护套,如图 2-17 所示。

光纤分为单模光纤和多模光纤两大类,单模光纤使用单色光(如激光)称为载波信号,一般用半导体激光器作为单色光的光源,激光光束在传输中不易发散、不易衰减,所以单模光纤在 2.5 Gbit/s 的传输速率下,可传输数十公里而不需采用中继器。多模光纤使用复合光作为载波信号,用发光二极管或其他发光器件作为复合光的光源。由于多模光纤使用简单的混合光谱的光源,光线在传输过程中容易发散,损耗较大,一般传输距离不超过 2 km。光纤传输具有通信容量大、传输损耗小、中继距离长、抗雷击、抗电磁干扰、无串音干扰、保密性好等优点。

光纤传输过程如图 2-18 所示。

图 2-18　光纤传输系统结构示意图

光纤的主要特性如下。

(1)物理特性:在计算机网络中一般采用两根光纤组成传输系统。

(2)传输特性:光纤通过内部的全反射来传输一束经过编码的光信号,数据传输速率高,最低速率是 100 Mbit/s,一般可达 1 Gbit/s。

(3)连通性:光纤普遍用于点对点的连接。

(4)地理范围:光纤信号衰减极小,使用光纤传输,可以在 $6\sim8$ km 的距离内不使用中继器实现高速率的数据传输。

(5)抗干扰性:光信号不受外界电磁干扰和噪声的影响,因此光纤可以在长距离内传输数据,并且安全性和保密性高。

(6) 价格:光纤的价格比双绞线和同轴电缆高。

课 堂 实 践

操作 1　标准网线制作

[实训目的]

(1) 掌握 UTP 的制作过程。

(2) 能够测试双绞线的连通性。

(3) 了解压线钳和网线测试仪的使用方法。

[实训内容]

2 人 1 组,制作网线并测试其连通性。

[实训准备]

(1) UTP 若干、RJ-45 水晶头若干。

(2) 压线钳一把,如图 2-19 所示。

(3) 网线测试仪一个,如图 2-20 所示。

图 2-19　剥线/夹线钳　　　　　　　　图 2-20　简易双绞线测试仪

[实训步骤]

(1) 用网线钳剪 1 m 左右的网线。

(2) 用钳子将网线两端的表皮剥去后,两端都按 EIA/TIA568B 标准线序(白橙,橙,白绿,蓝,白蓝,绿,白棕,棕)为网线排序,如图 2-21 所示。

(3) 将排好序的网线并拢。

(4) 将排好序的网线剪齐。

(5) 将网线插入水晶头,注意插入时使水晶头有金属片的一端对着自己。

(6) 将网线插入水晶头后,将水晶头放入钳子的压线槽中,合拢钳子,将其压紧。

① 直通 UTP 电缆。按 EIA/TIA568B 规格排线,先将四对双绞线按橙、蓝、绿、棕四对混白色在前,纯色在后将线理直,对调 3、5 两根线,形成白橙、橙、白绿、蓝、白蓝、绿、白

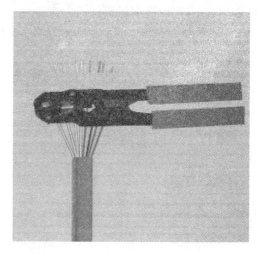

图 2-21　网线剥皮及剪齐

棕、棕的线序。线序如图 2-22 所示。

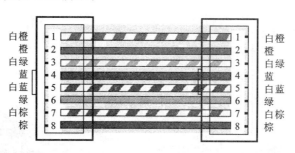

图 2-22　直通 UTP 排列

②交叉 UTP 电缆。若将线缆的另一头按直通线的线序将 1 与 3、2 与 6 对调,形成白绿、绿、白橙、蓝、白蓝、橙、白棕、棕的线序,这种线序称为 EIA/TIA568A 连线规格。制作交叉 UTP 电缆,一头使用 EIA/TIA568B 连线规格,另一头使用 EIA/TIA568A 连线规格,线序如图 2-23 所示。

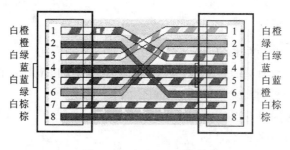

图 2-23　交叉 UTP 排列

(7) 用测线仪检测。双绞线两头分别插入双绞线测试仪的 RJ-45 接口中,打开电源开关,可看见表盘上的 8 个灯依次闪亮,表明 8 根线连接正常,如图 2-24 所示。

制作良好的水晶头如图 2-25 所示。

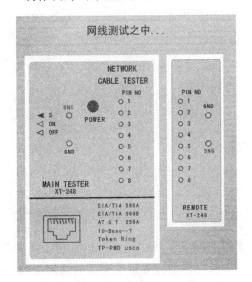

图 2-24　测线仪

图 2-25　RJ-45 接头

2.2.2　主流的无线传输介质

无线传输是利用大气、外层空间等无线型介质进行电磁信号的传输。无线传输有两种基本方法:定向和全向。一般来说,使用较高频率传输的信号是定向性的,而使用较低频率传输的信号是全向性的。

1. 无线电波

无线电波适合于数据通信的主要方式是微波,微波的频率范围在 300 MHz～300 GHz,主要使用 2 G～40 GHz 的频率范围。微波在空间以直线传播,并且穿透性强,能穿透电离层直接进入宇宙空间。微波的数据通信主要采用地面微波接力通信和卫星通信。

无线电波是全向性的传播,使用较低频率传输信号,不同的无线电通信使用的频段不同。例如,无线电广播,包括调频广播和调幅广播等,只要收音机能够接收到当地广播电台的信号就能够收到电台的广播;电视天线无论指向哪里都能够接收到电视信号,当然指向发送台的方向接收到的图像更清晰。

2. 微波

微波信号的频率在 100 MHz～10 GHz,单向沿直线传播。传送微波信号时,一个微波站的天线必须指向另一个微波站才能发送和接收信号,而且大气和微波站之间的障碍物对微波信号的影响较大。微波传送有地面微波传送和卫星微波传送两种方式。

地面微波传送是指地球上两个微波站之间的微波传送方式。微波在空间沿直线传播,由于地球是个球面,微波传输距离与天线的高度和地势有关,通常利用加高天线提高传输距离,天线越高微波传播距离越远。一般两个微波站之间的通信距离为 30～50 km,一旦超过这个距离就要用微波中继站来接力。中继站的功能是放大和变频,这种通信方式称为微波接力通信,如图 2-26 所示。在无法铺设光纤或铺设有线线路不经济的情况下,微波通信产品广泛地应用于如"村村通"、工程、临时大型会议、运动会、展览会的临时通信需求。

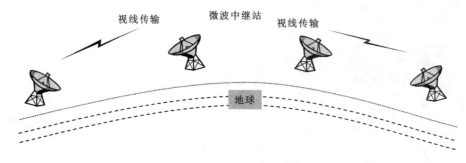

微波中继站
视线传输　　　　　视线传输
地球

图 2-26　地面微波接力通信

卫星是一个微波转播台,用来连接两个以上微波收发系统。一个地球同步卫星可以覆盖地球的 1/3 以上表面,原则上三个这样的卫星就可以覆盖地球上全部的通信区域,地球上的各个地面站之间都可互相通信。一般一颗卫星配有 12～20 个转发器,每个转发器的带宽为 50 Mbit/s。卫星通信的优点是容量大,传输距离远,受干扰影响较小,通信比较稳定;缺点是传播延迟时间长。除同步卫星外,近地轨道通信卫星也用于卫星通信,并有广泛的应用前景。

3. 红外线通信

红外线数据标准协会(infrared data association,IrDA)成立于 1993 年,负责制定红外线传播连接的国际标准,IrDA 技术是一种利用红外线进行点对点通信的技术,其相应的软件和硬件技术都已比较成熟。数据传输所受到的干扰较少,数据传输率可达 16 Mbit/s。适用于近距离、高速率传输数据的移动通信设备,扫描仪、数码相机和图形处理设备相互传送数据。例如,在无网线的情况下,两台具有红外支持功能的笔记本电脑可以直接联网。红外线通信的方向性很强,且是沿直线传播的,必须把要传输的信号转换为红外光信号才能直接在空间传播。

2.3　任务三　了解多路复用技术

章节引导

从 A 地到 B 地,坐公交车的话 2 元,打车要 20 元,为什么坐公交便宜呢?

2.3.1　数据编码技术

在进行数据通信时,数据的原始存在形式需要变换成某一种适合于信道传输的信号形式,这一过程称为数据编码。根据数据通信类型,网络中常用的通信信道分为两类:数字通信信道和模拟通信信道。用于数据通信的数据编码方式也分为两类:数字数据编码和模拟数据编码。因此,在数字信道上传送数字数据需要数字信号编码,在模拟信道上传送数字数据需要调制编码;在数字信道上传送模拟数据需要采样编码,在模拟信道上传送模拟数据可以不编码。数据编码方法如图 2-27 所示。

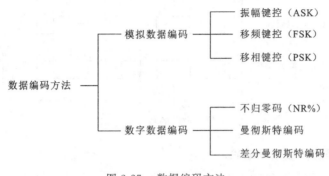

图 2-27　数据编码方法

1. 数字数据的数字信号编码

常用的数字数据编码方法有不归零码、曼彻斯特编码、差分曼彻斯特编码三种。

1) 不归零码

不归零码(non return to zero,NRZ)是用两种不同的电压电平的脉冲序列来表示数字信号的编码方式,波形如图 2-28(a)所示。高电平表示逻辑"1",低电平表示逻辑"0",也可以有其他表示方法。

NRZ 的缺点是没有同步信号,无法判断一比特的结束和另一比特的开始。

2) 曼彻斯特编码

曼彻斯特编码(manchester encoding)是目前应用最广泛的编码方法之一,常用于局域网传输,其波形如图 2-28(b)所示。曼彻斯特编码的编码规则是:每比特的中间有一次电平跳变,从低电平到高电平的跳变表示二进制"0",从高电平到低电平的跳变表示二进制"1"。

曼彻斯特编码的优点是每比特的中间跳变,既作为数据信号,又作为时钟信号,可以产生收发双方的位同步信号。因此,曼彻斯特编码信号又称为"自含时钟编码"信号。缺点是效率较低,每一比特都被调成两个电平,因此需要双倍的传输带宽,即信号速率是数据速率的 2 倍。

3) 差分曼彻斯特编码

差分曼彻斯特编码(differential manchester encoding)是对曼彻斯特编码经过差分运算后得到的编码,其波形如图 2-28(c)所示。差分曼彻斯特编码的编码规则是:每比特的中间有一次电平跳变;以每比特的开始是否有跳变来表示这比特的值,有跳变表示二进制"0",无跳变表示二进制"1"。

差分曼彻斯特编码与曼彻斯特编码的不同点在于每比特的中间跳变仅提供时钟定时,产生收发双方的位同步信号;数据则是由每比特的开始边界是否发生跳变来决定的。

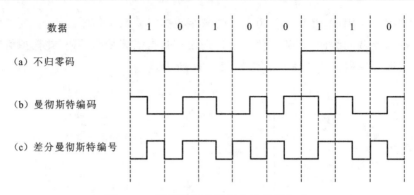

图 2-28　数字数据的数字信号编码方式

2. 数字数据的模拟信号编码

目前,广泛使用的电话通信信道仍然是模拟信道。利用公共电话交换网的模拟语音信道实现计算机之间的远程通信,必须将发送端的数字信号变换成能够在公共电话网上传输的模拟信号,经传输后在接收端将模拟信号变换成相应的数字信号。

将发送端数字数据信号转换成模拟数据信号的过程称为调制(modulation),将接收端模拟数据信号还原成数字数据信号的过程称为解调(demodulation),在调制过程中,需要一种载波信号,它是一个频率连续恒定的信号,其余弦信号可以写为 $A\cos(\omega t+\Phi)$。我们可以通过载波的三个参量(振幅、频率、相位)来进行调制,实现模拟数据信号的编码。常用的调制方法有以下几种。

1) 移幅键控法

移幅键控法(amplitude-shift keying,ASK),又称调幅(amplitude modulation,AM),是用载波信号的两个不同的幅度来表示的。例如,可以用载波幅度为 A 表示数字 1,用载波幅度为 0 表示数字 0。ASK 信号波形如图 2-29(a)所示。

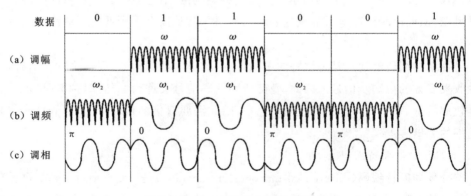

图 2-29　数字数据的调制编码方式

ASK 方式容易受增益变化的影响,是一种低效的调制技术。在电话线路上,通常只能达到 1200 bit/s 的速率。

2) 移频键控法

移频键控法(frequency-shift keying,FSK),又称调频(frequency modulation,FM),

是用载波信号的两个不同的角频率来表示数字信号 0,1。例如,可以用载波角频率为 ω_1 表示数字 1,用载波角频率为 ω_2 表示数字 0。FSK 信号波形如图 2-29(b)所示。

FSK 方式可以实现全双工操作,在电话线路上,通常可达到 1200 bit/s 的速率。

3)移相键控法

移相键控法(Phase-Shift Keying,PSK),又称调相(Phase Modulation,PM),是用载波信号的相位移动来表示数字信号 0,1。例如,在二相 PSK 系统中,相位不变表示数字 0,相位改变表示数字 1。PSK 信号波形如图 2-29(c)所示。

PSK 还可以使用多于二相的相移,利用这种技术,可以对传输速率起到加倍的作用。PSK 的抗干扰能力较强,但实现技术较复杂。

3. 模拟数据的数字信号编码

模拟数据的数字信号编码是指模拟数据信息用数字信号来表示。脉冲编码调制(Pulse Code Modulation,PCM)是模拟数据数字化的主要方法。

【思考】计算机如何处理声波这种模拟信号?

PCM 技术的典型应用是语音数字化,如图 2-30 所示,计算机对声音的处理格式有采样频率和位深度。设置在发送端通过 PCM 编码器将语音信号转换为数字化语音数据,通过数字通信信道传送到接收端,接收端再通过 PCM 解码器将它还原成语音信号。

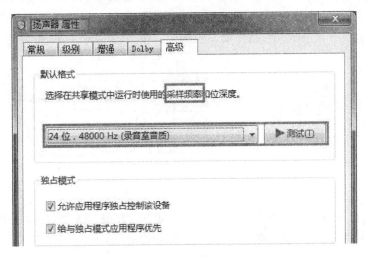

图 2-30　计算机对声音的处理格式

PCM 编码过程包括采样、量化和编码三个步骤。

1)采样

采样是模拟信号数字化的第一步。采样是每隔一定的时间间隔,对连续模拟信号进行测量,将模拟信号的电平幅度值取出来作为样本,用其表示原来的信号。采样定理证明:如果以大于或等于通信信道带宽 2 倍的速率定时对信号进行采样,其样本可以包含足以重构原模拟信号的所有信息。显然采样间隔越小,越容易满足采样定理,但过高就会增加采集量,并且对接收端恢复数据的作用效果也不明显。采样的工作原理如图 2-31 所示。

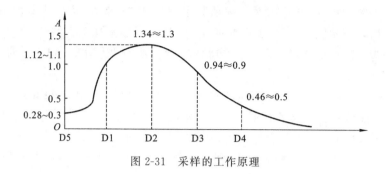

图 2-31 采样的工作原理

2）量化

量化是将采样样本幅度按量化级进行分级的过程。量化之前要将信号分为若干量化级,如可以分为 8 级、16 级或更多的量化级,这取决于精度要求。同时,还要规定好每一级对应的幅度范围,然后将采样所得样本幅值与上述量化级幅值比较。例如,0.46 取值为 0.5 等。

3）编码

编码是用一定位数的二进制代码表示采样样本量化后的量化幅度。如果有 N 个量化级,那么二进制编码的位数为 $\log_2 N$。目前,在语音数字化脉冲调制系统中,多采用 $2^7 = 128$ 个量级,用 7 位二进制代码表示。经过编码后,每个样本都要用相应的编码脉冲表示,如果量化级有 $2^4 = 16$ 个,则需要 4 位编码。图 2-32 表示了 16 个量化级的 PCM 编码过程。

样本	量化级	二进制编码	编码信号
D1	5	0101	
D2	9	1001	
D3	13	1101	
D4	11	1011	
D5	3	0011	

图 2-32 PCM 编码过程

在数字化语音系统中使用 PCM 技术时,它将声音分为 128 个量化级,采用 7 位二进制编码表示,采样速率为 8000 次/秒,因此,数据传输速率达到 $7 \times 8000 = 56$ Kbit/s。

2.3.2 多路复用技术

在通信系统中,传输介质的带宽往往超过了传输单一信号的需要。为了充分利用传输介质,人们研究出了在一条物理线路上建立多条通信信道的技术,这就是多路复用技术。

多路复用的实质是将多个用户发送的信息通过多路复用器进行汇集,然后将汇集后的信息群通过一条物理信道传送到接收设备,接收设备通过多路复用器将信息群分离成各个单独的信息,再分发到多个用户。这样,可以使用一对多路复用器、一条通信线路来代替许多设备,极大地节省了传输线路,提高了线路的利用率。多路复用的工作原理如图2-33 所示。

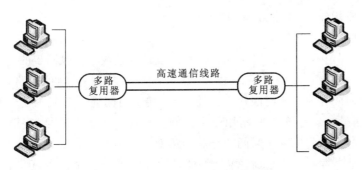

图 2-33　多路复用的工作原理示意图

多路复用一般有三种基本形式：频分多路复用（frequency division multiplexing，FDM）、时分多路复用（time division multiplexing，TDM）和波分多路复用（wavelength division multiplexing，WDM）。

1. 频分多路复用

频分多路复用是以信道频带作为分割对象。它是指在物理信道的可用带宽超过单个原始信号所需带宽的情况下，将该物理信道的总带宽分割成若干个与传输单个信号带宽相同（或略宽）的子信道，每个子信道独立地传输一路信号。

多路原始信号在频分复用前，先要通过频谱搬移技术将各路信号的频谱搬移到物理信道频谱的不同段上，使各信号的带宽不相互重叠，然后用不同的频率调制每一路信号。为了防止互相干扰，相邻信道之间使用防护频带隔离。频分多路复用的基本工作原理如图 2-34 所示。

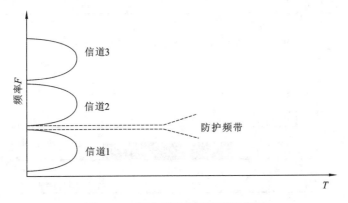

图 2-34　频分多路复用原理示意图

2. 时分多路复用

时分多路复用是以信道传输时间作为分割对象，它是指将一条物理信道按时间分成若干个时间片轮流地分配给多个信号使用，每一时间片由复用的一个信号占用，这样，利用每个信号在时间上的交叉，就可以在一条物理信道上传输多个信号。因此时分多路复用技术主要用于数字数据信号的传输。

时分多路复用又可分为以下两类：同步时分多路复用（Synchronous TDM，STDM）和异步时分多路复用(asynchronous TDM,ATDM)。

(1) 同步时分多路复用又称静态时分多路复用,它是将信道时间预先分配给各个用户,并且时间片固定不变,因此各个用户信号的发送与接收必须是同步的。同步时分多路复用的工作原理如图 2-35(a)所示。例如,有 k 个信号复用一条通信线路,那么可以把通信线路的传输时间分为 k 个时间片。如果 $k=5$,传输时间周期 T 定为 1 s,那么每个时间片为 0.2 s。在第一个周期内,可将第 1 个时间片分配给第 1 个信号,将第 2 个时间片分配给第 2 个信号,…,将第 k 个时间片分配给第 k 个信号。在第二个周期开始后,再将第 1 个时间片分配给第 1 个信号,将第 2 个时间片分配给第 2 个信号,…,如此循环下去。这样,在接收端只需要采用严格的时间同步,按照相同的顺序接收,就能够将多个信号分割、复原。

同步时分多路复用是一种固定分配资源的方式。不论用户有无信号发送,其分配关系是固定的,即使某用户没有信号发送,在其分配的时间片内也会占用通信线路,其他用户不能占用,这种方法势必造成信道带宽的浪费。如图 2-36 所示,A、B、C、D 4 个信道在 4 个时分复用帧内分配固定的信号。

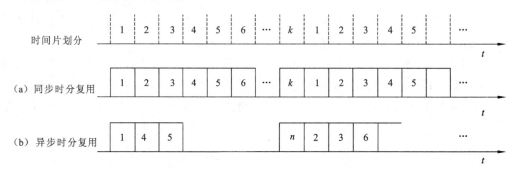

图 2-35　同步与异步时分多路复用原理示意图

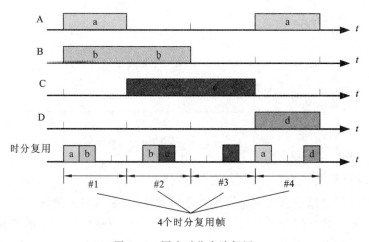

图 2-36　同步时分多路复用

(2) 异步时分多路复用又称统计时分多路复用,它动态地分配时间片给各个用户。异步时分多路复用的工作原理如图 2-35(b)所示。例如,有 n 个信号复用一条通信线路,

每个周期 T 分为 k 个时间片。由于 n 个信号并不总是同时工作的,为了提高通信线路的利用率,允许 $n>k$。那么,每个周期内的各个时间片只分配给那些有数据发送的用户。在第一个周期内,可将第 1 个时间片分配给第 1 个信号,将第 2 个时间片分配给第 4 个信号,将第 3 个时间片分配给第 5 个信号,…,将第 k 个时间片分配给第 n 个信号。在第二个周期开始后,可将第 1 个时间片分配给第 2 个信号,将第 2 个时间片分配给第 3 个信号,将第 3 个时间片分配给第 6 个信号,…,将第 k 个时间片分配给第 $n-1$ 个信号,并且继续循环下去。

异步时分多路复用是一种按需分配资源的方式。在异步时分多路复用系统中,当用户有数据要传输时才分配时间片,用户暂停发送数据时,就不分配时间片,这样可以避免信道带宽的浪费。如图 2-37,A、B、C、D 4 个信号并不规则发生,并不预留时间片,而是按需分配。

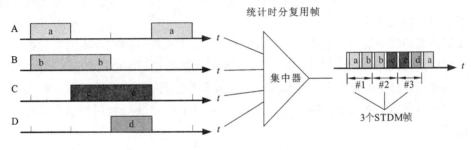

图 2-37 异步时分多路复用

以上介绍的是有周期概念的异步时分多路复用,没有周期概念的异步时分多路复用就是动态时分多路复用。在动态时分多路复用系统中,信道号与时间片序号之间没有固定的对应关系,因此接收端无法确定应将哪个时间片的信号传送到哪个信道。为了解决这个问题,动态时分多路复用的发送端需要在传送数据的同时,传送使用的发送信道与接收信道的序号。各信道发出的数据都需要带有双方地址,由通信线路两端的多路复用设备来识别地址,确定输出信道。

在数据通信技术的讨论中,时分多路复用仅指同步时分多路复用技术,异步时分多路复用技术为异步传输模式技术的研究奠定了理论基础。

3. 波分多路复用

波分多路复用采用波长分割多路复用方法,其工作原理如图 2-38 所示。光纤 1 和光纤 2 中传输的是波长(频率)不同的两束光波,它们通过光栅(或棱镜)之后,共用了一条共享光纤传输,到达目的节点后,再通过光栅(或棱镜)重新分成两束光波,分别传送到光纤 3 和光纤 4。只要每个信号的频率范围各不相同且互不重叠,它们就能够以波分多路复用的方式利用共享光纤进行远距离传输。

本质上,波分复用也是频分复用。光信号的波分多路复用与电信号的频分多路复用的不同之处在于,它是在光学系统中利用衍射光栅来合成与分解多路不同频率的光波信号。图 2-38 所示的波分多路复用系统中,从光纤 1 进入的光波将传送到光纤 3,从光纤 2

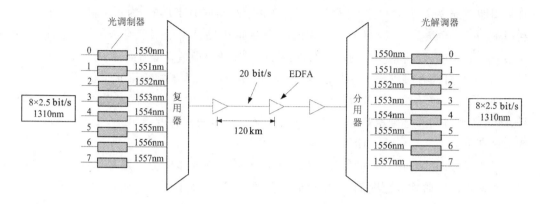

图 2-38 波分多路复用原理示意图

进入的光波将传送到光纤 4。由于这种波分复用系统是固定的,所以从光纤 1 进入的光波就不能传送到光纤 4。

在交换式的波分复用系统中,存在多条输入与输出光纤,例如,在典型的交换式波分复用系统中,所有的输入光纤与输出光纤都连接到无源的星形中心耦合器上,每条输入光纤的光波能量通过中心耦合器分送到多个输出光纤中。因此,该系统可以支持数百条关系信道的多路复用。在未来的高速光纤网络中,这种交换式波分复用技术将具有广阔的应用前景。

2.4 任务四 了解数据传输技术

章节引导

思考一下,计算机中的信号是数字信号还是模拟信号?它适合远距离传输吗?有线介质传输多采用哪一种信号?无线介质传输又是采用哪种信号?

2.4.1 基带传输技术

在数据通信中,人们用矩形脉冲信号来表示计算机中二进制比特序列的数字数据信号。矩形脉冲信号的固有频带称为基本频带,简称基带。这种矩形脉冲信号称为基带信号。在数字通信信道上,直接传送基带信号的方法称为基带传输,它是一种最基本的数据传输方式。

在数据的发送端,由编码器将基带传输的信源数据变换为直接传输的基带信号,例如,曼彻斯特编码或差分曼彻斯特编码信号;在数据的接收端,信号由解码器进行解码,恢复成与发送端相同的数据。

通信信道带宽对数据信号传输中失真的影响很大,信道带宽越宽,信号传输的失真越小。例如,以太网中采用基带传输方式,光纤的带宽要比同轴电缆和双绞线大得多,所以它的传输速率高,传输距离远。

2.4.2　频带传输技术

频带传输是数据通信中一种重要的形式。电话交换网是目前覆盖面最广的一种通信方式,用于传输语音模拟信号。因此,利用电话交换网这种模拟通信信道进行数据通信也是最普遍使用的通信方式之一。

【思考】频带和基带两种传输技术中哪种传输技术更普及?

频带传输不仅能解决模拟信道传输数字信号的问题,而且还能实现多路复用,提高传输信道的利用率,具有更普及的应用范围。

2.5　任务五　了解数据交换技术

章节引导

如果需要和其他城市的亲戚朋友联系,你会首选哪种通信方式?下面来简单回顾一下生活中通信技术的发展史(播放从影视中截取的老式电话通话片段、发电报片段、IP 电话的图片),大家可能都在电影电视中见过老式电话和电报的使用,现在,生活中还经常使用吗?为什么老式电话需要接线员呢?选用哪种方式会便宜?IP 电话为什么会费用低?

在广域网中,随着终端数目的增加,要在所有终端之间都建立固定的点对点通信线路,既浪费通信资源也导致成本过高,显得不切实际。因而,在广域网中网络节点采用部分连接,当两个节点之间没有直接互连时,必须经过中间节点将数据逐点传送到信宿才能实现通信。这种由中间节点进行转接的通信称为交换,中间节点又称为交换节点。当交换节点转接的终端数很多时,则称该节点为转接中心(或交换中心)。当网络规模很大时,多个转接中心又可互连成交换网络。

数据交换技术主要有三种,即线路交换(circuit switching,CS)、报文交换(message switching,MS)和分组交换(packet switching,PS)。

【思考】线路交换、报文交换和分组交换三种交换技术哪个更好?为什么?

2.5.1　线路交换

1. 线路交换的工作原理

线路交换也称为电路交换,是数据通信领域最早使用的交换方式。通过电路交换进行通信,就是要通过中间交换节点在两个站点之间建立一条专用的通信线路。最普通的电路交换例子是电话通信系统。电话交换系统利用交换机,在多个输入线和输出线之间通过不同的拨号和呼号建立直接通话的物理链路。物理链路一旦接通,相连的两站点即可直接通信。在该通信过程中,交换设备对通信双方的通信内容不进行任何干预,即对信息的代码、符号、格式和传输控制顺序等没有影响。利用电路交换进行通信包括建立电路、传输数据和拆除电路三个阶段。

电话系统的线路交换,就是用户(终端)通过呼叫,在传统语音电话系统中的交换设备中寻找一条通往被叫用户的物理路由和通路,这种连接技术称为线路交换。典型的线路交换的原理如图 2-39 所示。

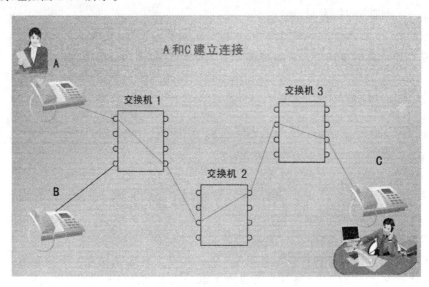

图 2-39　典型的线路交换的原理

计算机网络中的线路交换方式与电话交换方式的工作过程类似,两台计算机或终端在进行数据传输前,首先建立一条临时的专用线路,用户通信时独占这条线路,不与其他用户共享,直到通信一方释放这条专用线路。典型的线路交换工作原理如图 2-40 所示。

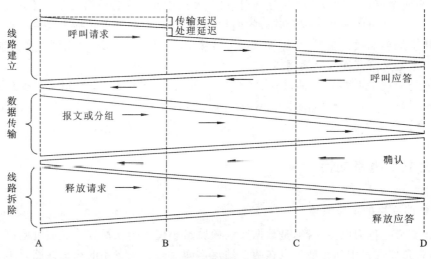

图 2-40　典型的线路交换工作原理示意图

线路交换的通信过程包括三个阶段:线路建立阶段、数据传输阶段和线路拆除阶段。

2. 线路交换的特点

线路交换的优点如下。

（1）连接建立后,数据以固定的传输率传输,传输延迟小,实时性、可靠性高。

（2）由于物理线路被单独占用（独占信道）,所以不可能发生冲突。

线路交换的缺点如下。

(1) 建立连接线路耗时较长,需 10～20 s 或更长。

(2) 两台主机之间建立的物理线路连接为此次通信专用,即使该连接在某个时刻没有数据传送,该线路也不能被其他连接使用,因此线路利用率较低。

(3) 通信子网中的节点交换设备不能存储数据,不能改变数据内容,不具备差错控制能力。

【思考】 计算机网络为何不使用线路交换的传输数据方式?

线路交换适用于实时大批量持续通信的数据传输,其典型应用是电话通信。但线路交换不适用于计算机通信:因为计算机数据具有突发性的特点,真正传输数据的时间不到10%。因此,线路交换适用于模拟信息的传输和实时大批量连续的数字信息传输。

2.5.2 报文交换

根据数据的特点,人们提出了报文交换。报文交换是以报文为单位进行存储交换的技术。报文,就是站点一次性要发送的数据块,如一个数据文件、一篇新闻稿件等,其长度不限且可变。报文是按照一定的格式把待发送的数据、目的地址、源地址和控制信息组成一个数据单元,其结构如图 2-41 所示。

报文号	目的地址	源地址	数据	校验

图 2-41 报文结构示意图

1. 报文交换的工作原理

报文交换采用存储转发方式传送报文,不需要在两个站之间建立专用的物理通路。当一个站发出一个报文时,网络节点根据报文上的目的地址信息,进行路由选择,把报文发送到下一个节点,然后逐个节点地转送到目的节点。

每个节点在接收到整个报文后先对它进行差错检测,如果没有错误,则再进一步判断接收信息是应答信号还是报文信号。若是报文信号则接收并存储这个报文,同时向对方发送站发送肯定应答信号,然后进入所选路径的转发队列等候,直到利用路由信息找出下一个节点的地址,再把整个报文传送给下一个节点,直至目的终点站;如果有错误,则丢弃报文,并发送一个否定应答信号给前一节点要求重发。因此,端与端之间不需要先通过呼叫建立连接。

2. 报文交换的特点

报文交换与线路交换相比具有以下优点。

(1)报文交换不需要为通信双方预先建立一个传输通道,因此不存在建立连接和拆除连接的过程,也没有建立和拆除连接所需的等待时间。

(2)线路利用率高,不同的报文可以同时共享两个节点之间的通道。

(3) 传输可靠性高,主要表现在两个方面:一是能够对报文进行差错检测,如果发现接收信号有错误,可以让前站重新发送;二是如果中间节点发现某条线路有故障,它可以选择其他路径转发报文。

【思考】数据报交换的方式有什么缺点？如果目标另存为一个文件时，传输到了90％，网络断开了，前面的文件还在吗？

报文交换的主要缺点如下。

(1)不能满足实时或交互式的通信要求（如语音、实时视频等），报文经过网络的延迟时间长且不定。

(2)当节点收到过多的数据而没有空间存储或不能及时转发时，就不得不丢弃报文，并且发出的报文不按顺序到达目的地。

(3)由于长报文一旦出错就需要从头全部重发，所以会影响传输效率，并且带来更大的延时。

2.5.3　分组交换

分组交换也是一种存储转发的交换方式，能够克服报文交换的缺点。分组交换是把要传输的长报文分成若干个较小的数据块，称为分组，然后以分组为单位按照与报文交换同样的方法进行传输。分组的结构如图 2-42 所示。

报文号	报文分组号	目的地址	源地址	报文分组数据	校验

图 2-42　分组结构示意图

每个分组在通信子网中根据各自不同的路径独立传输，接收端节点依据分组号将接收到的具有该节点地址的分组重新组装成信息或报文。

分组交换有两种方式：数据报（datagram，DG）方式和虚电路（virtual circuit，VC）方式。

1. 数据报方式

在数据报方式中，一个分组称为一个数据报。每个数据报在交换网络内单独传送，因此每个数据报都必须包含源节点的地址和目的节点的地址。当节点收到数据报后，根据数据报中的地址信息和当前网络的工作状态，为每个数据报选择独立的传输路径。这样，不同的数据报在网络中可能会经过不同的路径到达目的节点，并且到达目的节点的顺序也会与发出时的顺序不同。因此，目的节点必须对到达的数据报按编号重新排序和组装。数据报方式的工作原理如图 2-43 所示。

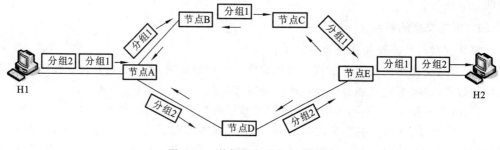

图 2-43　数据报方式的工作原理

　　数据报方式的特点:用户之间的通信没有建立连接和拆除连接的过程,适合短报文传输;每个分组有独立的路由,对网络故障的自适应能力较强;分组传输时延较大,适用于突发性通信;同一报文的不同分组到达目的节点时可能会乱序、重复与丢失。

　　为了克服数据报方式的缺点,人们进一步提出了虚电路方式。

2. 虚电路方式

　　虚电路方式结合了数据报方式和线路交换方式的优点,使得数据交换效果更佳。虚电路方式在分组发送之前,需要在收发双方之间通过网络建立逻辑上的连接。整个通信过程包括虚电路建立、数据传输和虚电路拆除三个阶段。虚电路方式的工作原理如图2-44所示。

　　1) 虚电路建立阶段

　　在虚电路建立阶段,节点 A 通过路由选择算法选择节点 B,向 B 发出呼叫请求分组。按照同样的方法,节点 B 选择节点 C,节点 C 选择节点 D,依次将呼叫请求分组送到目的节点 D。如果目的节点 D 同意建立虚电路,则向源节点 A 发送呼叫连接分组,至此虚电路建立。

　　2) 数据传输阶段

　　虚电路建立起来后,两个通信节点就可以在已建立的逻辑连接上交换数据分组了。

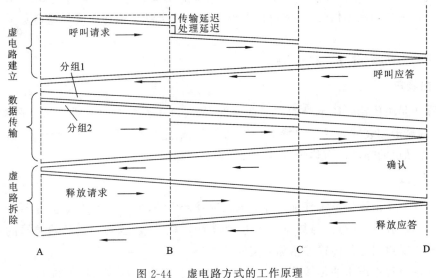

图 2-44　虚电路方式的工作原理

　　3) 虚电路拆除阶段

　　数据分组交换完毕后,将按照 D—C—B—A 的顺序依次拆除虚电路。

　　【思考】虚电路和实际物理电路有什么区别? 优点是什么?

　　虚电路方式的特点:用户在发送分组之前必须在双方之间建立一条逻辑连接的虚电路;分组以存储转发的方式通过这条虚电路顺序到达目的节点,不再需要复杂的路由选择,并且不需要对收到的分组重新排序;分组传输时延小,不会丢失;虚电路并不独占线路,在一条物理线路上可以同时建立多个虚电路,以达到资源共享。

2.6 任务六 认识差错控制方法

章节引导

《快乐大本营》中有一个游戏称为含水传歌,想必大家都听说过,顾名思义就是嘴里含着水,由第一个人看歌名然后哼唱给后面的人,一直传到最后一个人,由最后一个人猜歌名是什么,为什么不是每次都能猜对呢?

在实际的通信过程中,利用通信线路传送数据时不可避免地要受到各种干扰的影响,难免发生差错。所谓差错,就是接收端接收到的数据与发送端实际发出的数据不一致的现象。既然差错的产生是不可避免的,就应当分析差错产生的原因,研究检查和纠正差错的有效方法,进行差错控制。

2.6.1 传输中会产生差错的原因

数据传输中所产生的差错都是由噪声引起的。由于通信信道总是有一定的噪声存在,当信源发出的数据信号经过通信信道时,数据信号便会和噪声叠加,因此在信宿接收到的信号是失真的数据信号,传输数据出现了错误。所以在传输中要尽量避免受到噪声的影响。

噪声分为两类:热噪声和冲击噪声。

1. 热噪声

热噪声是由传输介质本身的因素产生的,如物理线路的电气特性造成信号幅度、频率、相位的畸形和衰减等。它的特点是时刻存在、幅度较小、强度与频率无关,但频谱很宽,是一类随机的噪声。由热噪声引起的传输差错称为随机差错。

2. 冲击噪声

冲击噪声是由通信系统外部的环境因素突发产生的,如大气中的闪电、电源开关的跳闸、自然界磁场的变化等。与热噪声相比,冲击噪声幅度较大,是引起传输差错的主要原因。由冲击噪声引起的传输差错称为突发差错(burst error)。

在通信过程中产生的传输差错,是由随机差错和突发差错共同构成的。

【思考】计算机网络传输中出错了能容忍吗?会有什么后果?

例如,某个图片的像素点可能只是众多点中的1个点颜色变化,整体上几乎无差异。但是也有可能另一种情况发生,某网上银行的关键存款数据某位由1变成了0,就有可能将存款1万元变成欠款1万元,后果很严重!

2.6.2 差错控制

差错控制,是指在数据通信过程中有效地检测出错误,并进行纠正,从而把差错限制在数据传输所允许的尽可能小的范围内的技术和方法。

差错控制主要用于减少通信的传输错误,提高通信系统的传输可靠性。目前还不可能做到检测和校正所有的错误。差错控制有两种编码方案:纠错码方案和检错码方案。

1. 纠错码方案

纠错码方案是在每个传输的分组中加入足够的冗余信息,以便在接收端能够发现并自动纠正传输差错。纠错码方法虽然功能优越,但实现复杂,造价高,费时间,在一般的通信场合不易采用。

2. 检错码方案

检错码方案是在每个传输的分组中仅加入足以使接收端发现差错的冗余信息,但不能确定错误位的位置,并且自己不能纠正传输差错。检错码方法虽然需要通过重传机制达到纠错,但原理简单,实现容易,编码与解码速度快,是网络中广泛使用的差错控制编码。

检错码又称校验码,常用的校验码有奇偶校验码、汉明校验码和循环冗余校验码。循环冗余校验码(cyclic redundancy check,CRC),简称 CRC 码,是目前应用最广的检错码之一,检错能力强,容易实现。

CRC 码的工作原理是:将待发送的二进制比特序列作为一个多项式 $M(x)$ 的系数,得到数据多项式 $M(x) \cdot x^k$,其中 k 为生成多项式的最高幂的值,在发送端用收发双方预先约定的生产多项式 $G(x)$ 去除数据多项式 $M(x) \cdot x^k$,求得一个余数多项式 $R(x)$。将余数多项式加到数据多项式之后发送到接收端。在接收端用同样的生成多项式 $G(x)$ 去除接收到的数据多项式 $M'(x) \cdot x^k$,得到计算余数多项式 $R'(x)$。如果 $R'(x)=R(x)$,则表示传输无差错;如果 $R'(x) \neq R(x)$,则表示传输有差错,需要发送方重新发送数据,直到正确接收到数据。

实际的 CRC 码生成采用的是二进制模二算法,即减法不借位,加法不进位,是一种异或操作。

例 2-1　说明 CRC 码的具体生成过程。

(1) 待发送的二进制比特序列为 100111(6 位)。

(2) 采用生成多项式:$G(x)= x^4 + x^3 + 1$,则生成多项式比特序列为 11001(5 位,$k=4$)。

(3) 将待发送的二进制比特序列乘以 2^4,即二进制比特序列按位左移 4 位,产生的乘积应为 1001110000。

(4) 将乘机用生成多项式比特序列去除,按模二算法应为

$$
\begin{array}{r}
111000 \leftarrow Q(x) \\
G(x) \rightarrow 11001\overline{)1001110000} \leftarrow M(x) \cdot x_k \\
\underline{11001} \\
10101 \\
\underline{11001} \\
11000 \\
\underline{11001} \\
1000 \leftarrow R(x)
\end{array}
$$

求得的余数比特序列为 1000。

（5）将余数比特序列加到乘积中得到

100111   1000

发送二进制比特序列   CRC 码比特序列

在发送端将生成的带有 CRC 码的数据比特序列 1001111000 发送到接收端。

（6）如果数据在传输过程中没有发生传输错误，则接收端接收到的带有 CRC 码的数据比特序列一定能被同样的生成多项式比特序列 11001 整除，即

$$
\begin{array}{r}
111000 \\
11001\overline{)1001111000} \\
11001 \\
\hline
10101 \\
11001 \\
\hline
11001 \\
11001 \\
\hline
0000
\end{array}
$$

【思考】差错机制可以绝对避免出错吗？

目前并没有一种完全算法能够绝对检测出大数据的二进制流中的错误，但可以降得极低。

2.6.3 检错的两种方式

接收端通过检错码检查传送的数据帧是否出错，如果发现传输错误，通常采用反馈重发（automatic request for repeat，ARQ）方法来纠正。反馈重发纠错方法主要有停止等待方式和连续工作方式两种。

停止等待方式是指发送端发送完一个数据帧之后，必须等待接收端的应答帧到来。接收端接收到数据帧进行检验之后，发出应答帧，表示上一帧已正确接收。发送端收到应答帧就可以发送下一数据帧，否则重新发送出错的数据帧。停止等待方式协议简单，但其系统通信效率低。

连续工作方式能够克服停止等待方式的缺点，包括拉回方式和选择重发方式两种。

拉回方式中发送端可以向接收端连续发送多个数据帧。发送端在收到接收端的应答帧后，如果发现前面某个数据帧出错，则停止发送当前数据帧，从出错的数据帧开始，重新发送所有数据帧。

选择重发方式中发送端可以向接收端连续发送多个数据帧。发送端在收到接收端的应答帧后，如果发现前面某个数据帧出错，则只需重新发送出错的数据帧。显然，选择重发方式的效率高于拉回方式。

课 堂 实 践

操作 1 IP 传输出错了如何解决

[实训目的]

(1) 掌握 IP 校验和计算方法。

(2) 掌握 TCP 校验和的计算方法。

(3) 理解 TCP 重传机制。

[实训内容]

TP 协议出错重传机制。

[网络环境]

该实验采用网络结构二,如图 2-45 所示。

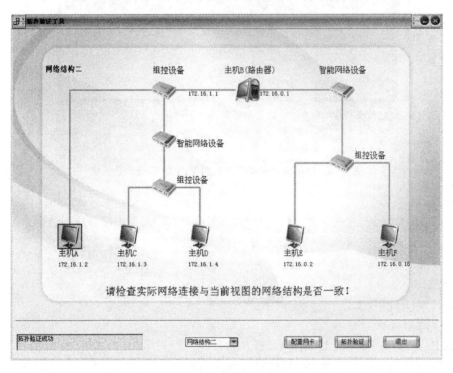

图 2-45 实验的网络环境

[实训步骤]

各主机打开工具区的"拓扑验证工具",选择相应的网络结构,配置网卡后,进行拓扑验证,如果通过拓扑验证,关闭工具继续进行实验,如果没有通过,请检查网络连接。

将主机 A、B、C、D、E、F 作为一组进行实验。

(1) 主机 B 在命令行方式下输入 staticroute_config 命令,开启静态路由服务。

(2) 主机 A 启动协议编辑器,编辑一个 IP 数据报,如图 2-46 所示。

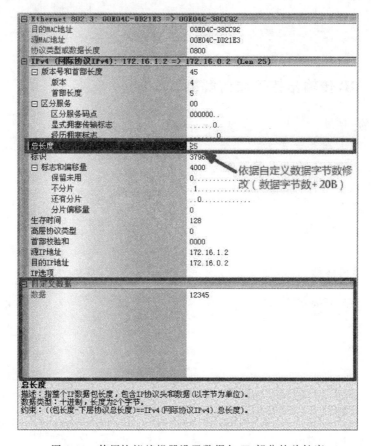

图 2-46　使用协议编辑器设置数据包 IP 部分的总长度

MAC 层如下。

目的 MAC 地址：主机 B 的 MAC 地址（对应于 172.16.1.1 接口的 MAC）。

源 MAC 地址：主机 A 的 MAC 地址。

协议类型或数据长度：0800。

IP 层如下。

总长度：IP 层长度。

生存时间：128。

源 IP 地址：主机 A 的 IP 地址（172.16.1.2）。

目的 IP 地址：主机 E 的 IP 地址（172.16.0.2）。

校验和：在其他所有字段填充完毕后计算并填充。

自定义字段如下。

数据：填入大于 1 B 的用户数据（这里填入的数据为 12345）。

【说明】先使用协议编辑器的"手动计算"校验和，再使用协议编辑器的"自动计算"校验和，将两次计算结果相比较，若结果不一致，则重新计算。

总长度设置如下。

总长度包括 IP 头部长度 20 以及本次填入的数据长度 5，共 25 bit。

　　计算校验和前应在协议编辑界面将高层协议类型设置为"0"（如图 2-47），在手动计算校验和时应将 IP 协议的首部数据复制到文本框中，然后点击"计算"，计算结果为 0D78（如图 2-48），若与自动计算的校验和一致，则填入到"首部校验和"中（如图 2-49）。

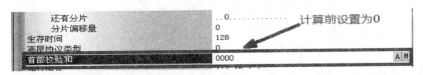

图 2-47　首部校验和

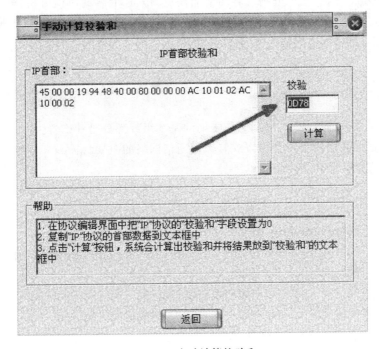

图 2-48　自动计算校验和

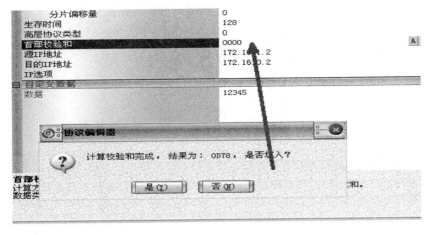

图 2-49　修改校验和

【**思考**】IP 在手动计算校验和时包括哪些内容？

如图 2-50,先将首部校验和字段置为 0,然后对首部中每个 16 bit 二进制反码求和。

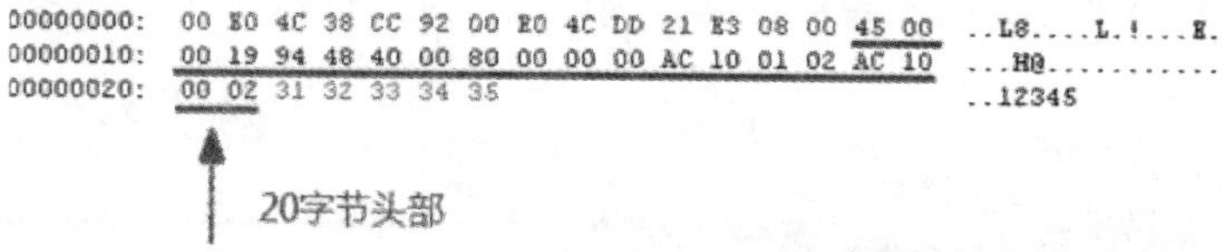

```
00000000:  00 E0 4C 38 CC 92 00 E0 4C DD 21 E3 08 00 45 00   ..L8....L.!...E.
00000010:  00 19 94 48 40 00 80 00 00 00 AC 10 01 02 AC 10   ...H@..........
00000020:  00 02 31 32 33 34 35                              ..12345
```

↑
20字节头部

图 2-50　手动计算校验和

(3) 在主机 B(两块网卡分别打开两个捕获窗口)、E 上启动协议分析器,设置过滤条件(提取 IP),开始捕获数据。对比:B 机(本地连接 1)收到的数据和 B 机(本地连接 3)收到的数据以及 E 机(本地连接 1)收到的数据。

习　题

1. 什么是数据通信技术,数据通信子网的基本组成部分是什么?

2. 简述数据通信的几种交换方式和数据通信网络的主要特征。

4. 简述模拟信号和数字信号的差异。

5. 什么是数据编码技术? 比较数字数据的模拟信号调制技术和数字信号编码技术。

6. 请用曼彻斯特编码和差分曼彻斯特编码来表示数字数据 00110101。

7. 什么是多路复用技术,多路复用的基本原理是什么?

8. 多路复用常用的技术有哪几种? 试分析它们不同的特点和使用范围。

9. 有哪几种数据交换技术? 请列举这些交换技术的实际应用。

10. 比较线路交换和报文交换的特点和使用范围。

11. 在数据传输过程中,采用循环冗余检验码,生成多项式为 $P(X) = X^5 + X^4 + X^2 + 1$,发送方要发送的信息为 1010001101,求出实际发送的码元,假设传输过程中无差错,写出接收方的检错过程。

第3章 局 域 网

章节引导

小李的办公室里共有4台工作计算机,经常需要互相传递文件,只有一台打印机,如何让大家方便地互相传递文件和共享打印机呢?显然,局域网的组建是最佳选择。

知识技能

局域网的概述。

局域网体系结构 IEEE 802 参考模型。

局域网介质访问控制技术。

以太网的分类。

虚拟局域网(VLAN)。

无线局域网。

态度目标

了解局域网的分类。

掌握局域网体系结构 IEEE 802 参考模型。

掌握以太网的报文格式。

掌握 MAC 地址作用和逻辑链路控制(Logical Link Control,LLC)帧格式。

本章重点

局域网体系结构 IEEE 802 参考模型。

局域网介质访问控制技术。

以太网的分类。

本章难点

以太网介质访问原理。

以太网的报文格式。

教学方法建议

理论讲解及协议展示。

课时建议

4 学时。

本章操作任务

操作 1:领略真实的 MAC 帧。
操作 2:理解 MAC 地址作用。
操作 3:局域网主机名冲突。
操作 4:网络广播风暴。

知识讲解

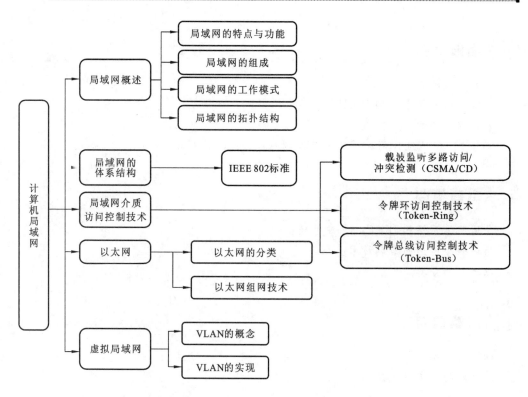

3.1 任务一 认识局域网

章节引导

小明家新买了一台计算机,而他们家的旧计算机的硬盘里还有 100 GB 的数据。怎么才能把这些数据复制到新计算机呢? 一般大家会想到使用 U 盘或者移动硬盘来存储转移数据,但是它们空间太小,速度太慢,应该怎么做呢?

局域网技术是当前网络技术领域中一个重要分支。人们对信息交流、资源共享和宽带网的需求,推动着局域网的高速发展。其中,以太网是最典型的代表,它的发展最为迅速,应用最为广泛,是本章学习的重点。

3.1.1 局域网的特点与功能

局域网是指在某个区域内,由多台计算机和数据通信设备互连在一起的计算机通信网络。某个区域可能是一个部门或一个公司,也可能是一栋或几栋建筑,也可能是一个校园。这个区域的大小并没有统一的标准,通常覆盖范围只有几千米。IEEE 802 委员会定义了多种局域网,如环网和以太网,这些网络的 MAC 层并不相同,为了屏蔽 MAC 层的差异,定义了 LLC 层,这就是局域网的体系结构,后来,以太网获得了主要的统治地位,形成了局域网的事实标准,即以太网体系结构。图 3-1 是以太网在 TCP/IP 体系结构中的位置。

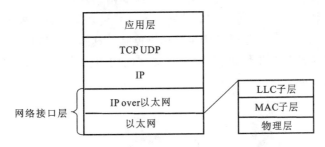

图 3-1　以太网在 TCP/IP 体系结构中的位置

【思考】局域网有什么优点? 主要功能有哪些?

1. 局域网的特点

局域网的主要特性是:高数据速率、短距离和低误码率。一般来说,它有如下主要特点。

(1)局域网覆盖范围小,通常在一幢大楼或一个有限区域范围内部,其范围一般不超过 25 km。

(2)局域网拥有较高的内部数据传输率,局域网由于通信线路短,数据传输快,目前通信速率通常在 100 Mbit/s 以上。因此局域网是计算机之间高速通信的有效工具。

(3)局域网有较低的时延和较低的误码率。由于局域网采用专线连接,其信息传输可以避免广域网传输中信号经过多次交换而产生的时延和干扰,且具备较低的时延和较低的误码率。

（4）管理方便，由于局域网范围较小，且为单位或部门所有，所以网络的建立、维护、管理、扩充和更新等都十分方便。

（5）价格低廉，由于局域网区域有限、通信线路短，且以价格低廉的微机为联网对象，所以局域网的性能价格比相当理想。

（6）实用性强，使用广泛，局域网中既可采用双绞线、光纤、同轴电缆等有形介质，也可采用无线、微波等无形信道。此外，也可采用宽带局域网，实现对数据、语音和图像的综合传输。在基带上，采用一定的技术，也可实现语音和静态图像的综合传输。这使得局域网有较强的适应性和综合处理能力。

（7）传统局域网中的通信是在共享传输介质上进行的，一般采用广播技术，能对局域网内的站点进行单播（一对一通信）、广播（一对所有通信）、组播或多播（一对多通信）。

由于局域网具有以上特点，设计局域网的关键技术为拓扑结构、传输介质和介质访问控制方法。

2. 局域网的功能

局域网具有一般计算机网络的基本功能，其最主要的功能是实现资源共享和数据通信。资源共享主要包括硬件、软件数据资源的共享。

3.1.2 局域网的组成

局域网与计算机一样可以分为网络硬件系统和网络软件系统两大部分。网络硬件用于实现局域网的物理连接，为连接在局域网上的计算机之间的通信提供一条物理信道，实现局域网间的资源共享。网络软件则主要用于控制并具体实现信息的传送和网络资源的分配与共享。这两部分互相依赖、共同完成局域网的通信功能。图 3-2 是一个典型的局域网硬件系统结构图。

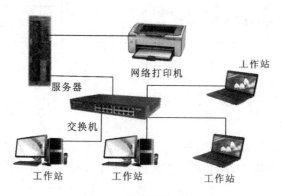

图 3-2　网络硬件系统

1. 局域网的硬件系统

局域网服务器（Server）：局域网中，安装服务器版操作系统并由服务器版操作系统启动的计算机称为网络服务器。局域网中至少要有一台服务器，允许有多台服务器同时工件。作为局域网的核心，网络中共享的资源大多数集中在服务器中，如共享数据库和高速打印机等。由于服务器装有网络操作系统的核心软件,所以具有管理网络、共享资源、管理网络通信和为用户提供网络服务的功能。

局域网工作站(workstation):局域网中,联网的计算机如果不作为服务器运行,就必定作为工作站运行,用户通过工作站使用服务器提供的网络服务和网络资源。用户在工作站上输入网络命令,向文件服务器申请网络服务。例如,通过网络命令使用服务器硬盘中各种应用程序,查询共享数据库,使用共享的网络打印机,使用电子邮件通信等。

共享的外围设备:最典型的是网络共享打印机。服务器和工作站都可以使用,就像使用本地打印机一样。此外,服务器连接的磁带机、绘图仪、CD-ROM 等都可以作为共享的外围设备。

传输介质:包括网络物理连接的线路,如各种同轴电缆、双绞线、光缆等有线传输介质和用电、磁、光、红外线等无线通信的辐射性介质。

网络连接部件:用于延伸传输介质的传输距离,便于网络布线,实现各种网络之间相互通信的设备,主要有中继器(repeater)、交换机、收发器、路由器和网关等设备。

2. 局域网的软件系统

网络软件是在网络环境下运行和使用,或者控制和管理网络运行与通信双方交流信息的一种计算机软件。它包括网络系统软件和网络应用软件。

网络系统软件是控制和管理网络运行、提供网络通信和网络资源分配与共享功能的网络软件,为用户提供访问网络和操作网络的友好界面。网络系统软件主要包括网络操作系统、网络协议和网络通信软件等。

网络操作系统实现对网络的控制和管理,并向网络用户提供各种网络资源和服务,实现软件资源和硬件资源的共享,是整个网络的核心。

在局域网中经常使用的通信协议有:TCP/IP、NetBEUI(NetBIOS 扩展用户接口)协议和网际包交换/顺序包交换(IPS/SPX)协议等。

3.1.3 局域网中各个主机地位的划分

1. 工作站/文件服务器模式

它是由若干台计算机(工作站)与一台或多台文件服务器通过通信线路连接起来组成的局域网。工作站共享文件服务器的硬件资源,共享文件服务器的磁盘文件。一般选用配置比较高的计算机作为文件服务器,共享资源存放在文件服务器上,文件服务器为工作站提供网络安全和数据服务。

随着网络的发展,用户会不断增多,相应地,为每个用户服务的程序也会增多,每个程序都是独立运行的大文件,服务器的负担越来越重,网络的速度会越来越慢,因此产生了客户机/服务器模式。

2. 客户机/服务器模式

客户机/服务器模式又称为服务器网络,在这种网络中,计算机分为服务器和客户机。其中一台或几台较大的性能较强的资源丰富的计算机集中进行共享数据库的管理和存取,称为服务器,在网络中提供各种服务;客户机一般是比较简单的计算机,它结合服务器提供的服务和资源来完成各项任务。

服务器进行共享数据库的管理和存取,将一些应用处理工作分散到网络中其他微机上,构成分布式的处理系统,服务器控制管理数据的能力已由文件管理方式上升为数据库管理方式,因此,客户机/服务器结构的服务器也称为数据库服务。因为客户机分担一部分任务从而减轻了服务器的负荷,同时减轻了网络的传输负荷。客户机/服务器结构是数据库技术的发展和普遍应用与局域网技术发展相结合的结果。

3. 对等模式

在对等式网络结构中,每一个工作站之间的地位对等,没有专用的服务器。在这种工作模式中,每一个工作站既可以作为服务器向其他站点提供服务,又可以作为工作站接收其他站点的服务,各计算机地位平等、资源共享。网络中没有服务处理中心,也没有控制中心。

3.1.4 局域网的拓扑结构

局域网的拓扑结构是指:将局域网中的具体设备,如工作站、服务器等网络实体单元,抽象为点,把网络中的通信线路抽象为线,这种点与线的集合关系称为局域网的拓扑结构,拓扑结构反映了网络中各实体间的结构关系。网络的拓扑结构形式较多,主要分为星形拓扑、总线拓扑、环形拓扑、树形拓扑、混合拓扑及网状形拓扑,其结构示意图见 1.1.5 节。

【思考】局域网的拓扑结构种类众多,应该如何选择?

拓扑结构的选择往往与传输媒体的选择、媒体访问控制方法有关。在选择网络拓扑结构时,应考虑可靠性、费用、灵活性、响应时间和吞吐量等因素。

3.2 任务二 认识局域网体系结构

章节引导

某天小明要找小王和小李踢足球,小王在千人大礼堂看晚会,小李在四人宿舍打游戏,小明找到他俩哪个花的时间更长呢? 同样地,在局域网内,计算机台数远少于广域网的情况下,是否还需要严格的七层协议保障呢?

【思考】局域网为什么不需要遵守严格的七层协议?

为了使不同的网络系统能相互交换数据,必须制定一套共同遵守的标准。但局域网由于自身的技术特点和实现方法的多样性,并不完全套用 OSI 体系结构。1980 年 2 月,IEEE 成立 802 课题组,专门从事研究并制定了局域网标准 IEEE 802 工作,IEEE 802 委员会根据局域网适用的传输媒体、网络拓扑结构、性能及实现难易等因素,为局域网制定了一系列标准,称为 IEEE 802 标准,该标准被 ISO 采纳为国际标准,称为 ISO 标准。

简单来说,局域网在查找范围和距离范围都较小的情况下,不需要严格地按照 7 层 OSI 模型来构建,可以使用更为简洁的框架。

3.2.1　IEEE 802 国际标准

自从 1980 年 2 月委员会成立以来,目前已经有十几个分委员会,他们分别负责研究和制定相关的标准。在这些标准中,根据局域网的多种类型,规定了各自的拓扑结构、介质访问控制方法、帧的格式和操作等内容。IEEE 802 各标准之间的关系如图 3-3 所示。

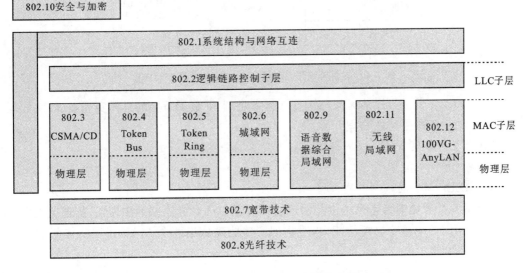

图 3-3　IEEE 802 各标准之间的关系

3.2.2　IEEE 802 参考模型与国际标准的比较

局域网是一个通信网,功能上开放系统互连参考模型通信子网的部分。局域网拓扑结构比较简单,由于内部大多采用共享信道的技术,当通信局限于一个局域网内部时,任意两个节点之间都有唯一的链路,即网络层的功能可由链路层来完成,所以局域网通常不单独设立网络层。流量控制、寻址、排序、差错控制等功能由数据链路层完成。网络层和更高层通常由协议软件(如 TCP/ IP、IPX/SPX)和网络操作系统来实现。

IEEE 802 标准的局域网参考模型只相当于开放系统互连参考模型最低两层(物理层和数据链路层)的功能,与开放系统互连参考模型的对应关系如图 3-4 所示,物理层用来建立物理连接,数据链路层把数据转换成帧来传输,并实现帧的顺序控制、差错控制和流量控制等功能,使不可靠的链路变成可靠的链路。

在 IEEE 802 成立之前,有很多采用了不同的传输介质和拓扑结构的局域网,这些局域网采用不同的介质访问控制方式,各有特点和适用场合,根据介质访问方式差异形成了多种 MAC 协议。为使各种介质访问控制方式能与上层接口对接并保证传输可靠性,所以在其上又制定了一个单独 LLC 子层。MAC 子层依赖于具体的物理介质和介质访问控

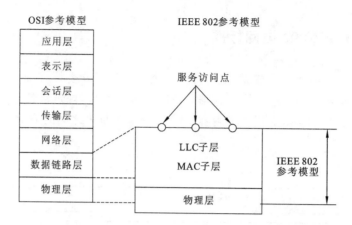

图 3-4 典型局域网参考模型与 OSI 参考模型的对比

制方法,而 LLC 子层与媒体无关,对上层(网络层)上屏蔽了下层的具体实现细节,使数据帧的传输独立于所采用的物理介质。

【思考】局域网有哪几层? 各层分别有什么功能呢?

局域网各层功能如下。

(1) IEEE 802 局域网的物理层。

IEEE 802 局域网参考模型中的物理层对应于 OSI 参考模型的物理层,物理层提供在物理实体间发送和接收比特的能力,对物理实体能确认出两个 MAC 子层实体间同等层比特单元的交换。

(2) IEEE 802 局域网数据链路层。

数据链路层分为 MAC 子层和 LLC 子层。MAC 子层支持数据链路功能,并为 LLC 子层提供服务。它将上层交下来的数据封装成帧进行发送(接收时进行相反过程,将帧拆卸)、实现和维护 MAC 协议、比特差错检验和寻址等。

LLC 子层向高层提供一个或多个逻辑接口(具有帧发和帧收功能)。发送时把要发送的数据加上地址和 CRC 检验字段构成帧,介质访问时把帧拆开,执行地址识别和 CRC 校验功能,并具有帧顺序控制和流量控制等功能。LLC 子层还包括某些网络层功能,如数据报、虚拟控制和多路复用等。

课 堂 实 践

操作 1 领略真实的 MAC 帧

[实训目的]

(1) 掌握以太网的报文格式。

(2) 掌握 MAC 地址的作用。

[实训内容]

领略真实的 MAC 帧。

[**网络环境**]

网络环境如图 3-5 所示。

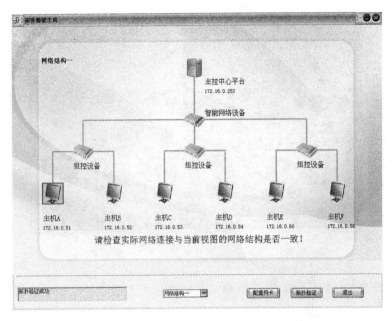

图 3-5　网络环境

[**实训步骤**]

各主机打开工具区的"拓扑验证工具",选择相应的网络结构,配置网卡后,进行拓扑验证,如果通过拓扑验证,关闭工具继续进行实验,如果没有通过,请检查网络连接。

本实践将主机 A 和 B 作为一组,主机 C 和 D 作为一组,主机 E 和 F 作为一组。现仅以主机 A、B 所在组为例,其他组的操作参考主机 A、B 所在组的操作。

(1) 主机 B 启动协议分析器,新建捕获窗口进行数据捕获并设置过滤条件(提取 ICMP),如图 3-6 所示。

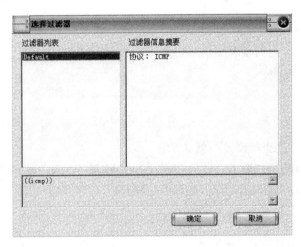

图 3-6　设置协议过滤器为 ICMP

（2）主机 A Ping 主机 B,查看主机 B 协议分析器捕获的数据包,分析 MAC 帧格式,如图 3-7 和图 3-8 所示。

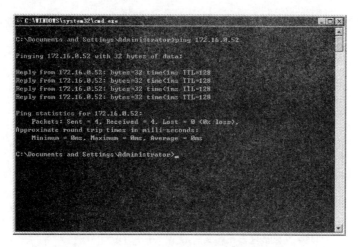

图 3-7　主机 A 给主机 B 发送 ICMP 数据包

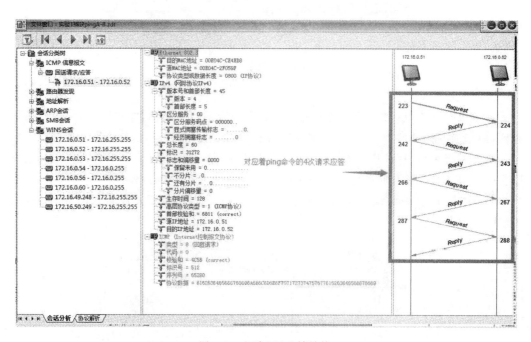

图 3-8　查看 MAC 帧结构

（3）将主机 B 的过滤器恢复为默认状态。

通过分析可以看出,一个 MAC 帧包括:MAC 首部＋MAC 数据＋MAC 尾部,在本例以太网帧结构中,MAC 尾部为空,如图 3-9 所示。

MAC	首部	MAC 数据	MAC

图 3-9　MAC 帧

操作 2　理解 MAC 地址的作用

将主机 A 和 B 作为一组,主机 C 和 D 作为一组,主机 E 和 F 作为一组。现仅以主机 A,B 为例,其他组的操作参考主机 A、B 的操作。

(1) 主机 B 启动协议分析器,打开捕获窗口进行数据捕获并设置过滤条件(源 MAC 地址为主机 A 的 MAC 地址)。与前面的步骤一样。

(2) 主机 A Ping 主机 B。

(3) 主机 B 停止捕获数据,在捕获的数据中查找主机 A 所发送的 ICMP 数据帧,并分析该帧内容,如图 3-10 所示。

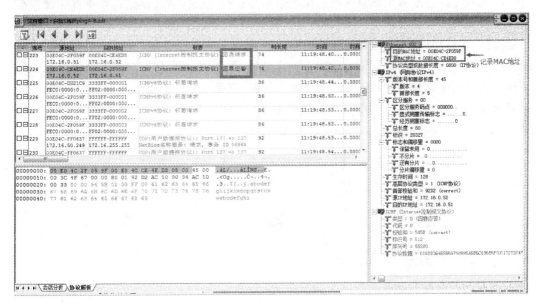

图 3-10　查找分析 ICMP 数据包

记录实验结果,如表 3-1 所示。

表 3-1　实验结果

	本机 MAC 地址	源 MAC 地址	目的 MAC 地址
主机 B	00E04C-CE4ED8	00E04C-2F059F	00E04C-CE4ED8

3.3　任务三　了解局域网介质访问控制技术

章节引导

某天,小明和小王同时拨打对方的手机,会发生什么情况呢?

局域网一般为广播型网络,一个节点发出的数据,其他节点都能收到,网络上的各个节点共享信道,但是,信道在一段时间内只能为一个节点提供服务,如果多个工作站同时工作,必然会引发信道争用问题。如何对信道的使用进行合理的分配,保证各节点充分利用信道的空闲时间传送信息,又不至于使各节点所发送的信息在信道中发生冲突是一个很重要的课题。

传统的局域网介质访问控制方式有三种:带有冲突碰撞检测的载波监听多路访问(carrier sense multiple access with collision detection,CSMA/CD)、令牌环(token ring)和令牌总线(token bus)方法。

3.3.1 载波监听多路访问/冲突检测

CSMA/CD 技术常用于总线型和树状形拓扑结构。CSMA/CD 结构将所有的设备都直接连接到同一条物理信道上,该信道负责任意两个设备之间的全部数据传输,因此称信道是按照"多路访问"方式进行操作的。站点以帧的形式发送数据,帧的头部含有目的地址和源站点的地址。帧在信道上以广播方式传输,连接在信道上的设备随时都能检测到该帧。当目的站点检测到目的地址为本站地址时,就接收帧中所携带的数据,并按规定的链路协议给源站点返回一个相应的控制报文,如图 3-11 所示。

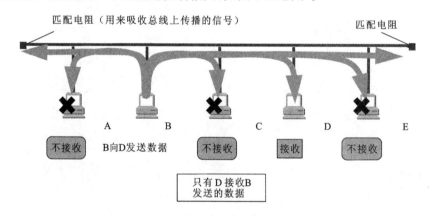

图 3-11　载波监听多路访问示意图

1. 载波监听多路访问(CSMA)

"载波监听"是指每个站点要发送数据时,都要监听信道有无信号传输,而把同时有多个节点在监听信道是否空闲和发送数据,称为"多路访问"。如果信道空闲(没有监听到有数据发送),则发送数据;如果信道忙,就不发送以避免发生冲突,等待一段时间。多路访问是指多个用户共用一条线路。CSMA 技术中要解决的一个问题是当侦听信道已经被占用时,如何确定再次发送的时间,CSMA 按其算法的不同存在以下三种方式,如图 3-12所示。

(1) 非坚持 CSMA(no persistent CSMA)协议的基本思想是:一旦监听到信道忙,就不再坚持监听,而是根据协议的算法延迟一个随机的时间后再重新监听。非坚持 CSMA可能存在再次监听前信道已经空闲了,即不能找出信道刚变成空闲的时刻的缺点。这样影响了信道的利用率。

（2）1 坚持 CSMA(persistent CSMA)协议的基本思想是:若站点监听到信道忙,坚持一直监听,直到发现信道空闲,立即将数据发送出去。但若两个或更多的站点同时监听信道,则一旦信道空闲就会同时发送数据,从而引起冲突,反而不利于吞吐量的提高。

（3）p 坚持型 CSMA(p-persistent CSMA)。适用于分槽信道,它的基本思想是:若站点监听到信道空闲,则以概率 $p(0<p<1)$ 发送数据,以概率 $q=l-p$ 延迟一段时间,重新监听信道;若下一个时槽信道仍空闲,重复此过程,直至数据发出或时槽信道被其他站点所占用;若信道忙,则等待下一个时槽,重新开始发送。若产生冲突,等待一段随机时间,然后重新开始发送。

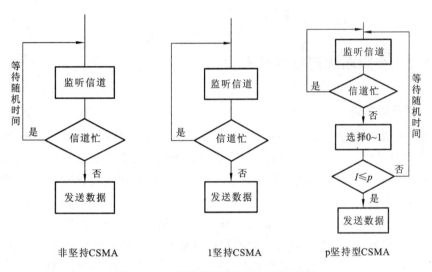

图 3-12 三种协议开始发送过程流程图

2. 冲突检测（CD）

冲突有两种情况,一种是两个以上的节点同时侦听到信道某一瞬时处于空闲状态时,这些节点都开始向信道上发送数据,在信道上就会产生两个以上的信号重叠干扰,使数据不能正确地传输和接收。另一种是节点 A 侦听到信道是空闲的,但是这种空闲状态可能是信道上节点 B 已经发送了数据,由于在传输介质上信号传送的延迟,数据信号还未到达节点 A 的缘故。如果此时,节点 A 又发送数据,则将发生冲突。如何消除冲突是一个重要问题。实际上,发现和处理冲突一般由节点上的检测器来完成。各个节点上的冲突检测器检测到冲突发生后,便停止发送数据,然后延迟一段时间以后再去抢占信道。为了尽量减少冲突,各节点延迟时间采用"随机数"控制的办法,延迟时间最小的那个节点先抢占信道,如果再次发生冲突则重复照此办法处理,总有一次会抢占成功。这种延迟竞争法称为"冲突控制算法"或"延迟退避算法"。

CSMA/CD 的代价是用于检测冲突所花费的时间。对于基带总线而言,最坏情况下用于检测一个冲突的时间等于任意两个站之间传播时延的两倍,因此 $2t\leqslant1$,即 $t\leqslant0.5$。对于宽带总线而言,由于单向传输的原因,冲突检测时间等于任意两个站之间最大传播时延的 4 倍。因此 $4t \leqslant 1$，即 $t \leqslant 0.25$。典型的冲突发生如图 3-13 所示，A 机传递信息给 C 机，同时 E 机传递信息给 B 机，在某个时刻发生碰撞。

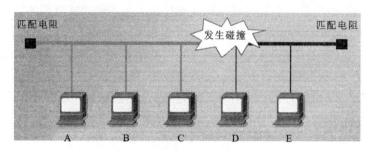

图 3-13　CSMA/CD 发生过程

3.3.2　令牌环访问控制技术

1. 令牌环的结构

令牌环的结构如图 3-14 所示，它是由一系列环接口(干线耦合器)依次相连构成的闭合环路，各站点通过环接口连到网上。对介质具有访问权的某个发送站点，通过环接口将数据帧发送到环上，其余各站点从各自环接口的入径链路逐位接收数据帧，同时通过环接口出径链路再生，转发出去，使数据帧在环上从一个站点至下一个站地环行，所寻址的目的站点在数据帧经过时读取其中的信息。最后，数据帧绕环一周返回发送站点，并由发送站点撤除所发的数据帧。令牌环是一种适用于环形网络的分布式介质访问控制方式，已由 IEEE 802 委员会建议成为局域网控制协议标准之一，即 IEEE 802.5 标准。

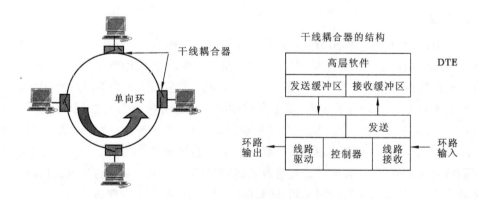

图 3-14　令牌环的结构

令牌作为一种"通行证"在环路上经各个节点进行传递，哪一个节点获取了它，就有权向环路发送数据帧。在令牌帧格式中，令牌是一个 8 bit 的二进制数，并用 F 标志作为帧开始和帧结束，CRC，控制字段 C，如图 3-15 所示，当环型网中无任何节点要发送数据时，令牌帧将在环上以一定方向沿着环传送。

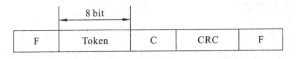

图 3-15　令牌帧格式

由点对点链路构成的环路虽然不是真正意义上的广播介质,但环上运行的数据帧仍能被所有的站点接收到,而且任何时刻仅允许一个站点发送数据,因此同样存在发送权竞争问题。为了解决竞争问题,使用一个称为令牌的特殊比特模式,使其沿着环路循环。规定只有获得令牌的站点才有权发送数据帧,完成数据发送后立即释放令牌以供其他站点使用。由于环路中只有一个令牌,所以任何时刻至多只有一个站点发送数据,不会产生冲突。

2. 令牌环的特点

令牌环的主要优点是它提供对传输介质访问的灵活控制,而且在负荷很重的情况下,这种令牌环的控制策略是公平和高效的。它的主要缺点一个是在轻负荷时,由于存在等待一个空令牌的时间,故效率较低;另一个缺点是需要对令牌进行维护,一旦令牌丢失,环网便不能运行,所以在环路上设置一个站点作为环上的监控站点,来保证环路上有且只有一个令牌。

【思考】和 CSMA/CD 相比,令牌传递网有什么优点和缺点呢?

3.3.3　令牌总线访问控制技术

前面介绍过的 CSMA/CD 介质访问控制采用总线争用方式,具有结构简单、在轻负载下延迟小等优点,但随着负载的增加,冲突概率增加,性能明显下降。采用令牌环介质访问控制具有重负载下利用率高,网络性能对距离不敏感以及具有公平访问等优越性能,但环形网结构复杂,存在检错和可靠性等问题。令牌总线访问控制是在综合了以上两种介质访问控制优点的基础上形成的一种介质访问控制方法,IEEE 802.4 提出的就是令牌总线介质访问控制方法的标准。令牌总线使所有的站接入一个线性电缆,并在逻辑上组织为一个环,如图 3-16 所示。当逻辑环初始化的时候,最高地址的站可以发送第一个帧,以后它传一个称为令牌的特殊帧给它的相邻站点,允许它去发送。令牌沿环环行,只有令牌的持有者才允许发送帧,不会有阻塞发生。

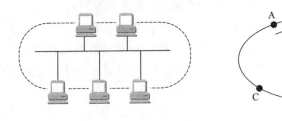

图 3-16　令牌总线的结构

1. 令牌总线的工作原理

令牌总线访问控制技术应用于物理拓扑结构是总线形,逻辑拓扑结构是环形结构网络。方法是将局域网物理总线的站点构成一个逻辑环,每一个站点都在一个有序的序列中被指定一个逻辑位置,序列中最后一个站点的后面又跟着第一个站点。每个站点都知道在它之前的前趋站和在它之后的后继站的标识,总线上各站的物理位置与逻辑位置无关。

从图 3-16 中可以看出,在物理结构上,它是一个总线结构的局域网;但是在逻辑结构上,又成了一种环形结构的局域网。和令牌环一样,站点只有取得令牌,才能发送帧,令牌在逻辑环上依次(A→B→E→D→C→A)循环传递。

在正常运行时,当站点做完该做的工作或者时间终了时,它将令牌传递给逻辑序列中的下一个站点。从逻辑上看,令牌是按地址的递减顺序传送至下一个站点的;但从物理上看,带有目的的令牌帧是广播到总线上所有的站点的,当目的站点识别出符合它的地址时,即把该令牌帧接收。应该指出,总线上站点的实际顺序与逻辑顺序并无对应关系。

【思考】令牌总线有什么好处和缺点呢?

2. 令牌总线控制方法的特点

令牌总线介质访问控制方法能保证每个工作站在某一定时间间隔内访问介质;可以用多种方法建立优先权;运行时间是确定的,适用于实时性较强的场合;站点间有公平的访问权,因为取得令牌的站点若有报文要发送则可发送,随后,将令牌传递给下一个站点,如果取得令牌的站点没有报文要发送,则立刻把令牌传递到下一站点,由于站点接收到令牌的过程是顺序依次进行的,所以对所有站点都有公平的访问权。

3.3.4 几种局域网访问控制技术的比较

在共享介质访问控制方法中,CSMA/CD 比令牌总线、令牌环应用广泛。从网络拓扑结构看,CSMA/CD 与令牌总线都是针对总线拓扑的局域网设计的,而令牌环是针对环型拓扑的局域网设计的。如果从介质访问控制方法性质的角度看,CSMA/CD 属于随机介质访问控制方法,而令牌总线、令牌环则属于确定型介质访问控制方法。

与确定型介质访问控制方法比较,CSMA/CD 方法有以下几个特点:CSMA/CD 介质访问控制方法算法简单,易于实现。目前有多种 VLSI(Very Large Scale Integration)可以实现CSMA/CD 方法,这对降低 Ethernet 成本、扩大应用范围是非常有利的;CSMA/CD 是一种用户访问总线时间不确定的随机竞争总线的方法,适用于办公自动化等对数据传输实时性要求不严格的应用环境;CSMA/CD 在网络通信负荷较低时表现出较好的吞吐率与延迟特性。但是,当网络通信负荷增大时,由于冲突增多,网络吞吐率下降、传输延迟增加,所以 CSMA/CD 方法一般用于通信负荷较轻的应用环境中。

与随机型介质访问控制方法比较,令牌总线、令牌环在网络通信负荷较重时表现出很好的吞吐率与较低的传输延迟,因而适用于通信负荷较重的环境;令牌总线、令牌环的不足之处在于它们需要复杂的环维护功能,实现较困难。

课 堂 实 践

操作 1　局域网主机名冲突

[实训目的]

(1) 掌握局域网检测 IP 地址和主机名冲突的原理。

(2) 了解网络广播风暴的成因及现象。

[实训内容]

局域网主机名冲突。

[网络环境]

实践的网络环境如图 3-17 所示。

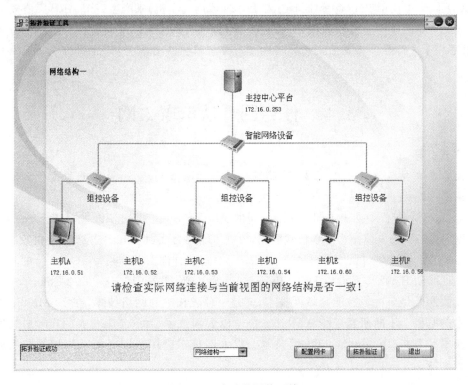

图 3-17　实践的网络环境

[实训步骤]

将主机 A 和 B 作为一组,主机 C 和 D 作为一组,主机 E 和 F 作为一组。现仅以主机 A、B 所在组为例,其他组的操作参考主机 A、B 所在组的操作。

(1) 主机 B 启动协议分析器进行数据捕获。

(2) 主机 A 将自己的计算机名修改为主机 B 的计算机名,观察本机现象。

(3) 主机 B 停止捕获数据。分析捕获到的数据,注意查看 wins 会话,并回答以下问题。

【思考】结合本实训,简述主机 A 检测计算机名冲突的过程。

(4) 将主机 A 的计算机名恢复。

操作 2　网络广播风暴

[实训步骤]

将主机 A、B、C、D、E、F 作为一组进行实验。

(1) 全体同学启动协议分析器并开始捕获数据。

(2) 选一位同学甲在其所操作的主机的命令行下,使用"arp-d"命令清空 ARP 高速缓存。

(3) 准备好后,请教师协助将组控设备的两个空闲口用同一根直连线串联起来。

(4) 同学甲使用 Ping 命令(目的主机是本网段内的主机)来产生一个 ARP 广播报文。

(5) 全体同学停止捕获数据,分析捕获到的数据,并回答以下问题。

【思考】　结合本实训的网络环境和协议分析器捕获的数据,简述网络广播风暴的形成过程。

3.4　任务四　认识以太网

章节引导

大家在公共场合如网吧、办公室、商场所见到的有线局域网,最常见的是什么网络介质和网络布局呢?

20 世纪 70 年代中期由美国 Xerox 公司的 Alto 研究中心推出了以太网(Ethernet)。以太网以无源的同轴电缆作为总线传输数据,数据传输率为 2.94 Mbit/s。1981 年由数字装备(Digital)公司、英特尔(Intel)公司和施乐(Xerox)公司联合推出了带宽为 10 Mbit/s 的 DIX 以太网,随后 IEEE 802 委员会以 DIX Ethernet V2 为基础,建立了 IEEE 802.3 标准。

以太网既是一种成熟的局域网技术,又是一种成长中的网络技术,在 10 Mbit/s 以太网技术的基础上不断研发了 100 Mbit/s 快速以太网技术、1000 Mbit/s(1 Gbit/s)高速以太网技术和万兆(10 Gbit/s)以太网技术。以太网技术应用范围已经从局域网跨入城域网以致广域网。

3.4.1　以太网的分类

目前在局域网中常见的网络类型有:以太网、令牌网、FDDI 网、异步传输模式网等几类。以太网是应用最为广泛的局域网,包括传统以太网(10 Mbit/s)、快速以太网(100 Mbit/s)、千兆以太网(1000 Mbit/s)和 10 Gbit/s 以太网,它们都符合 IEEE 802.3 系列标准规范。

1. 传统以太网

最开始以太网只有 10 Mbit/s 的吞吐量,它所使用的是 CSMA/CD 的访问控制方法,通常把这种 10 Mbit/s 以太网称为传统以太网。以太网主要有两种传输介质:双绞线和同轴电缆。IEEE 802.3 委员会在定义可选的物理配置方面表现出灵活性,为了区分各种可选用的实现方案,该委员会给出了以太网技术规范,包含 3 方面。

1) 数据传输速率 Mbit/s

2) 信号方式

3) 最大长度(百米)

如 IEEE 802.3 的以太网标准,在标准中前面的数字表示传输速率,单位是"Mbit/s",最后的一个数字表示单段网线长度(基准单位是 100 m),Base 表示"基带"的意思,Broad 代表"带宽"。例如,"10Base-5"使用粗同轴电缆的 10 Mbit/s 基带以太网的 IEEE 标准。这种电缆的最大距离是 500 m 并使用 AUI 连接器,这种类型的电缆被用作以太网络的主干介质。每个电缆段的结束端两头都要使用 50 ΩN 系列终接器。每个电缆段连一个有地线的终接器和一个不带地线的终接器,最多只能使用 4 个中继器连接 5 个线段,一个电缆段只能有至多 100 个工作站,中继器也包括在内。

【思考】10Base-2、10Base-T、1Base-5 分别代表什么意思?

2. 快速以太网(Fast Ethernet)

随着局域网的快速发展,新的应用领域不断出现,传统的以太网技术已难以满足日益增长的网络数据流量速度需求。传统的局域网技术是建立在共享的基础之上的,当局域网规模不断扩大、节点数目不断增加时,信道上的数据传输量加大,冲突的概率的增加,使网络效率降低。因此高速局域网技术应运而生。

快速以太网与原来在 100 Mbit/s 带宽下工作的 FDDI 相比具有许多优点,最主要体现在快速以太网技术可以有效地保障用户在布线基础实施上的投资,它支持 3、4、5 类双绞线以及光纤的连接,能有效地利用现有的设施。

快速以太网的不足其实也是以太网技术的不足,就是快速以太网仍基于 CSMA/CD 技术。当网络负载较重时,会造成效率的降低,可以使用交换技术来弥补。

3. 千兆位以太网(Gigabit Ethernet)

1996 年 3 月 IEEE 802 委员会成立了 IEEE 802.3z 工作组,专门负责千兆位以太网及其标准,并于 1998 年 6 月正式公布关于千兆位以太网的标准。千兆位以太网标准是对以太网技术的再次扩展,其数据传输率为 1000 Mbit/s 即 1 Gbit/s,因此也称为吉比特以太网。千兆位以太网基本保留了原有以太网的帧结构,所以向下和以太网与快速以太网完全兼容,从而原有的 10 Mbit/s 以太网或快速以太网可以方便地升级到千兆位以太网。千兆位以太网标准实际上包括支持光纤传输的 IEEE 802.3z 和支持铜缆传输的 IEEE 802.3ab 两大部分。

千兆位以太网的物理层包括 1000Base-SX、1000Base-LX、1000Base-CX 和 1000 Base-T 4 个协议标准。其中前三个是由 IEEE 802.3z 标准规定的,而 1000Base-T 标准则是由 IEEE 802.3ab 规定的。

1000Base-SX：针对采用芯径为 62.5 μm 和 50 μm，工作波长为 850 nm 的多模光纤，传输距离为 275 m 和 550 m。

1000Base-LX：可采用单模或者多模光纤作为传输介质，传输距离为 550 m。

1000Base-CX：使用两对短距离的屏蔽双绞线，传输距离为 25 m。

1000 Base-T：采用 4 对 5 类非屏蔽双绞线，传输距离为 100 m。

千兆位以太网的优势：在千兆位以太网的 MAC 子层，除了支持以往的 CSMA/CD 协议外，还引入了全双工流量控制协议。其中，CSMA/CD 协议用于共享信道的争用问题，即支持以集线器作为星形拓扑中心的共享以太网组网；全双工流量控制协议适用于交换机到交换机或交换机到站点之间的点-点连接，两点间可以同时进行发送与接收，即支持以交换机作为星形拓扑中心的交换以太网组网。

与快速以太网相比，千兆位以太网有其明显的优点。千兆位以太网的速度 10 倍于快速以太网，但其价格只有快速以太网的 2～3 倍，即千兆位以太网具有更高的性能价格比。而且从现有的传统以太网与快速以太网可以平滑地过渡到千兆位以太网，并不需要掌握新的配置、管理与排除故障技术。

3.4.2　掌握以太网组网技术

1）单一交换机结构

组装单一交换机结构的 100 M 以太网较为简单，用五类或超五类双绞线做成直通线缆，将所有的计算机插上 100M 以太网卡，将集线器接上电源线，从各台计算机网卡的 RJ-45 接口处接上直通双绞线线缆的一头，线缆的另一头接到交换机的普通口，如图 3-18 所示。选择一台配置高、性能好的计算机作为服务器，在服务器上安装网络操作系统，如 Windows Server 2003/2008，其余的计算机作为工作站，工作站安装一般的操作系统，如 Windows 7/XP/2003，以太网的工作站就可以互相访问了。

2）多交换机级联结构

用多台交换机组装 100 M 以太网，在结构上应采用树型结构的多交换机的级联。只要有一台交换机，应该把它放在最上层，因为交换机能够分割冲突域，避免广播风暴，其他的交换机放在下一层。交换机有一个上联口和多个普通口，下一层交换机的上联口接上直通双绞线线缆到上一层的普通口，计算机都用直通双绞线线缆连接到各台交换机的普通口，如图 3-19 所示。

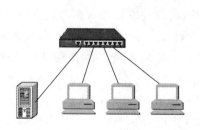
图 3-18　单一集线器（交换机）的结构

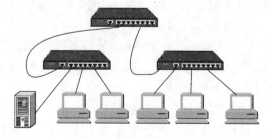
图 3-19　多交换机的级联结构

联网时要注意：整个网络的最大范围为 500 m，每段双绞线线缆的最大长度不超过 100 m，网络中不能出现环路。

3.5 任务五 认识虚拟局域网

章节引导

某大学计算机学院有两栋大楼——教学楼和行政楼。由于教师教研组的办公室分布在两栋不同的大楼，一方面希望两栋大楼中，不同部门之间的网络，互相不进行干扰，另一方面希望分布在不同大楼中的同一教研组之间的设备相互连通。可以通过什么技术实现呢？

虚拟局域网（Virtual LAN，VLAN）是指在交换局域网的基础上，采用网络管理软件构建的可跨越不同网段、不同网络的端到端的逻辑网络。为了减少碰撞和广播风暴，增强安全性，用户通常要求交换机具有划分 VLAN 功能。

3.5.1 虚拟局域网是什么

1. VLAN 的基本概念

最简单的 VLAN 的工作原理与硬盘的逻辑分区类似，就是把一台交换机的端口划分成若干个"逻辑工作组"，每个逻辑工作组就是一个 VLAN，即逻辑子网，每个 VLAN 组成一个逻辑上的广播域。VLAN 中的每个逻辑子网可以覆盖多个网络设备，处于不同地理位置的网络用户加入同一个逻辑子网中。

VLAN 实际上是与地理位置无关的局域网的一个广播域，由一个工作节点发送的广播数据帧只能发送到同一虚拟网络的其他节点。其他 VLAN 的成员收不到这些广播数据帧。网络管理员可以把相关的节点分别构成不同的虚拟网络，同一虚拟网络内可以方便地频繁通信，而虚拟网之间不必要的广播信息被滤除，从而减少了网络数据流量，同时也确保了网络信息的安全。采用 VLAN 可以将逻辑基础设施与物理基础设施分开。这样，网络管理员便能方便而动态地建立和重构虚拟网络，使网络更灵活，更易于管理。

VLAN 络是用户和网络逻辑资源的逻辑组合，利用交换式集线器可以很方便地实现 VLAN。例如，图 3-20 是使用三个交换机的网络拓扑结构，将其划分为两个 VLAN 的例子。图中网络有 10 个站点，分别连接到三台交换机上，使用 VLAN 技术，将它们重新进行逻辑组合为两个 VLAN，每个 VLAN 是一个广播域，在 VLAN 上的每个站点都可听到同一 VLAN 上的其他成员所发出的广播数据，但不属于同一 VLAN 的站点将听不到广

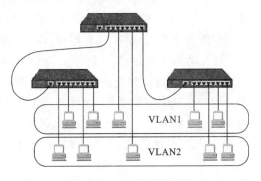

图 3-20 VLAN 的例子

播,即使它们连接在同一交换机上。这样,VLAN 限制了接收广播信息的工作站的数目,不会因过多地传送广播信息而引发"广播风暴",提高了网络效率,保障了通信质量。

2. 建立 VLAN 时的技术条件

VLAN 是建立在物理网络基础上的一种逻辑子网,因此建立 VLAN 需要相应的支持 VLAN 技术的网络设备(如交换机、集线器、路由器等)。当网络中不同的 VLAN 之间进行相互通信时,还需要路由的支持,这时就需要增加路由设备。下面是建立 VLAN 的必要技术条件。

(1)硬件条件:构建 VLAN 的站点必须连接到具有 VLAN 功能的交换机(以太网交换机或 ATM 交换机)的端口上,这些端口可以属于同一台交换机,也可以属于能够互相连通的不同交换机。购买支持端口或 MAC 地址 VLAN 划分的交换机是实现相应 VLAN 的硬件条件。

(2)软件条件:VLAN 管理软件是实现相应 VLAN 的软件条件,即选择了 VLAN 技术的交换机后,还要配置和实现 VLAN 的管理软件。VLAN 网络管理软件是构成 VLAN 的基础,它通过运行在交换式局域网上的管理程序来建立、配发、修改或删除整个 VLAN。

3. VLAN 的优点

VLAN 有如下优点:①限制广播域,提高网络访问速度,因为不同 VLAN 中的主机处在不同的广播域,节省了带宽,提高了网络处理能力,通过划分 VLAN 可以有效地分割广播域,减少无用的广播数据包在网络中的传输,提高了利用网络带宽的效率;②增强了网络安全性,简化了网络管理。由于不同 VLAN 中的计算机是不能互相访问的,可以根据 PC 对网络的访问权限划分不同的 VLAN,从而有效地管理不同级别的权限。

3.5.2　VLAN 如何实现

1. VLAN 的实现

VLAN 的实现方式有两种:静态和动态。

(1)静态实现是网络管理员使用网络软件或直接设置交换机端口,使其直接从属于某个 VLAN。这些端口一直保持这些从属性,除非网管人员重新设置。这是一种最经常使用的配置方式,容易实现和监视,而且比较安全。

(2)动态实现方式中,网络管理员通过利用网络软件分配主机 MAC 地址的方式来建立 VLAN。通过建立一个较复杂的数据库,将主机 MAC 的地址影射到某个 VLAN 中。当一个网络节点刚接入网络时,交换机端口还未分配,于是交换机通过读取网络节点的 MAC 地址动态地将该端口划入某个 VLAN。这样一旦网络管理员配置好,用户的计算机可以灵活地改变交换机的端口,而不会改变该计算机 VLAN 的从属性。动态 VLAN 可以基于网络设备的 MAC 地址、IP 地址或者所使用的协议配置。

2. VLAN 的划分

划分 VLAN 的基本方法取决于 VLAN 的划分策略,而这些策略是需要 VLAN 交换机上管理软件的支持的。根据不同的策略,VLAN 的划分一般使用以下几种方法。

1) 基于交换机端口的 VLAN

基于交换机端口 VLAN 划分是把一个或多个交换机上的几个端口划分为一个逻辑组,这是最简单、最有效的划分方法。该方法只需网络管理员对网络设备的交换端口进行分配和设置,不用考虑该端口所连接的设备。

基于端口划分的交换机是最便宜的 VLAN 设备。其配置过程便于理解和实现,因此,这是目前最常用的一种划分方式。基于端口划分的方式一般不允许多个 VLAN 共享一个物理网段或交换机端口,同一端口的设备不能加入多个 VLAN。当某一个 VLAN 用户从一个端口所在的虚拟网移动到另一个端口所在的虚拟网时,网络管理员必须重新进行设置,这对于拥有众多移动用户的网络管理来说将是非常困难的。如果交换机的端口连接的是共享设备(如集线器),则必须将该共享设备上的所有成员都划分在同一个 VLAN 中。如图 3-21 所示,两个交换机和一个集线器,组成三个虚拟局域网 VLAN1、VLAN2 和 VLAN3,其中连接到集线器上的站点,必须在同一个 VLAN 中。

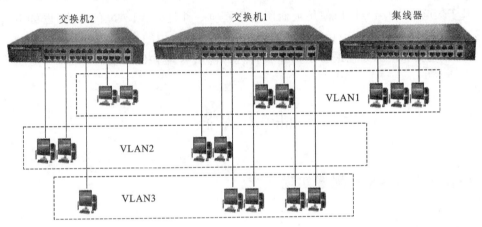

图 3-21 基于交换机端口划分的 VLAN 示意图

2) 基于 MAC 地址的 VLAN

基于 MAC 地址划分 VLAN(图 3-22)就是以网卡的 MAC 地址来决定隶属的虚拟网。网络管理员可以按照各个网络节点的 MAC 地址将一些站点划分为一个逻辑子网 VLAN1,将另外一些站点划分为另一个逻辑子网 VLAN2。这种划分 VLAN 方法的最大优点就是当用户物理位置移动时,即从一个交换机换到其他的交换机时,VLAN 不用重新配置。

3) 基于网络层协议或地址划分的 VLAN

路由协议工作在网络层,相应的工作设备有路由器和路由交换机(即三层交换机)。基于网络层的虚拟网有多种划分方式,例如,当网络中存在多种协议时,可以通过不同的可路由协议来划分多个 VLAN;当然,也可以使用网络层地址来确定虚拟网络的成员。例如,对于使用 TCP/IP 的网络,可以使用子网段的地址来划分 VLAN。

4) 基于 IP 广播组的 VLAN

基于 IP 广播组划分的 VLAN 是以动态的方式建立的多点广播组来确定虚拟网的。

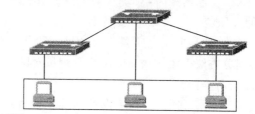

MAC地址：00-01-A1-2C-00-01   MAC地址：01-03-2D-01-03
MAC地址：00-02-2A-C1-00-02

图 3-22　根据 MAC 地址划分 VLAN

每一站点通过对标识不同虚拟网的广播信息的确认来决定是否加入某一虚拟网。根据 IP 广播组划分的 VLAN 是利用了一种称为代理的设备对虚拟网络的成员来进行管理。用这种方式定义 VLAN 时,任何属于同一 IP 广播组的计算机都属于同一虚拟网。

5）基于策略的 VLAN

基于策略的 VLAN 可以使用上面所述的任何一种划分 VLAN 的方法,也可用上面所述不同的方法组合成一种新的策略。目前,在网络产品中融合了多种划分 VLAN 的方法,可以根据实际情况寻找最合适的途径,同时,随着管理软件的发展,VLAN 的划分逐渐趋向动态化。

课 堂 实 践

操作 1　VLAN 的配置实现

[实训目的]

（1）学习交换机 VLAN 的配置方法。

（2）了解交换机 VLAN 配置常用命令。

[实训内容]

实现两个 VLAN 的建立和通信。

[网络环境]

实训的网络环境如图 3-23 所示。

[实训步骤]

(1)按图 3-24 连接网络。

(2）分别进入操作界面,配置各台 PC 的 IP 地址。

Windows_pc 0 分配的地址为:192.168.100.1,子网掩码是 255.255.255.0。

Windows_pc 1 分配的地址为 :192.168.100.2,子网掩码是 255.255.255.0。

Windows_pc 2 分配的地址为 :192.168.100.3,子网掩码是 255.255.255.0。

（3）设置 Windows_pc * 和交换机的端口连接。

Windows_pc 0 的 ethernet0 端口与 S2950 0 的 FastEthernet0/1 连接。

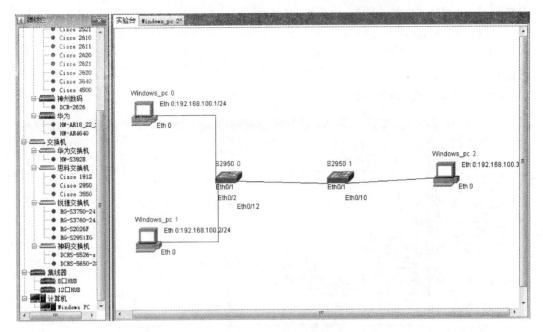

图 3-23 实训的网络环境

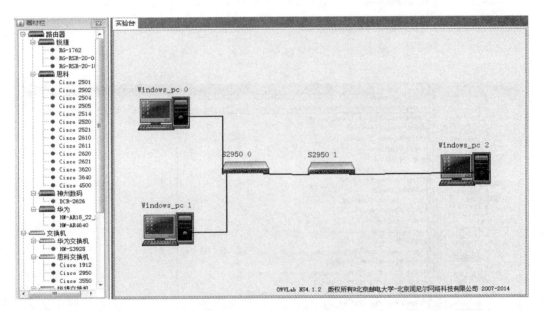

图 3-24 按要求连接设备

Windows_pc 1 的 ethernet0 端口与 S2950 0 的 FastEthernet0/2 连接。

Windows_pc 2 的 ethernet0 端口与 S2950 1 的 FastEthernet0/10 连接。

（4）配置 VLAN 前，Windows_pc 0 Ping Windows_pc 1 和 Windows_pc 2，此时是可以互相 Ping 通的。

（5）在 S2950 0 中添加两个 VLAN，即 VLAN10 和 VLAN20，并且将 FastEthernet0/1

添加到 VLAN10 中，FastEthernet0/2 添加到 VLAN20 中，在 S2950 1 中添加一个 VLAN，即 VLAN10，并且将 FastEthernet0/10-12 添加到 VLAN10 中，S2950 0 的 FastEthernet0/12 端口和 S2950 1 的 FastEthernet0/1 连接，分别为 S2950 0 和 S2950 1 配置 trunk 端口。

配置 0 号交换机，如图 3-25、图 3-26 所示。

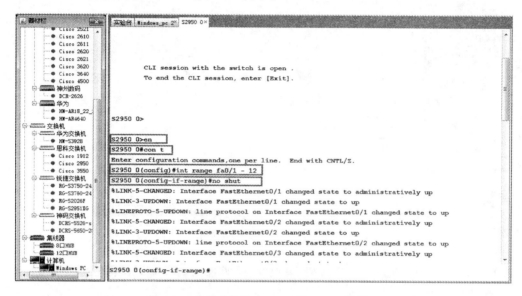

图 3-25　启用交换机 S2950 0 的 1～12 号端口

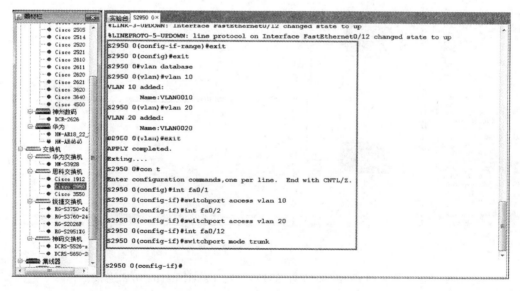

图 3-26　将交换机 S2950 0 的 1 号端口加入 VLAN10，2 号端口加入 VLAN 20，
12 号端口模式设置为 trunk（交换机级联端口）

配置 1 号交换机，如图 3-27 所示。

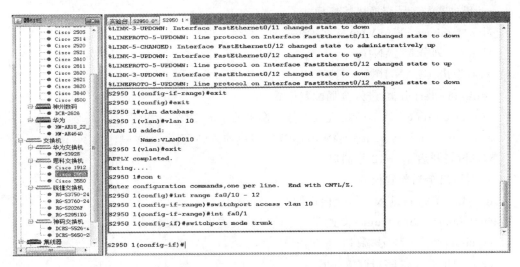

图 3-27　配置交换机 S2950 1 的 10～12 号端口加入 VLAN 10，
1 号端口模式设置为 trunk(交换机级联端口)

结果如下。

Windows_pc 0 无法 Ping 通 Windows_pc 1。

Windows_pc 0 可以 Ping 通 Windows_pc 2。

命令解释如下。

enable：进入特权模式。

vlan database：进入 VLAN 配置模式。

vlan 10：划分 VLAN10。

vlan 20：划分 VLAN20。

exit：退出 VLAN 配置模式。

configure terminal：进入接口配置模式。

interface fa0/1：进入 0/1 接口。

switchport access vlan 10：将 0/1 接口加入到 VLAN10。

no shut：开启 0/1 端口。

exit：退出 0/1 端口。

interface fa0/2：进入 0/2 端口。

switchport access vlan 20：将 0/2 号端口加入到 VLAN20。

no shut：开启 0/2 号端口。

exit：退出端口配置模式。

interface fa0/12：进入 0/12 号端口。

switchport mode trunk：设置 0/12 号端口为 trunk 模式。

no shut：开启 0/12 号端口。

exit：退出 0/12 号端口配置模式。

S2950 1 命令解释如下：

enable：进入 1 号交换机特权模式。

vlan database：进入 VLAN 配置模式。

vlan 10：划分 VLAN10。

exit：退出 VLAN 10。

configure terminal：进入全局配置模式。

interface range fa0/10-12：进入 1 号交换机的 10～12 号端口。

switchport access vlan 10：将 10～12 号端口加入到 VLAN10 中。

no shut：开启 10～12 号端口。

exit：退出全局配置模式。

interface fa0/1：进入 1 号交换机的 0/1 号端口。

switchport mode trunk：设置 0/1 号接口的模式为 trunk 模式。

no shut：开启 0/1 号端口。

exit：退出 0/1 号端口配置模式。

如果要将端口从 VLAN 中删除，只需在相同的模式下，键入 no switchport access vlan 10 即可，如果想删除整个 VLAN，则退回到特权模式，使用命令 vlan database 进入 VLAN 管理模式，使用命令 no vlan 10，即可删除 VLAN。

习　　题

1. 什么是计算机局域网？计算机局域网有哪些特点？

2. 局域网常用的介质存取控制技术有哪些？各有何特点？

3. 网卡的功能有哪些？

4. VLAN 组网方法有哪几种？

5. 有 10 个站连接到以太网上。试计算以下三种情况下每一个站所能得到的带宽。

(1) 10 个站都连接到一个 10 Mbit/s 以太网集线器。

(2) 10 个站都连接到一个 100 Mbit/s 以太网集线器。

(3) 10 个站都连接到一个 10 Mbit/s 以太网交换机。

第4章 网络互联技术与网络互联设备

章节引导

计算机网络是计算机技术与现代通信技术相结合的产物,是当今科学与技术发展的杰出成果。计算机网络的出现和发展带动了信息技术和分布式计算技术的发展,形成了全世界计算机互连的因特网(Internet)。因特网的出现加速了全球数字化、信息化的进程,完成了人类社会向信息时代的过渡。

知识技能

掌握计算机网络组成和分类。
掌握计算机网络参考模型。
掌握数字通信的基本概念。
掌握 IP 地址含义及划分。

本章重点

主要联网设备的原理和配置。

本章难点

主要联网设备的原理和配置。

课时建议

4 学时。

效果或项目展示

本章操作任务如下。
交换机的端口配置实验。
查看路由器静态路由和路由表。
路由器中动态路由协议 RIPv2 分析。
基本网络布线分析。

知识讲解

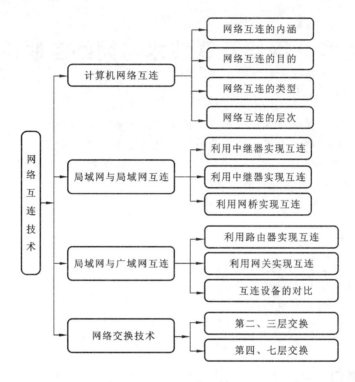

4.1 任务— 认识网络互联

章节引导

早在 20 世纪 70 年代,美国国防部高级研究计划署就在世界上第一个计算机网络 ARPANET 上开展了计算机网络互联的研究,在此基础上发展起来的 Internet 已成为全世界最大的计算机网络。由于局域网技术的迅速发展推动着新的网络应用技术的不断出现,要求更多的局域网之间进行相互连接,同时出了商业需求以及各种应用对服务技术和网络带宽提出更高的要求,网络互联正在发生显著的变化。

4.1.1 网络互联

【思考】局域网内的主机连接已经在第 3 章学习过,那么多个局域网如何进行连接呢?

网络互联也称网际互连(internet working),网络互联是指将不同网段、网络或子网之间通过网络的连接或互连设备实现各个网络段或子网间的互相连接,实现数据传输与交互,如图 4-1 所示。

网络互联可以协调不同的网络体系结构之间的关系,建立不同网络的连接体,提高网络系统的性能和系统可靠性。网络互联的目的如下。

（1）突破网络长度的限制，扩大网络覆盖的范围。例如，一个公司可以在不同的地点建立多个网络，通过网络互联技术扩大网络覆盖的范围。

（2）实现更大范围的资源共享和信息交流。当在一个网络中无法完成某种功能时，通过网络互联技术，让用户共享其他网络提供的资源共享和数据处理功能。

（3）提高网络效率和网络性能。局域网的网络性能会随着网上节点的增加、网络覆盖范围的扩大而降低，一方面将负载重的网络划分成若干个子网，从而保证各子网内的吞吐量成倍增长，提

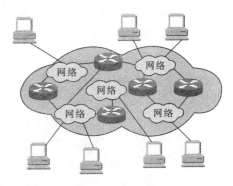

图 4-1　网络互联

高网络系统性能；另一方面，通过子网的划分可以有效地限制设备故障对网络的影响范围。

（4）消去网络存在的差异。可以将不同权限的用户主机各自组成一个网络，在网络互联设备上严格控制其他用户对该网络的访问，从而实现网络的安全机制，提高其安全性。

网络互联包含两个方面：网络的扩展延伸、网络的分段连接（为与其他网络相连）。

（1）网络的扩展延伸：为了扩大网络的覆盖范围或网络规模而对网络进行延伸，只涉及线路的长度延伸和网络接入端口的增加。

（2）网络的分段连接：为了实现数据传输和交互而将多个子网络（即网络分段）连接成一个整体网络。

4.1.2　网络互联的条件

要实现网络互联，必须有相应的硬件和软件的支持，通常把实现网络互联的硬件称为网络互联设备，把用于实现网络互联协议的软件，称为网络互联软件。网络互联设备是用来连接单独网络上的设备，创建并连接多个网络或子网，建立企业网等。在网络中，传输设备可作为单一的节点或多个节点互连，互连设备主要包括中继器、网桥、交换机、路由器、网关。网络互联可以通过有线、无线或者通过公用电话交换网和综合业务数字网等公用通信网络来连接。

4.1.3　网络互联的基本要求与功能

【思考】按功能分类，网络互联可以分为哪几类？

1. 网络互联时的基本要求

（1）提供互连的网络间的物理和链路控制。网络信息从一个网络传输到另一个网络中，必须要有通路，至少有物理线路和链路控制。

（2）提供路由选择和转发。为了能够交换和传输数据，在不同网络节点的进程之间要提供路由选择。

（3）提供各用户使用网络的记录和保持状态信息，记录网络资源的使用情况。

（4）提供各种互连服务，应尽可能不改变原有各网络的网络结构，因此网络互联需要能够协调各个网络之间不同的网络特性。

2. 网络互联的功能

由于网络的不同特点，网络互联需解决的问题是处理互连的网络的帧、分组、报文和协议的差异问题。

网络互联的功能可以分为以下两类。

（1）基本功能。基本功能指的是网络互联所必需的功能，即对同类型的网络互联也应具有的功能，它包括不同网络之间传送数据时的寻址与路由选择功能等。

（2）扩展功能。扩展功能指的是当各种互连的网络提供不同的服务级别时所需的功能，如协议转换、分组长度变换、分组重新排序和差错检测等功能。

4.2 任务二 认识网络互联的类型与层次

章节引导

某房产中介公司在武汉和北京各有一家分公司，武汉分公司内部员工在资料共享时需要什么样的网络互联，武汉和北京员工之间进行资料共享又需要什么样的网络互联呢？

4.2.1 网络互联的类型

网络互联的类型主要有：局域网与局域网的互连、局域网与广域网的互连、远程局域网互连、广域网与广域网的互连。

1. 局域网与局域网（LAN-LAN）的互连

局域网互连是日常应用中比较常用的一种互连方式，包括同构网络互联和异构网络互联。同构网络互联是指符合相同协议局域网的互连，主要采用的设备有中继器、交换机、网桥等，如两个以太网的互连或令牌环网的互连等；异构网络互联是指两种不同协议的共享介质局域网的互连，以及 ATM 局域网和传统共享介质局域网的互连，主要使用路由器、网关等设备，如图 4-2(a)所示。

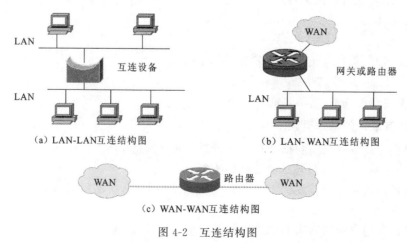

（a）LAN-LAN互连结构图   （b）LAN-WAN互连结构图

（c）WAN-WAN互连结构图

图 4-2 互连结构图

局域网与局域网互连应用场合如下。

（1）一个单位有很多不同功能的部门，不同部门根据自己的需求建立各自的局域网，因此当各部门或部门之间需要交换信息时，就需要采用局域网与局域网的互连。

（2）单个局域网的负载能力是有限的，若将逻辑上的单个局域网划分为若干个独立的局域网，然后再把它们互连起来，则可以处理更多的负载，同时，也提高了安全保密性。

例如，理论上，一个 C 类网络最多可以容纳 254 台计算机，若将它们连接在单个局域网中，则需要更宽的带宽和更长的电缆，这将是很难实现的。若将它们根据需要划分成子网，分别连接到不同的局域网中，然后再将这些局域网互连起来，则比较容易，这样既把通信量限制在每一个局域网内，也延长了网络的距离，使以后的扩展更加方便。

2. 局域网与广域网（LAN-WAN）的互连

局域网与广域网的互连是目前常见的方式之一，实现局域网与广域网互连的主要设备是路由器或网关，如图 4-2(b) 所示。

例如：一个校园局域网与广域网相连，则至少需要一个边界网关路由器。

3. 广域网与广域网（WAN-WAN）的互连

WAN-WAN 的互连主要使用路由器或网关来实现。Internet 屏蔽了各种不同的网络细节，就是最大的广域网之间的互连，如图 4-2(c) 所示。

4.2.2　网络互联的层次

【思考】OSI 七层模型中每一层都可以通过互连设备互连吗？

1978 年 ISO 首次公布了现在已经成为网络互联和网络体系结构的框架标准的 OSI/RM。ISO 的网络通信协议是将网络体系结构分成七层，即开放系统互连参考模型。ISO 的 OSI 七层协议参考模型的确定，为网络互联提供了明确的指导。计算机之间的通信是一个非常复杂的过程，而 OSI 网络体系结构又是一个多级层次结构，每层都有其自己的协议，为简化处理，只有采用相同的协议模型，计算机才能互连通信。

网络互联主要解决的是不同网络的通信问题，因为不同的网络可以采用不同的网络体系结构模型和网络协议。网络互联需要解决的主要问题就是协议的转换，其目的则是向高层隐藏底层网络技术的细节，为用户提供统一的通信服务。

根据网络层次的结构模型，可以将网络互联的层次从通信协议的角度分类，如图 4-3所示。

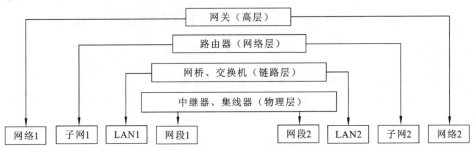

图 4-3　网络互联设备所在层次

1）物理层互连

物理层互连主要解决的问题是在不同的电缆段之间复制、整形、再生和转发位信号。物理层的连接设备主要是中继器和集线器。物理层互连标准主要由 EIA、ITU-T、IEEE 等机构制定。

例如，在局域网组网过程中，10Base-T 遵循 5-4-3 原则，网络的最大跨度不超过 500 m（最多只能有 5 个网段，4 个转发器，而其中只允许 3 个网段有设备，其他两个只是传输距离的延长）。使用物理层的互连设备可以扩充网络节点，增加网段连接距离，并且连接不同网络介质和接口。

2）数据链路层互连

若两个网络的链路层及其下层（物理层）的协议不同，则只能在数据链路层实现网络互联。数据链路层互连主要解决的问题是在网络之间进行数据帧接收、地址过滤和有目的地转发数据帧。数据链路层的互连设备是网桥和传统交换机，数据链路层的标准由 IEEE 802 委员会制定。

3）网络层互连

若两个网络的网络层及其以下各层的协议是不相同的，则只能在网络层实现网络互联。网络层互连主要解决的问题是在不同的网络之间存储转发分组。网络层的互连设备主要是路由器，它具有路由选择、拥塞控制、差错处理、控制广播信息与分段技术等功能。如果网络层协议相同，则互连主要解决的是路由选择问题；如果网络层协议不同，则还需要使用多协议路由器进行协议之间的转换，如高校校园网通过路由器接入到教育网。路由器和路由器协议标准由 ANSI 任务组 X3S3.3 和 ISO/IEC 工作组 TC1/SC6/WG2 制定。

4）高层互连

传输层及其以上各层协议不同的网络之间的互连属于高层互连。实现高层互连的设备是网关或应用网关。高层互连允许两个互连网络的应用层及其以下各层的网络协议都可以不同。

一般来说，参加互连的网络差异越大，需要协议的转换工作也越复杂，互连设备也变得越复杂。中继器是最简单的局域网网段互连设备，用来连接相同类型的局域网的网段，它的使用范围正在减少。网关是最复杂的互连设备，它可以实现体系结构完全不同的网络互联。

4.3　任务三　掌握主要的网络互联设备

章节引导

某图书馆共有三层楼，其中一楼管理员区两台计算机，图书检索区 8 台计算机，二楼杂志阅览室、借书室各有两台计算机，三楼电子阅览室共有 32 台计算机。设计该图书馆内部的网络结构时，需要使用哪些设备使其内部计算机互连并能接入 Internet 呢？

【思考】网络互联主要需要考虑和解决的问题是什么？

进行网络互联时必须考虑网络的拓扑结构和协议。网络互联所面临的问题，主要就是如何把使用不同传输介质、不同网络协议、不同网络拓扑结构、不同网络操作系统的网络集成在一起。网络互联需要根据欲连接网络的需求,选择相应的传输介质、网络互联设备和相应的拓扑结构将这些网络互联起来。

用于网络互联的设备称为中继系统或网间连接器,可以在网间的连接路径中进行协议和功能转换。中继系统有很强的层次性,每种互连设备都有其工作的层次,第 N 层中继系统只共享互连网络的第 N 层协议。

根据网络进行网络互联所在的层次,常用的互连设备有以下几类(如表 4-1 所示)。

表 4-1 互连设备

所在层次	互连设备	作用
物理层	中继器,集线器	在不同电缆段之间复制位信号
数据链路层	网桥,交换机	在局域网之间存储转发帧
网络层	路由器	在不同网络间存储转发分组
传输层及以上	网关	使用协议转换器提供高层接口

4.3.1 中继器

【思考】中继器的主要功能是什么?

不管采用哪种网络拓扑结构和传输介质,局域网都会有一个最大的传输距离,电信号会随着线路距离的增加而逐步衰减,最终导致信号失真。采用中继器,可以加强电信号,用以扩充局域网,延长网络传输距离,增加主机数目。

中继器是最底层的物理设备,用于连接具有相同或兼容物理层协议的局域网,与高层协议无关,是局域网互连中最简单的设备。它的主要优点是安装简单、使用方便、价格低廉。如图 4-4 所示,严格地说,中继器只是局域网网段连接设备而不是网络互联设备,中继器的使用正在逐渐减少。另外,使用中继器互连以太网不能形成环路。

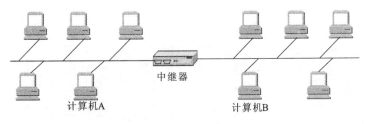

图 4-4 中继器的使用

中继器的主要功能如下。

(1) 能够进行信息恢复。中继器具有完全再生网络中传送原有物理信号的能力,能对信号进行接收、放大、整形和转发。

(2) 可以连接不同的传输媒体。例如,可以将使用细缆的以太网与使用双绞线的以太网通过一个带有 RJ-45 接口和一个 BNC 接口的中继器连接起来,但两个网段必须使用相同的介质访问方法。

（3）中继器的使用数目有所限制。事实上，并不能利用任意多个中继器将任意多个网段互连起来，IEEE 802.3 规定了 5-4-3 法则，即最多只能用 4 个中继器来连接 5 个网段，但只有 3 个网段可以连接计算机，以保证信号质量和传输速率。例如，在传统 10 Mbit/s 以太网中，可以允许使用 4 个中继器，将最大长度扩展到 5×500 m。如图 4-5 所示。

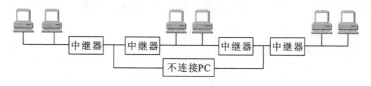

图 4-5　中继器的使用

（4）中继器不能提供所连接网段之间的隔离功能，不能控制广播风暴。在逻辑上，通过中继器连接起来的网络实际上是同一个网络，中继器接收从一个网段传来的所有信号，进行放大后发送到下一个网段，由于增加了网络的信息量，容易发生阻塞。中继器不理解帧的概念，不能识别一个完整的帧，也没有物理地址，不检测错误信息，只是简单地传送信息，对于广播风暴，仍会重复发送。

4.3.2　网桥

网桥工作在数据链路层，用来连接两个在数据链路层以上各层具有相同协议的网络。网桥允许互连网络的数据链路层与物理层协议是相同的，也可以是不同的，它可以连接不同拓扑结构、不同网络操作系统、不同协议的局域网，如 Ethernet 和令牌环网。通常情况下，被连接的网络系统的 LLC 层相同，MAC 层可以不同，网桥根据 MAC 地址进行数据接收、地址过滤与数据转发，使本地通信限制在本网段内，并转发相应的信号至另一网段，从而实现网络隔离功能，降低网段间的数据流量。标准的网桥拓扑结构图如图 4-6 所示。

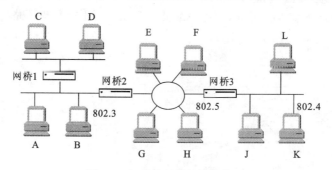

图 4-6　标准的网桥拓扑结构图

1. 网桥的特点与功能

【思考】网桥的优缺点是什么？

网桥的互连特点是将实际上分离的局域网连成一个逻辑上单一的局域网。一个局域网上的用户可以通过网桥访问另一网络上的资源，而不知道是否有网桥将它们隔开，好像是在同一个局域网上进行访问。网桥可以由专门的硬件设备，也可以由安装网桥软件的计算机来实现。

网桥有如下功能。

（1）过滤和转发功能。网桥以随机的方式侦听每个网段上的信号，当收到一个数据帧时，检测其是否完整，通过检查其地址，决定是否需要转发。由于网桥只将需要转发的信息帧进行转发，所以提高了整体网络的效率，如果是两个不同类型的局域网，则按转发端口连接的网络协议进行帧格式转换。因此，可利用网桥隔离信息，将网络划分成多个网段，隔离出安全网段，防止其他网段内的用户非法访问。由于网络的分段，各网段相对独立，一个网段的故障不会影响到另一个网段的运行。从而网桥在一定条件下具有增加网络带宽的作用。

（2）学习功能。网桥对站点所处网段的了解是靠"自学习"实现的。网桥的自学习功能指它对过滤表的自动调整，网络适配器的位置变动后，当它在新位置发出新帧后，网桥就能修改相应的网络适配器表项的进入端口号码。

2．网桥有哪些实际应用

网桥常常用来分割一个负载过重的网络，用以均衡负载，提高网络的效率。使用网桥可以将大型的网络分成若干小段，使多数分组不用跨越网桥即可传送，从而减少了独立网段上的信息流量。网桥实际的应用场合如在一个单位内各个部门之间的局域网互连，在一个企业或校园，有上千台计算机需要互连。联网计算机之间的距离超过了单个局域网的最大覆盖范围。

3．网桥有哪几种分类方式

（1）从应用上分为本地网桥、远程网桥（如图 4-7 所示）和主干网桥。

本地网桥：本地网桥是指在传输介质允许长度范围内互连网络的网桥，一般互连两个或两个以上局域网，从而提高网络的性能。

远程网桥：如果互连的网络之间相隔距离太长，超过了传输介质所允许的最大长度限制，就必须借助其他传输手段来互连远程网络，如可利用公用网连接分布在不同地理位置的网桥，这时的网桥就是远程网桥。

主干网桥：高速度主干通信线路和网桥构成主干网络，用以互连低速的局域网，如清华大学采用 FDDI 100 Mbit/s 光纤和 FDDI 网桥作为主干网，互连十几个楼群的以太网。

(a) 本地网桥　　　　　　　　　　　　(b) 远程网桥

图 4-7　网桥

（2）从帧转发功能来分，分为透明网桥和源路径选择网桥。

（3）从硬件配置的位置来分，网桥通常分为内部网桥和外部网桥两种。内部网桥并存于文件服务器之中，外部网桥建立在网络中的任一工作站上，主要用于提供路由服务。

4．网桥与中继器的比较

中继器可以延长网络距离，从一个网络电缆里接收信号，并放大整形，将其送入下一个电缆;但它们对所转发消息的内容毫不在意;而网桥将两个相似的网络连接起来,并对帧进行检查决定是否需要转发,能对网络数据的流通进行管理。它工作于数据链路层,不但能扩展网络的距离或范围,而且可提高网络的性能、可靠性和安全性。

4.3.3 交换机

交换机,又称交换式集线器,它是一种基于 MAC 地址(网卡的硬件地址)识别,能够在通信系统中完成信息交换功能的设备。交换技术允许对共享型和专用型的局域网段进行带宽调整,以减轻局域网之间信息流通出现的瓶颈问题。在许多网络中,交换机已经替代集线器来提高终端用户的性能。

和传统的桥接器类似,交换机提供了许多网络互联功能。交换机能经济地将网络分成小的冲突网域,为每个工作站提供更高的带宽。协议的透明性使得交换机在软件配置简单的情况下直接安装在多协议网络中。交换机使用现有的电缆、中继器、集线器和工作站的网卡,不必进行高层的硬件升级。交换机对工作站是透明的,这样管理开销低廉,简化了网络节点的增加、移动和网络变化的操作。

1. 交换机的功能是什么

所有端口平时都不连通,当工作站需要通信时,交换机可以连通多对端口,各端口有较高的带宽,每一对相互通信的工作站可以独占通信媒体,无冲突地传输数据,在通信完成后断开连接。假设有 A、B、C、D 四台主机分别连接在交换机的不同端口上,当 A 主机向 B 主机发送数据时,C 主机可以同时向 D 主机发送数据,若该交换机的带宽是 10 Mbit/s,则该交换机的总流量为 20 Mbit/s。

交换机的主要功能包括物理编址、网络拓扑结构、错误校验、帧序列以及流控。目前交换机还具备了一些新的功能,如对 VLAN 的支持、对链路汇聚的支持,有的还具有防火墙的功能。

(1)学习。以太网交换机是一种基于 MAC 地址识别,能完成封装转发数据包功能的设备,通过学习每一端口相连设备的 MAC 地址,并将地址和相应的端口映射起来存放在交换机缓存中的 MAC 地址表中,从而使数据帧由源地址发送到目的地址,如图 4-8 所示。

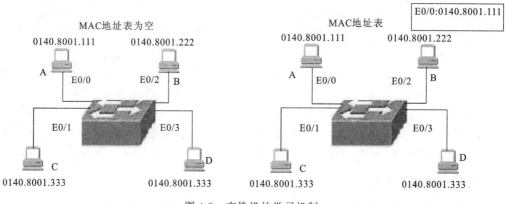

图 4-8 交换机的学习机制

最初开机时,交换机的 MAC 地址转发/过滤表是空的。交换机是通过侦听所有经过该机的源 MAC 地址,并将其记录在 MAC 地址表中。

① 主机 A 发送数据帧给主机 C。

② 交换机通过学习数据帧的源 MAC 地址,记录下主机 A 的 MAC 地址对应端口 E0/0。该数据帧将转发到除端口 E0 以外的其他所有端口(不清楚目标主机的单点传送用泛洪方式)。

交换机的 MAC 地址表中则存了主机 A 的 MAC 地址及其所对应端口号的对应条目。交换机 MAC 地址表是通过学习功能来完善的,这样会建立起其他端口对应的 MAC 地址表条目。

(2)转发/过滤。当一个数据帧的目的地址在 MAC 地址表中有映射时,它被转发到连接目的节点的端口而不是所有端口(若该数据帧为广播/组播帧,则转发至所有端口)。

(3)消除回路。当交换机包括一个冗余回路时,以太网交换机通过生成树协议避免回路的产生,同时允许存在后备路径。

一般来说,交换机的每个端口都用来连接一个独立的网段,但是有时为了提供更快的接入速度,可以把一些重要的网络计算机直接连接到交换机的端口上。这样,网络的关键服务器和重要用户就拥有更快的接入速度,支持更大的信息流量。

2. 交换机分为哪几种类型

【思考】用于计算机网络的交换机主要分为哪几种?

(1)按交换机应用领域来划分,可分为台式交换机、工作组交换机、主干交换机、企业交换机、分段交换机、端口交换机、网络交换机等。

(2)按网络覆盖范围划分,可分为局域网交换机和广域网交换机。广域网交换机主要应用于电信城域网互连、互连网接入等领域的广域网中,提供通信用的基础平台;局域网交换机应用于局域网络,用于连接终端设备,如服务器、工作站、集线器、路由器、网络打印机等网络设备,提供高速独立通信通道。

(3)按交换机产品结构来划分,可分为模块化交换机和固定配置交换机。

模块化交换机:具有很强的可扩展性,可在机箱内提供一系列扩展模块,如千兆位以太网模块、FDDI 模块、ATM 模块、快速以太网模块、令牌环模块等,所以能够将具有不同协议、不同拓扑结构的网络连接起来。但是它的价格一般也比较昂贵。模块化交换机一般作为骨干交换机来使用。

固定配置交换机:一般具有固定端口配置,如 Cisco 公司的 Catalyst 1900/2900 交换机,Bay 公司的 BayStack350/450 交换机等。固定配置交换机的可扩充性显然不如模块化交换机,但是价格要低得多。

(4)从交换机端口速率来划分,交换机产品可分为 10 Mbit/s,100 Mbit/s,1000 Mbit/s 及混合支持的产品,如 3Com 的 SuperStack II 1100 支持 10 Mbit/s 的端口速率,SuperStack II 3300 支持 10/100 Mbit/s 自适应的端口速率,SuperStack II 3900 提供 10/100/1000 Mbit/s 不同速率的端口,SuperStack II 9300 只支持 1000 Mbit/s 的端口速率。以太网交换机是指带宽在 100 Mbit/s 以下的以太网所用交换机;快速以太网交换机用于 100 Mbit/s 快速以太网;千兆以太网交换机带宽可以达到 1000 Mbit/s;10 千兆以太网交换机主要是为了适应当今 10 千兆以太网络的接入。

（5）用于计算机网络的交换机主要分为三种，即第二层交换机（又称 LAN 交换机）、第三层交换机、ATM 交换机。市场上已有以太网交换机、令牌环交换机、快速以太网交换机、FDDI 交换机和 ATM 交换机，如图 4-9 所示。

（a）ATM交换机　　　　　　（b）FDDI交换机　　　（c）Cisco Catalyst 6500系列交换机

图 4-9　交换机图片

① 第二层交换机实质上是多端口网桥，主要采用分组交换，工作在 OSI 的数据链路层，已经取代了集线器和网桥。第二层交换机具有物理编址、错误校验、数据帧序列重新整理和流量控制等功能，但不能解决广播风暴的问题。

② 第三层交换机相当于路由交换机，主要采用分组交换，工作在 OSI 的网络层。第三层交换机增加了对路由功能和 VLAN 的支持。把第二层交换机和第三层路由器组合到一个设备中，就形成了第三层交换机，与路由器相比的优势是：在通用的路由器上，一般是基于微处理器的引擎执行数据包的交换，其配置和管理技术复杂，而第三层交换机是一个基于硬件的设备，数据包交换速度通常要比路由器快得多。

③ ATM 交换机是用于 ATM 网络的交换机产品。ATM 采用固定长度 53 B 的信元交换，由于长度固定，因而便于用硬件实现。ATM 网络由于其独特的技术特性，现在还只广泛用于电信、邮政网的主干网段，它的传输介质一般采用光纤，接口类型同样一般有两种：以太网 RJ-45 接口和光纤接口，这两种接口适合与不同类型的网络互联。

④ FDDI 交换机是用于老式中、小型企业的快速数据交换网络中的。采用光纤作为传输介质，比以双绞线为传输介质的网络成本高。

3. 交换机主要有哪些系列产品

思科公司是全球领先的互连网解决方案供应商。Cisco 的交换机产品以 Catalyst 为商标，包含 1900、2800、2900、3500、4000、5000、5500、6000、8500 等十多个系列。总的来说，这些交换机可以分为两类。

一类是固定配置交换机，包括 3500 及以下的大部分型号，如 1924 是 24 口 10M 以太网交换机，带两个 100M 上行端口。除了有限的软件升级之外，这些交换机不能扩展；另一类是模块化交换机，主要指 4000 及以上的机型，网络设计者可以根据网络需求，选择不同数目和型号的接口板、电源模块和相应的软件。

网络集成项目中常见的 Cisco 交换机有以下几个系列：1900/2900 系列、3500 系列、6500 系列。它们分别使用在网络的低端、中端和高端。

华为是全球领先的电信解决方案供应商,其研发水平和市场占有率非常有说服力。华为携手 3Com 之后,已成为 Cisco 强有力的竞争对手。

4. 根据什么来评判交换机的性能指标

局域网交换机是组成网络系统的核心设备。对用户而言,局域网交换机最主要的指标是端口的配置、数据交换能力、包交换速度等因素。

(1)端口类型是指交换机上的端口是以太网、令牌环、FDDI 还是 ATM 等类型,一般来说,固定端口交换机只有单一类型的端口,适合中小企业或个人用户使用,而模块化交换机由于可以有不同介质类型的模块可供选择,所以端口类型更为丰富,这类交换机适合部门级以上级别用户选择。端口数量是交换机最直观的衡量因素,常见的标准的固定端口交换机端口数有 8 端口、12 端口、16 端口、24 端口、48 端口等几种;非标准的固定端口交换机端口数主要有 4 端口、5 端口、10 端口、12 端口、20 端口、22 端口和 32 端口等。

(2)吞吐率又称背板带宽,背板带宽标志了交换机总的数据交换能力,是指交换机接口处理器和数据总线之间所能吞吐的最大数据量,单位为 Gbit/s。交换机的背板带宽越高,其所能处理数据的能力就会越强,如两台同样端口数量的 10/100 Mbit/s 自适应的交换机,在同样的端口带宽与延迟时间的情况下,背板带宽宽的交换机传输速率就会快。

(3)背板速率是"以太网的速度×端口数"。交换机的端口速率已经从 10 Mbit/s、100 Mbit/s 提高到现在的 1000 Mbit/s,从目前网络应用的热点来看,10 Mbit/s 交换机已经淡出市场。另外,由于 10/100 Mbit/s 自适应网卡的价格大幅降低,用户能够在桌面上享受到快速以太网技术,进而越来越多的用户在主干上将使用千兆以太网交换技术。

(4)延时是指从交换机接收到数据包到开始向目的端口复制数据包之间的时间间隔。有许多因素会影响延时大小,如转发技术等。直通式交换机不管数据包的整体大小,而只根据目的地址来决定转发方向,所以它的延时是固定的,取决于交换机解读数据包前 6 B 中目的地址的解读速率。采用存储转发技术的交换机由于必须要接收完整的数据包才开始转发数据包,所以它的延时与数据包大小有关,数据包大,则延时大;数据包小,则延时小。

(5)帧丢失率是指丢失的用户信息帧占所有发送帧的比例,能反映交换机在过载时的性能表现。用户关心两种帧丢失率:峰值吞吐量时帧丢失率和饱和吞吐量时帧丢失率。

当然,在选购交换机时,还要考虑到系统的扩充能力,主干线连接手段,交换机总交换能力,是否需要路由选择能力,是否需要热切换能力,是否需要容错能力,能否与现有设备兼容、顺利衔接,网络管理能力等。

5. 交换机有哪几种工作模式

交换技术有端口交换、帧交换和信元交换。端口交换用于将以太网模块的端口在背板的多个网段之间进行分配、平衡。ATM 信元交换技术代表了网络和通信技术发展的未来方向。帧交换是目前应用最广的局域网交换技术,它通过对传统传输媒介进行微分段,提供并行传送的机制,以减小冲突域,获得高的带宽。一般来讲,每个公司产品的实现技术均会有差异,但对网络帧的处理方式一般有以下几种,如图 4-10 所示。图中分别标注了交换机处理包时读取的标志信息。

1）直通交换方式（cut-through）

采用直通交换方式的以太网交换机在输入端口检测到一个数据包时，检查该包的包头，获取包的目的地址，启动内部的动态查找表转换成相应的输出端口，把数据包直通到相应的端口，实现交换功能。

适用环境：网络链路质量较好、错误数据包较少的网络环境，延迟时间与帧的大小无关。

2）存储转发方式（store-and-forward）

存储转发是计算机网络领域使用得最为广泛的技术之一。以太网交换机的控制器先将来自输入端口的数据包缓存起来，检查数据包是否正确，并过滤掉冲突包错误。确定包正确后，取出目的地址，通过查找表找到输出端口地址，然后将该包发送出去。正因如此，存储转发方式在数据处理时延时大，这是它的不足；但是它可以对进入交换机的数据包进行错误检测，并且能支持不同速度的输入/输出端口间的交换，可有效地改善网络性能。它的另一优点是这种交换方式支持不同速度端口间的转换，保持高速端口和低速端口间协同工作。实现的办法是将 10 Mbit/s 低速包存储起来，再通过 100 Mbit/s 速率转发到端口上。

适用环境：存储转发技术适用于普通链路质量或质量较为恶劣的网络环境，这种方式要对数据包进行处理，所以，延迟与帧的大小有关。

3）自由分段式（fragment free）

这是介于直通交换方式和存储转发方式之间的一种解决方案。它在转发前先检查数据包的长度是否够 64 B（512 bit），如果小于 64 B，说明是假包（或称残帧），则丢弃该包；如果大于 64 B，则发送该包。该方式的数据处理速度比存储转发方式快，但比直通交换方式慢，由于能够避免残帧的转发，所以广泛应用于低档交换机中。

适用环境：一般的通信链路。

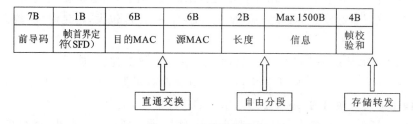

7B	1B	6B	6B	2B	Max 1500B	4B
前导码	帧首界定符（SFD）	目的MAC	源MAC	长度	信息	帧校验和

图 4-10　三种转发模式

6. 交换机的连接

交换机是一种最为基础的网络连接设备。它是一般不需要任何软件配置即可使用的一种纯硬件式设备。多台交换机的连接可采用级联、堆叠方式。

（1）级联：是最常见的连接方式，有使用光纤连接和双绞线连接两种情况。

光纤介质连接：直接连接的两个交换机端口要保证一致的光纤规格、端口速率，发送信号光纤端口与接收信号光纤端口相连。

双绞线介质连接：分普通端口和使用 Uplink 端口级联两种情况。普通端口之间相连,使用交叉双绞线;一台交换机使用 Uplink 端口相连使用直通双绞线。

(2) 堆叠:只有支持堆叠的交换机之间才可进行堆叠,统一堆叠中的交换机必须是同一品牌。它主要通过厂家提供的一条专用连接电缆,从一台交换机的 UP 堆叠端口直接连接到另一台交换机的 DOWN 堆叠端口。堆叠中的所有交换机可视为一个整体的交换机来进行处理。交换机的堆叠是扩展端口最快捷、最便利的方式,多台交换机的堆叠是靠一个提供背板总线带宽的多口堆叠母模块与单口堆叠子模块相连实现的交换机的。

7. 交换机与网桥的比较

(1) 局域网交换机与传统的集线器相比较,具有低数据传输延时、高传输带宽的明显优点;网桥和交换机都使用 LAN 地址转发和过滤帧,但接口不一样。

(2) 网桥的数据帧转发功能是通过软件、运行于计算机系统上的桥接协议来实现的,而局域网交换机的数据帧转发功能是通过硬件、专业集成电路来实现的,使得局域网交换机的数据帧处理的延迟时间由网桥的几百 μs 减少到几十 μs。

(3) 局域网交换机可以起到网桥的作用,交换机除了转发/过滤的功能,还有诸多管理功能,如网络管理协议的支持、VLAN 的划分等。

8. 交换机与集线器的比较

交换机与集线器有着本质的不同,无论在工作层次、通信方式、传输速度和可管理性上,都存在明显的差别,交换机与集线器相比具有无与伦比的优势。目前,交换机已经成为组网中普遍使用的网络连接设备,而集线器已经逐渐退出历史舞台。

(1) 工作层次不同。集线器工作在物理层,而交换机工作在数据链路层。更高级的交换机可以工作在第三层(网络层)、第四层(传输层)或更高层。

(2) 数据传输方式不同。集线器的数据传输方式是广播方式,即所有端口处在一个冲突域中;而交换机的每个端口处在不同的冲突域,数据传输一般只发生在源端口和目的端口之间。

(3) 带宽占用方式不同。集线器所有端口共享集线器的总带宽,而交换机的每个端口都具有自己独立的带宽。

(4) 传输模式不同。集线器采用半双工方式进行数据传输;交换机采用全双工方式来传输数据。

课 堂 实 践

操作 1　交换机的端口配置实验

[实训目的]

(1) 学习交换机 VLAN 的配置方法。

(2) 了解交换机 VLAN 配置常用命令。

[实训内容]

实现两个 VLAN 的建立和通信。

[网络环境]

实验的网络环境如图 4-11 所示。

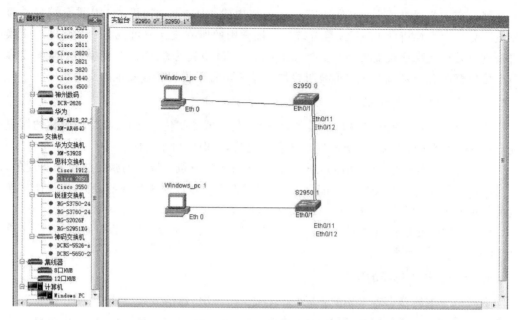

图 4-11　实验的网络环境

[实训步骤]

按图连接网络，Windows_pc 0 的 ethernet 0 端口与 S2950 1 的 FastEthernet0/1 连接，Windows_pc 1 的 ethernet0 端口与 S2950 0 的 FastEthernet0/1 连接，S2950 0 的 FastEthernet0/12 与 S2950 1 FastEthernet0/12 连接，S2950 0 的 FastEthernet0/11 与 S2950 1 FastEthernet0/11 连接，正确地配置交换机的端口，如图 4-12、图 4-13 所示。

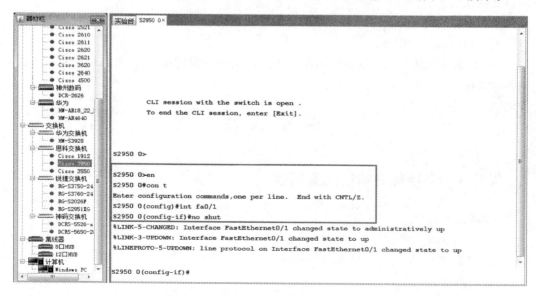

图 4-12　启动交换机 S2950 0 的 1 号端口

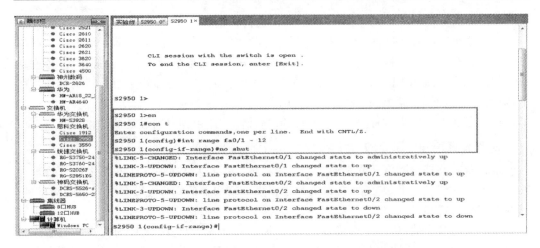

图 4-13　启动交换机 S2950 1 的 1～12 号端口

4.3.4　路由器

路由器是网络中的交通枢纽,有人形象地称它为"交通警察"和十字路口的"红绿灯",它把不同的网络连接在一起,使它们相互之间可以通信。全球最大的互连网 Internet 就是通过成千上万台路由器把世界各地的网络连接起来,使人们可以方便地开展各种业务、获取信息和共享资源。

路由器工作在 OSI 的网络层,是网络层上的连接,即不同网络与网络之间的连接。用路由器实现网络层互连时,允许互连网络的网络层及以下各层协议是相同的,也可以是不同的。路由器在网络互联中起着非常重要的作用,它可以互连不同的 MAC 协议、不同的传输介质、不同的拓扑结构和不同传输速率的异构网,广泛地用于 LAN-WAN-LAN 的互连。路由器由硬件和软件组成,从物理(硬件)结构上讲,它其实就是一种具有多个输入端口和多个输出端口的专用计算机,与一台普通计算机的主机的硬件结构大致相同,主要由处理器、内存、接口、控制端口等物理硬件和电路组成。软件主要由路由器的操作系统组成。路由器在工作时需要有初始路径表,它使用这些表来识别其他网络以及通往其他网络的路径和最有效的选择方法。

1. 路由器的主要功能有哪些

(1) 寻址功能:全网地址格式统一,如 IP 地址。路由器利用网络层定义的"逻辑"上的网络地址(即 IP 地址)来区别不同的网络,实现网络的互连和隔离,保持各个网络的独立性。

(2) 路径选择:路径的选择是路由器的主要任务。路径选择包括两种基本的活动:一是最佳路径的判定;二是网间信息包的传送。

(3) 分组分段:根据子网的分组长度要求,进行分组的分段和合段。

(4) 格式封装:构建适合子网传输和处理的分组。

(5) 存储转发:分组校验,丢弃出错的分组,进行存储和转发。路由器在接收了数据包后,检查包的目的地址,把包传送给下一级路由器,最终将包传送给目的主机。

（6）协议转换：可以对不同网络间的协议进行转换。

（7）过滤与隔离：路由器能够对网间信息进行过滤，并隔离广播风暴。路由器所联网络的广播包被隔离在本网段之内，起到了防火墙作用。根据统计的 80/20 规律，一个网络应用的 80% 信息是在同一个 LAN 中交换的，使 80% 的信息不会经路由器转到其他网络上，隔离广播风暴，从面提高了整个网络的带宽。

路由器功能主要由软件完成，效率较低，高性能的路由器具有较高的价格。

2. 路由器是如何工作的

路由器能够进行网络互联是通过端口完成的，它可以与各种各样的网络进行物理连接。路由器的端口技术很复杂，端口类型也很多。路由器的端口主要分为局域网端口、广域网端口和配置端口三类。

路由器的多个端口，用于连接多个 IP 子网。每个端口的 IP 地址的网络号与所连接的 IP 子网的网络号相同。路由器是根据网络号来转发 IP 数据包的，所以路由表中存放的是目的网络号，而不是目的主机号。路由器转发 IP 分组时，根据 IP 分组目的 IP 地址的网络号部分，选择合适的端口，把 IP 分组传送出去。和主机一样，路由器也要判定端口所连接的是否是目的子网，如果是，就直接把分组通过端口传送到网络上，否则也要选择下一个路由器来传送分组。对于未知的 IP 分组则传送给"缺省网关"路由器。路由动作包括两项基本内容：寻径和转发。

当主机 A 要向另一个主机 B 发送数据报时，先要检查目的主机 B 是否与源主机 A 连接在同一个网络上。如果是，就将数据报直接交付给目的主机 B 而不需要通过路由器。但如果目的主机与源主机 A 不是连接在同一个网络上，则应将数据报发送给本网络上的某个路由器，由该路由器按照转发表指出的路由将数据报转发给下一个路由器。这就称为间接交付，如图 4-14 所示。

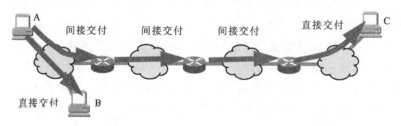

图 4-14 路由器的直接交付与间接交付

直接交付不需要使用路由器但间接交付就必须使用路由器。例如，工作站 A 需要向工作站 B 传送信息（并假定工作站 B 的 IP 地址为 202.10.0.3），它们之间需要通过多个路由器的接力传递，路由器的分布如图 4-15 所示。

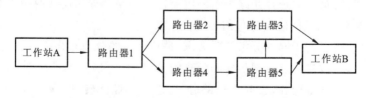

图 4-15 工作站 A、B 之间的路由

典型的路由选择方式有两种:静态路由和动态路由。

(1)静态路由是在路由器中设置的固定的路由表,由网络管理员预先设计好,网络的可达性与网络本身的存在和状态无关。路由表主要包含目的主机所在的网段、转发端口、跳数等信息。由于静态路由不能对网络的改变作出反应,一般用于网络规模不大、拓扑结构固定的网络中。静态路由的优点是简单、高效、可靠。在所有的路由中,静态路由优先级最高。

(2)动态路由是路由器运行过程中根据网络情况自动地动态维护,网络中的路由器之间相互通信,传递路由信息,利用收到的路由信息更新路由器表的过程,它能实时地适应网络结构的变化。动态路由适用于网络规模大、网络拓扑复杂的网络。当动态路由与静态路由发生冲突时,以静态路由为准。

3. 什么是路由选择协议

对于一个在网络上传送的数据分组,它们到达路由器时由路由器查看目的地址,并沿着最佳或非常合适的路由将分组发送到接收站。这样一条路由取决于所用的路由选择算法类型。路由选择协议基本上有两类:一类称为内部网关协议(IGP),用于自治系统内部路由的选择;另一类是外部网关协议(EGP),用于自治系统之间的路由信息交换。

内部网关协议主要有距离向量路由信息和链路状态协议。

路由信息协议(routing information protocol,RIP)是应用较早、使用较普遍的内部网关协议,适用于由同一个网络管理员管理的网络内的路由选择,是典型的距离向量协议。RIP采用距离向量算法,即路由器根据跳数作为度量标准来确定到给定目的地的最佳路由。

开放最短路径优先(open shortest path first,OSPF)是一种基于开放标准的典型的链路状态路由选择协议。采用OSPF的路由器彼此交换并保存整个网络的链路信息,从而掌握全网的拓扑结构,独立计算路由。OSPF具有支持大型网络、路由收敛快、占用网络资源少等优点,在目前应用的路由协议中占有相当重要的地位。

4. 路由器的分类

【思考】可以根据哪几个角度对路由器进行分类?

可以根据不同角度,对路由器进行不同的分类。

(1)根据结构不同,可分为模块化结构和非模块化结构。模块化结构可以灵活地配置路由器,以适应企业不断增加的业务需求,非模块化结构就只能提供固定的端口。通常中高端路由器为模块化结构,低端路由器为非模块化结构。

(2)根据功能,可分为骨干级路由器、企业级路由器与接入级路由器。骨干级路由器是实现企业级网络互联的关键设备,它数据吞吐量较大,是构成IP网络的核心;企业级路由器连接许多终端系统,连接对象较多,但系统相对简单,且数据流量较小;接入级路由器主要应用于连接家庭或ISP内的小型企业客户群体。

(3)根据支持网络协议能力的不同,可分为单协议路由器和多协议路由器等。单协议路由器只能应用特定的协议环境,只能作为短期的低廉成本的解决方案;多协议路由器支持多种协议并提供一种管理手段来使能/禁止特定协议。

(4) 从硬件配置的位置来分,路由器通常分为内部路由器和外部路由器两种。

生产路由器的厂家很多,这个市场过去通常是国外的品牌一统天下,如 Cisco,3Com, Cabletron,Nortel Networks 等公司。其中 Cisco 路由器在路由器技术方面最为权威,凭借其产品可靠性高、产品线齐全占据了绝对的市场份额。目前,在 Internet 中,有近 80% 的路由器来自 Cisco。Cisco 的路由器产品系列,低端有 Cisco 1600/1700 系列,中端有 Cisco 2500/2600/3600 系列,高端有 Cisco 7200/12000 系列等,而且其技术也是最先进的,引导着整个市场。如今,随着 Internet 时代的到来,许多国内厂商也瞄准了计算机网络这个具有无限潜力的市场,纷纷推出自有品牌的网络产品,如图 4-16 所示;从技术含量较低的产品到具有高技术水平的产品,国内公司以不懈的努力证实了自己的实力,如市场上出现的华为、联想、实达等品牌的路由器产品。

(a) TP-LINK TL-R4199G 宽带路由器　(b) 华为R2631E模块化路由器　(c) CISCO Rv082宽带VPN路由器　(d) D-Link DI-602MB+ 企业级宽带路由器

图 4-16　路由器的产品

5. 路由器的主要性能指标是哪些

路由器是互连网的主要节点设备。路由器构成了 Internet 的骨架。它的处理速度是网络通信的主要瓶颈之一,它的可靠性则直接影响着网络互联的质量。路由器的主要性能指标如下。

(1) 全双工线速转发能力。路由器最基本且最重要的功能是数据包转发。在同样端口速率下转发小包是对路由器包转发能力最大的考验。全双工线速转发能力是指以最小包长(以太网 64 B、POS 口 40 B)和最小包间隔(符合协议规定)在路由器端口上双向传输,同时不引起丢包。该指标是路由器性能的重要指标。

(2) 路由表能力。路由器通常依据所建立和维护的路由表来决定如何转发。路由表能力是指路由表内所容纳路由表项数量的极限。由于 Internet 上执行 BGP 的路由器通常拥有数十万条路由表项,所以该项目也是路由器能力的重要体现。一般而言,高速路由器应该能够支持至少 25 万条路由,平均每个目的地址至少提供两条路径,系统必须支持至少 25 个 BGP 对等以及至少 50 个 IGP 邻居。

(3) 整机吞吐量。指设备整机包转发能力,是设备性能的重要指标。路由器的工作在于根据 IP 包头或者 MPLS 选择路径,所以性能指标是转发包数量每秒。设备吞吐量通常小于路由器所有端口吞吐量之和。

(4) 端口吞吐量。端口吞吐量是指端口包转发能力,通常使用包每秒(pps)来衡量,它是路由器在某端口上的包转发能力。通常采用两个相同速率的接口测试。但是测试接口可能与接口位置及关系相关。例如,同一插卡上端口间测试的吞吐量可能与不同插卡上端口间吞吐量值不同。

(5) 背靠背帧数。背靠背帧数是指以最小帧间隔发送最多数据包不引起丢包时的数据包数量。该指标用于测试路由器缓存能力。有线速全双工转发能力的路由器该指标值无限大。

（6）背板能力。背板指输入与输出端口间的物理通路。背板能力是路由器的内部实现。背板能力能够体现在路由器吞吐量上。背板能力通常大于依据吞吐量和测试包场所计算的值。但是背板能力只能在设计中体现，一般无法测试。

（7）丢包率。丢包率是指测试中所丢失数据包数量占所发送数据包的比例，通常在吞吐量范围内测试。丢包率与数据包长度以及包发送频率相关。在一些环境下可以加上路由抖动、大量路由后测试。

（8）时延。时延是指数据包第一比特进入路由器到最后一比特从路由器输出的时间间隔。在测试中通常使用测试仪表发出测试包到收到数据包的时间间隔。时延与数据包长相关，通常在路由器端口吞吐量范围内测试，超过吞吐量测试该指标没有意义。作为高速路由器，在最差情况下，要求对 1518 B 及以下的 IP 包时延均都小于 1 ms。

（9）可靠性。可靠性是指路由器可用性、无故障工作时间和故障恢复时间等指标。

（10）时延抖动。时延抖动是指时延变化，数据业务对时延抖动不敏感，由于 IP 上多业务，包括语音、视频业务的出现，该指标才有测试的必要性。

（11）虚拟专用网（VPN）支持能力。通常路由器都能支持 VPN，其性能差别一般体现在所支持的 VPN 数量上。专用路由器一般支持 VPN 数量较多。无故障工作时间按照统计方式指出设备无故障工作的时间。一般无法测试，可以通过主要器件的无故障工作时间计算或者大量相同设备的工作情况计算。

6. 路由器与交换机有哪些不同

（1）工作层次不同。最初的交换机是工作在 OSI/RM 开放体系结构的数据链路层，也就是第二层，而路由器一开始就设计工作在 OSI 模型的网络层。由于交换机工作在 OSI 的第二层，所以它的工作原理比较简单，路由器工作在 OSI 的第三层，可以得到更多的协议信息，可以作出更加智能的转发决策。

（2）数据转发所依据的对象不同。交换机是利用物理地址来确定转发数据的目的地址，路由器则是利用不同网络的 ID 号（即 IP 地址）来确定数据转发的地址。IP 地址是在软件中实现的，描述的是设备所在的网络，有时这些第三层的地址也称为协议地址或者网络地址。MAC 地址通常是硬件自带的，由网卡生产商来分配，而且已经固化到了网卡中，一般来说是不可更改的；IP 地址则通常由网络管理员或系统自动分配。

（3）传统的交换机只能分割冲突域，不能分割广播域；但路由器可以分割广播域。由交换机连接的网段仍属于同一个广播域，广播数据包会在交换机连接的所有网段上传播，在某些情况下会导致通信拥挤和安全漏洞。连接到路由器上的网段会被分配成不同的广播域，广播数据不会穿过路由器。虽然第三层以上交换机具有 VLAN 功能，也可以分割广播域，但是各子广播域之间是不能通信交流的，它们之间的交流仍然需要路由器。

（4）路由器提供了防火墙的服务，它仅转发特定地址的数据包，不支持路由协议的数据包传送和未知目标网络数据包的传送，从而可以防止广播风暴。

7. 第二层交换机、第三层交换机与路由器的选择

【思考】如何正确恰当地选择交换机与路由器？

路由器的端口功能是选择路由器的首要考虑因素,即需要连接链路的类型、链路的数量等,这些因素是选择路由器及其模块的重要依据。例如,Cisco 公司的 Cisco 2500 系列路由器是固定配置的路由器,其网络端口都是固定的;而 Cisco 3600 系列路由器则是模块化的路由器,用户可以根据实际需要来选择所需的网络端口模块。因此,在选择路由器时,应该根据路由器所连接的网络链路来选择型号及其相应的端口模块。

其次,还需要考虑访问控制列表、地址转换、路由协议等方面的功能,这些功能影响着网络的安全性和灵活性。

另外,路由器的性能指标也是选择路由器时应该考虑的重要因素,比较重要的性能指标有报文转发的速度、报文转发的延迟、缓冲区的空间大小等,这些性能指标对网络性能有重大的影响。

第二层交换机主要用在小型局域网中,机器数量在二三十台以下,这样的网络环境,广播包影响不大,第二层交换机的快速交换功能、多个接入端口和低廉的价格为小型网络用户提供了很完善的解决方案。在这种小型网络中没必要引入路由功能从而增加管理的难度和费用,所以不需要使用路由器和第三层交换机。

第三层交换机是为 IP 设计的,接口类型简单,拥有很强的二层包处理能力,所以适用于大型局域网。为了减小广播风暴的危害,必须把大型局域网按功能或地域等因素划分成一个一个的小局域网,这样必然导致不同网段间存在大量的互访,单纯使用二层交换机无法实现网间的互访,而单纯使用路由器,则由于端口数量有限、路由速度较慢从而限制了网络的规模和访问速度,所以这种环境下,由二层交换技术和路由技术有机结合而成的第三层交换机最为适合。

路由器端口类型多,支持的三层协议多,路由能力强,所以适合于在大型网络之间的互连。虽然不少第三层交换机甚至第二层交换机都有异构网络的互连端口,但一般大型网络的互连端口不多,互连设备的主要功能不在于在端口之间进行快速交换,而是要选择最佳路径,进行负载分担。在这种情况下,就限制了第二层交换机的使用,第三层交换机的使用需考虑到网络流量、响应速度要求和投资预算等。第三层交换机最重要的目的是加快大型局域网内部的数据交换,路由功能也是为此服务的,所以它的路由功能没有同一档次的专业路由器强。在网络流量很大的情况下,如果第三层交换机既进行网内的交换,又进行网间的路由,必然会大大加重了它的负担,影响响应速度。在网络流量很大,但又要求响应速度很高的情况下由第三层交换机进行网内的交换,由路由器专门负责网间的路由工作,这样可以充分发挥不同设备的优势,是一个很好的配合。当然,如果受到投资预算的限制,由三层交换机兼做网间互连,也是个不错的选择。

课 堂 实 践

操作 1　路由器的配置

[实训要求]

实训目的:熟悉路由器的两种命令模式,了解各种模式下可以使用的命令和操作。

实训器材:一台安装 Windows 系统的计算机,一台 2501 路由器。

实训组网图,如图 4-17 所示。

图 4-17　实训组网图

[**实训任务**]

(1) 了解路由器的模式及命令的使用权限。

(2) 计算机 IP 地址配置成 192.168.199.151,子网掩码配置成 255.255.255.0,网关配置成 192.168.199.1,路由器端口 e0 的 IP 地址配置成 192.168.199.1,子网掩码配置成 255.255.255.0。

(3) 配置完成后计算机与路由器相互用命令 Ping 一下,看是否能相互 Ping 通? 如图 4-18 所示。

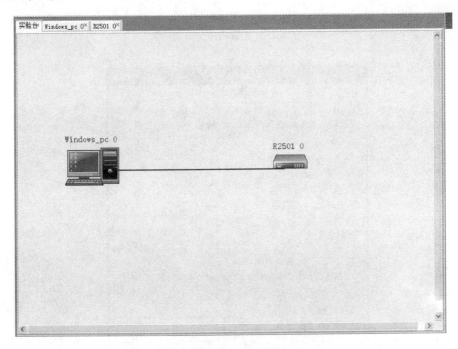

图 4-18　计算机与路由器相互 Ping

[**实训步骤**]

(1) 实训拓扑结构图,如图 4-19 所示。

(2) 计算机开机,路由器开机。

(3) 进入 pc 0 操作界面,配置 IP 地址如图 4-20 所示。

(4) 进入路由器操作界面,配置路由器 e0 端口的 IP 地址如图 4-21 所示。

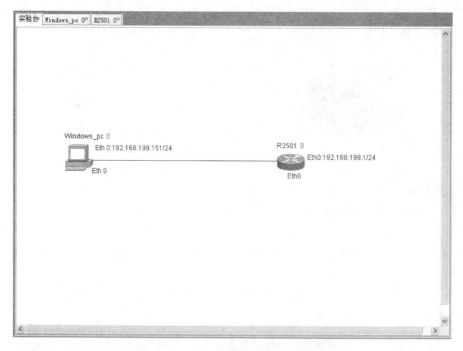

图 4-19　实训拓扑结构图

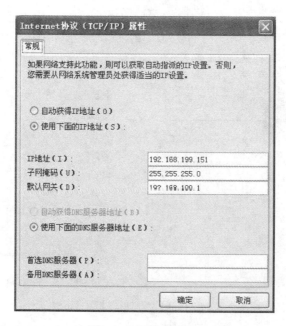

图 4-20　配置 IP 地址

配置路由器 R2501 01 的各条命令如下。

enable：启动 shell 内部命令。

config terminal：进入全局配置模式。

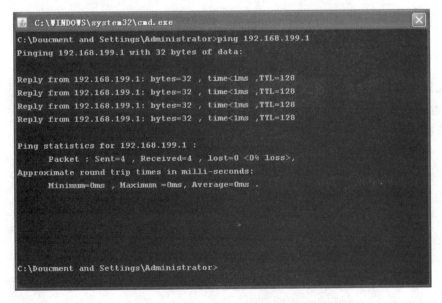

图 4-21　配置路由器 e0 端口的 IP 地址

interface e0：进入以太网 ethernet0 配置。

Ip address 192.168.199.1 255.255.255.0：为以太网接口 ethernet0 配置 IP 地址及相应的子网掩码。

no shut：开启端口。

exit：退出本级命令。

（5）计算机与路由器相互用命令 Ping 一下，如图 4-22 所示。

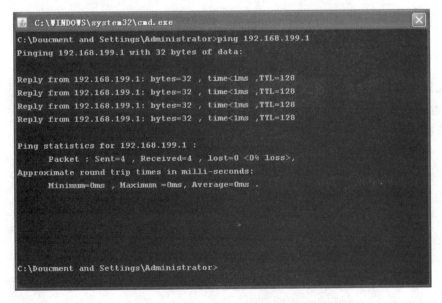

图 4-22　计算机 pc 0 使用 Ping 命令测试路由器端口

计算机 Ping 路由器，可以 Ping 通，如图 4-23 所示。

```
R2501 O#ping 192.168.199.151

Type escape sequence to abort.
Sending 5, 100-byte ICMP Echos to 192.168.199.151, time out is 2 seconds:
!!!!!
Success rate is 100 percent (5/5), round-trip min/avg/max = 1/2/4 ms
```

图 4-23　路由器端口使用 Ping 命令测试计算机 pc 0

路由器 Ping 计算机，可以 Ping 通。

填写表 4-2，路由器的配置模式及命令有哪些？

表 4-2　路由器的配置模式及命令

配置模式	命令
进入特权模式	enable
进入配置模式	configure terminal
显示所有端口的 IP 地址以及状态	show ip interface brief
进入该端口配置	interface e0
配置相应端口的 IP 地址及其掩码	ip address 192.168.199.1 255.255.255.0
打开当前端口	no shutdown

操作 2　查看路由器中静态路由与路由表

［实训目的］

（1）掌握静态路由表及其配置。

（2）了解路由表的主要属性。

［实训内容］

查看静态路由与路由表。

［网络环境］

实训的网络环境如图 4-24 所示。

［实训步骤］

各主机打开工具区的"拓扑验证工具"，选择相应的网络结构，配置网卡后，进行拓扑验证，如果通过拓扑验证，关闭工具继续进行实验，如果没有通过，请检查网络连接。

在此将主机 A、B、C、D、E、F 作为一组进行实验。

（1）主机 A、B、C、D、E、F 在命令行下运行 route print 命令，查看路由表，并回答以下问题：路由表由哪几项组成？

主机 A 的路由显示结果如下。

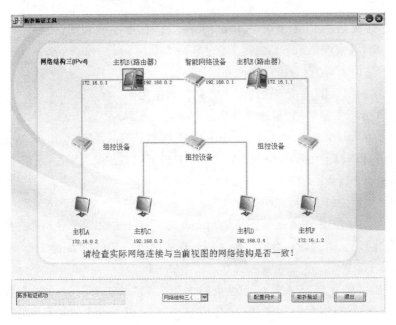

图 4-24　实训的网络环境

```
C:\>route print
IPv4 Route Table
===========================================================================
Interface List
0x1.........................MS TCP Loopback interface
0x2...00 e0 4c 2f 05 9f......Realtek RTL8139/810x Family Fast Ethernet NIC-
Simulator Miniport
0x3...90 fb a6 e9 4e 30......Realtek PCIe GBE Family Controller-Simulator
iniport
0x4...00 13 46 e2 57 b7......D-Link DFE- 530TX PCI Fast Ethernet Adapter（revC）
-Simulator Miniport
===========================================================================
Active Routes:
```

Network Destination	Netmask	Gateway	Interface	Metric
0.0.0.0	0.0.0.0	172.16.0.1	172.16.0.2	1
127.0.0.0	255.0.0.0	127.0.0.1	127.0.0.1	1
172.16.0.0	255.255.255.0	172.16.0.2	172.16.0.2	20
172.16.0.2	255.255.255.255	127.0.0.1	127.0.0.1	20
172.16.255.255	255.255.255.255	172.16.0.2	172.16.0.2	20
224.0.0.0	240.0.0.0	172.16.0.2	172.16.0.2	20
255.255.255.255	255.255.255.255	172.16.0.2	4	1
255.255.255.255	255.255.255.255	172.16.0.2	172.16.0.2	1
255.255.255.255	255.255.255.255	172.16.0.2	3	1
Default Gateway:	172.16.0.1			

```
===========================================================================
```

……（隐藏了 IPv6 的 Route Table）

(2) 从主机 A 依次 Ping 主机 B(192.168.0.2)、主机 C、主机 E(192.168.0.1)、主机 E(172.16.1.1),观察现象,记录结果。通过在命令行下运行 route print 命令,查看主机 B 和主机 E 的路由表,结合路由信息回答问题。

① 主机 A 的默认网关在本次练习中起到什么作用?

② 记录并分析实验结果,简述为什么会产生这样的结果?

解释:可以看到,主机 A 可以 Ping 通主机 B,因默认网关为 172.16.0.1,主机 B 的一块网卡,但无法 Ping 通主机 E(192.168.0.1)、主机 E(172.16.1.1)。因未配置路由,不会由 192.168.0.2 转发。

(3) 主机 B 和主机 E 启动静态路由。

① 主机 B 与主机 E 在命令行下使用 staticroute_config 命令来启动静态路由。

② 在主机 B 上,通过在命令行下运行 route add 命令手工添加静态路由"route add 172.16.1.0 mask 255.255.255.0 192.168.0.1 metric 2"。

解释:添加目标为 172.16.1.0,子网掩码为 255.255.255.0,下一个跃点地址为 192.168.0.1,跃点数为 2 的路由,这样,所有由 172.16.1.* 网段发来的包都将转入 192.168.0.1,如图 4-25 所示。

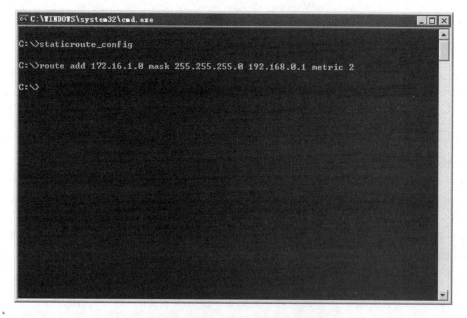

图 4-25　手动添加主机 B 的静态路由

③ 在主机 E 上,也添加一条静态路由"route add 172.16.0.0 mask 255.255.255.0 192.168.0.2 metric 2"。

解释:添加目标为 172.16.0.0,子网掩码为 255.255.255.0,下一个跃点地址为 192.168.0.2,跃点数为 2 的路由,这样,所有由 172.16.0.* 网段发来的包都将转入 192.168.0.1,如图 4-26 所示。

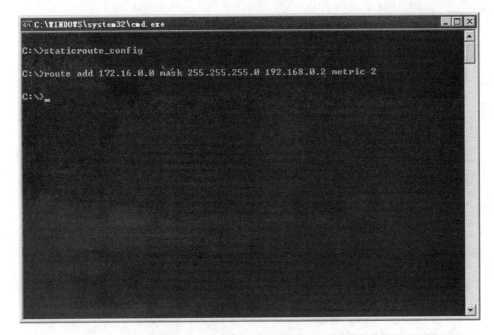

图 4-26　手动添加主机 E 的静态路由

（4）从主机 A 依次 Ping 主机 B（192.168.0.2）、主机 E（192.168.0.1）、主机 E（172.16.1.1），观察现象，记录结果，如图 4-27 所示。

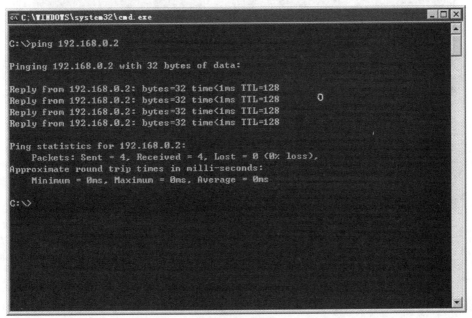

（a）测试主机 A 到 B 是否连通

图 4-27　主机 A 依次 Ping 其他主机的结果

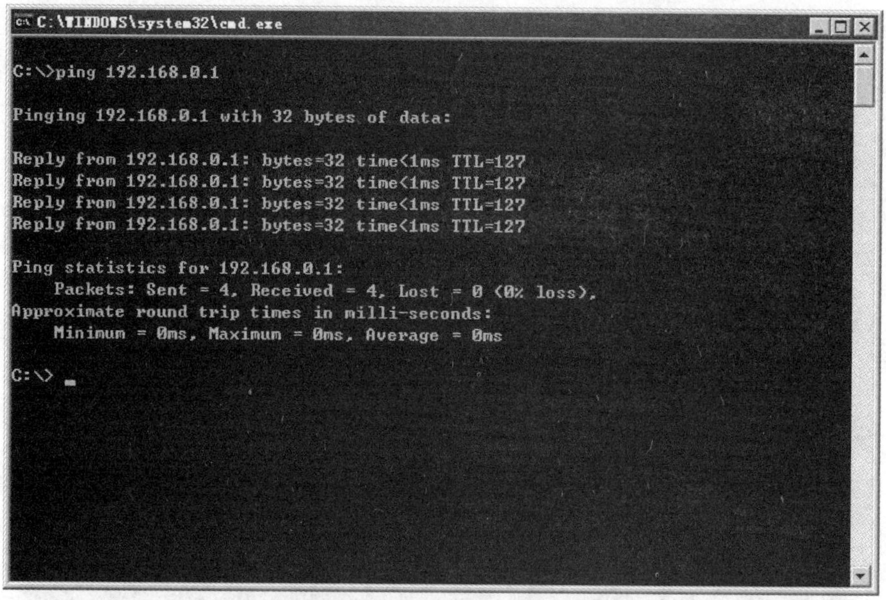

（b）测试主机A到E（网卡192.168.0.1）是否连通

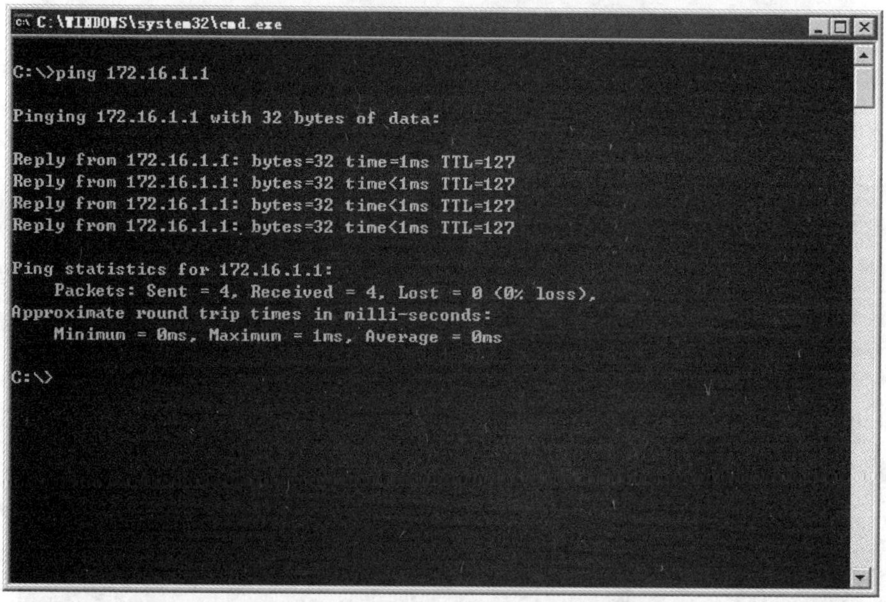

（c）测试主机A到E（网卡172.16.1.1）是否连通

图 4-27　主机 A 依次 Ping 其他主机的结果(续)

⑤ 通过在命令行下运行 route print 命令，查看主机 B 和主机 E 的路由表，结合路由信息回答问题：记录并分析实验结果，简述手工添加静态路由在此次通信中所起的作用。

实验结果如下。

```
C:\>route print
IPv4 Route Table
```

```
===============================================================
Interface List
0x1..........................MS TCP Loopback interface
0x2...00 e0 4c 2f 05 9f......Realtek RTL8139/810x Family Fast Ethernet NIC
Simulator Miniport
0x3...90 fb a6 e9 4e 30......Realtek PCIe GBE Family Controller - Simulator
iniport
0x4...00 13 46 e2 57 b7......D- Link DFE- 530TX PCI Fast Ethernet Adapter (reC)
- Simulator Miniport
===============================================================
===============================================================
Active Routes:
```

Network Destination	Netmask	Gateway	Interface	Metric
0.0.0.0	0.0.0.0	172.16.0.1	172.16.0.2	1
127.0.0.0	255.0.0.0	127.0.0.1	127.0.0.1	1
172.16.0.0	255.255.255.0	172.16.0.2	172.16.0.2	20
172.16.0.2	255.255.255.255	127.0.0.1	127.0.0.1	20
172.16.255.255	255.255.255.255	172.16.0.2	172.16.0.2	20
224.0.0.0	240.0.0.0	172.16.0.2	172.16.0.2	20
255.255.255.255	255.255.255.255	172.16.0.2	4	1
255.255.255.255	255.255.255.255	172.16.0.2	172.16.0.2	1
255.255.255.255	255.255.255.255	172.16.0.2	3	1

```
   Default Gateway:       172.16.0.1
===============================================================
Persistent Routes:
  None
IPv6 Route Table
===============================================================
Interface List
  7...ff ff ff ff ff ff ff ff  Teredo Tunneling Pseudo-Interface
  6...00 13 46 e2 57 b7 ...... D-Link DFE- 530TX PCI Fast Ethernet Adapter (re
C)- Simulator Miniport
  5...90 fb a6 e9 4e 30 ......Realtek PCIe GBE Family Controller - Simulator
iniport
  4...00 e0 4c 2f 05 9f ......Realtek RTL8139/810x Family Fast Ethernet NIC
Simulator Miniport
  3...00 e0 4c 2f ...........6to4 Pseudo-Interface
  2...ac 10 00 02 ........... Automatic Tunneling Pseudo-Interface
  1.......................... Loopback Pseudo- Interface
===============================================================
===============================================================
Active Routes:
```

```
If Metric Network Destination     Gateway
 2   1004 fe80::5efe:172.16.0.2/128
                                   fe80::5efe:172.16.0.2
 7   1004 fe80::ffff:ffff:fffd/128 fe80::ffff:ffff:fffd
 6   1008 ff00::/8                 On-link
 6   1004 fe80::213:46ff:fee2:57b7/128
                                   fe80::213:46ff:fee2:57b7
 5   1008 ff00::/8                 On-link
 5   1004 fe80::92fb:a6ff:fee9:4e30/128
                                   fe80::92fb:a6ff:fee9:4e30
 4   1008 ff00::/8                 On-link
 4   1004 fe80::2e0:4cff:fe2f:59f/128
                                   fe80::2e0:4cff:fe2f:59f
 1   1004 ::1/128                   ::1
 1   1008 ff00::/8                 On-link
 1   1004 fe80::1/128              fe80::1
=============================================================
```

4.3.5　网关

网关又称信关,是网络层以上的互连设备的总称,是连接两个不同类型而协议差别较大的网络使之能相互通信的硬件和软件,又称高层协议转发器。它主要用于不同体系结构网络之间的互连,如 IEEE 802.3 局域网与 IBM SNA 网络的互连。在目前的网络中,路由器也经常称为网关。

1. 网关的功能

网关的基本功能如图 4-28 所示。

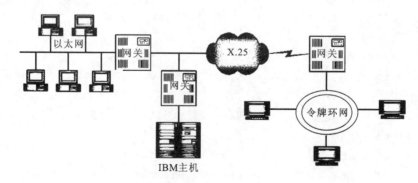

图 4-28　网关的基本功能

网关不仅具有路由器的功能,还要实现不同网络之间的协议转换。网关工作在 OSI模型的最高四层,其基本功能是互连不同的协议框架,将协议进行转换,数据重新分组,以便能在两个网络系统间进行通信。网关通过使用适当的硬件与软件实现不同网络协议之间的转换功能,硬件提供不同网络的接口,软件实现不同互连网络协议之间的转换。网关还具有存储转发、访问控制、流量控制和拥塞控制等功能。

2. 网关是如何工作的

网关中的协议转换必须能吸收不同网络间的各种差异,由于协议的复杂性,通用的协议转换器是难以实现的,常用的有两种方法。

(1) 网关直接将输入网络信息包的格式转换成输出网络信息包的格式。

(2) 制定一种标准的中间网间信息包格式。网关在输入端将输入网络信息包格式转换成标准网间信息包格式,在输出端再将标准网间信息包格式转换成输出网络信息包格式。

一个网关可以由两个半网关构成,半网关分别属于各网络所有,可以分别进行维护与管理,因此避免了一个网关由两个单位拥有而带来的非技术性的麻烦。网关的工作原理如图 4-29 所示。

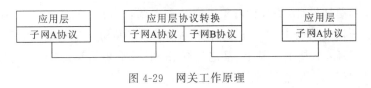

图 4-29　网关工作原理

3. 网关的分类

网关按体系结构分为内部网关、外部网关和边界网关;按其服务类型不同,有电子邮件网关、应用代理网关等。由于不同体系的网络结构只能针对某一特定应用,所以不可能有通用网关。

协议转换网关:可分为双边协议网关和多边协议网关。双边网关进行两种协议的转换;多边网关实现多种协议之间的转换。例如,具有光纤和双绞线接口的路由器,能够实现两个不同协议的转换。

应用型网关:针对一些专门应用而设置的网关,将一种数据格式转化为该服务的另外一种数据格式,从而实现数据交流。例如,电子邮件网关。

安全型网关:对数据包的源地址、目的地址、端口号、网络协议进行过滤,对那些没有许可权的数据包进行拦截或丢弃。例如,防火墙网关。

半网关:把一个网关分成两个部分,选择两种不同的半网关组合,可以灵活地互连两种不同的网络。

4. 网关的应用环境

网关一般用于不同类型、差别较大的网络系统之间的互连,又可用于同一个物理网而在逻辑上不同的网络之间互连,还可用于不同大型主机之间和不同数据库之间的互连。例如,异构型 LAN 互连、LAN 与 WAN 互连、WAN 与 WAN 互连均属于异构网络互联,可用网关进行互连。网关广泛用在广域网之间或广域网与局域网之间的互连上,它解决了 LAN 和 WAN 之间由于协议不同而不能直接通信的问题。

4.3.6　网络互联分析实例

【思考】信息化的校园网具有哪些功能？

校园信息化建设,最终就是将高速网络接入到校园的每幢楼房,包括学生与教师宿舍楼。因此,建设信息化校园网就成为信息化建设首要解决的问题。

校园网内用户可以享受到智能化的六大功能,即网络化教育、网上购物、数字化娱乐、计算机阅读、电子邮件帮助亲友交流和初步实现家庭上班。因此,在学校内进行信息化建设,兴建计算机网络是当今的趋势,计算机网络已经成为学校必不可少的基础硬件设施。

1. 系统设计原则

建网要遵循"依据需求、统筹规划、分步实施、成熟可靠"的原则。

2. 系统设计分为哪些步骤

进行校园网总体设计,要进行对象研究和需求调查,明确学校的性质、任务和改革发展的特点及系统建设的需求和条件,对学校的信息化环境进行准确的描述。

(1) 在应用需求分析的基础上,确定学校 Internet 服务类型,进而确定系统建设的具体目标,包括网络设施、站点设置、开发应用和管理等方面的目标。

(2) 确定网络拓扑结构和功能,根据应用需求建设目标和学校主要建筑分布特点,进行系统分析和设计。

(3) 确定技术设计的原则要求,如在技术选型、布线设计、设备选择、软件配置等方面的标准和要求。

(4) 最后规划校园网建设的实施步骤。

3. 方案解析

一个完整的校园网建设主要包括两个内容:技术方案设计和应用信息系统资源建设。技术方案设计主要包括结构化布线、设备选择与网络技术选型等;应用信息系统资源建设主要包括内部信息资源建设、外部信息资源建设等。

校园网络系统基本可分为校园网络中心、校园主干网、楼内接入网、主机系统。

1) 校园网络中心设计

校园网络中心:信息网络的核心部分。由中心交换机、UPS 等电源系统、服务器、广域网连接设备、网络管理系统组成。校园网络中心设计主要包括主干网络设计、校园网与Internet 互连设计、远程访问服务设计等。

(1) 主干网络设计:可选用千兆第三层交换机,利用光纤千兆,连接下一级光纤节点,例如,主干网络可采用 Cisco 第三层交换机,实现高带宽、大容量网络层路由交换功能,支持 VLAN 的功能。适用于大型主干网络和高速率、高端口密度、多端口类型复杂网络。

(2) 校园网与 Internet 互连设计:推荐采用局域网专线接入方式,可以租用 ADSL 专线或光纤专线。CERNET 管理部门申请 IP 地址和注册域名,以专线方式连入 Internet,并提供防火墙、计费管理等功能。

2) 校园主干网设计

校园主干网:连接校园内各楼宇的主干网络。校园内楼房处设备通过网络线路连接到交换机处,实现校园网络信息交换。

校园网建网的目的之一是利用网络实现多媒体教学,例如,交互式多媒体课堂、电子阅览室、教师培训等,多媒体教学的难点在于实现视频信号的传送,如视频点播(VOD)。

3) 楼内接入网设计

楼内接入网:楼宇内部的星型局域网络,是校园网络的接入层,可采用综合布线系统建设双绞线接入网。楼内计算机用户通过双绞线接入楼房集线器/交换机,共享 100 Mbit/s 带宽。

4) 主机系统

网络中心的服务器和分布在各个 LAN 上的服务器是网络资源的载体,它的投资和建设也是信息系统网络建设的重要工作。

综上所述,通过适当的网络产品即可构建一个完整、先进、可靠的校园网络硬件平台,从而有利于校园网信息系统的使用、维护、扩充、升级,并能有效利用投资。

其网络拓扑图如图 4-30 所示。

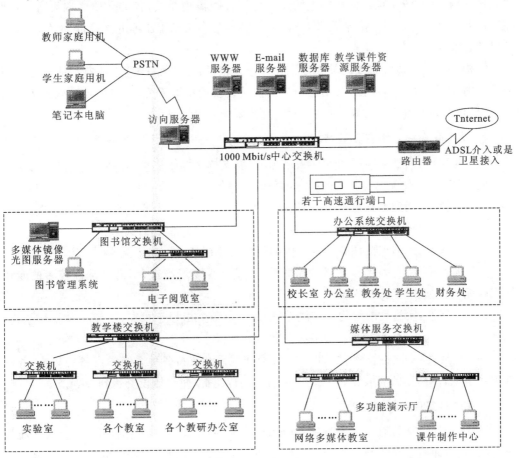

图 4-30 网络拓扑图

4.4　任务四　认识网络布线

章节引导

　　某公司刚刚建成一栋新的办公楼,共三楼,机房放在一楼,大概30个办公室,每个办公室两台计算机和电话。百兆的网速,请问如何布线最合理呢?

　　由于传统的非标准化连线方式使得网络调试困难,管理维护不便,扩展性不强,可能会造成网络系统不稳定,可靠性降低,因此,人们提出结构化布线的思想。结构化布线是网络实现的基础,它支持数据、语音、图形图像、视频等的传输要求,是计算机网络和通信系统的有力支撑。

　　结构化布线系统(Structured Cabling System,SCS)是指按标准的、统一的和简单的结构化方式编制和布置各种建筑物(或建筑群)内各系统的通信线路,包括网络系统、电话系统、监控系统、电源系统和照明系统等,是一种通用标准的信息传输系统。

　　结构化布线系统是使用一套标准的组网部件,按照标准的连接方法来实现的网络布线系统,结构化布线系统所使用的组网器件包括各类传输介质,各类介质终端设备,各种连接器和适配器,各类插座、插头及跳线,光电转换与多路复用器等电器设备、电气保护设备以及各类安装工具。

　　结构化布线与传统布线的最大区别在于它是根据建筑物的结构将所有可能放置终端或设备的位置预先进行布线,其结构与当前连接设备的位置无关,如需接入网络或调整网络,只要在配线间调整相应跳线装置即可,而不需要重新布线。

1. 结构化布线系统有哪些特点

　　(1)实用性:由于系统组网部件满足标准,能支持多媒体技术、多种数据通信,网络管理功能完善,能够适应现代和未来技术的发展。

　　(2)灵活性:任意信息点连接都是灵活的,例如,一个信息插座可以连接不同类型的设备,如微机、打印机、终端等,不受或少受设备类型和物理位置的限制。

　　(3)开放性:能够支持任意网络结构和任何厂家的任意网络产品。

　　(4)模块化:所有的接插件都是标准件,尽量减少现场施工,不需要掌握较多的专业知识就能方便使用、管理和扩充。

　　(5)扩展性:实施后的结构化布线系统采用国际标准,便于扩充,适应各种拓扑结构,在将来有更大需求时,很容易将设备安装接入。

　　(6)经济性:一次性投资,长期受益,综合布线系统支持各种系统和设备的集成,并且维护费用低,用初期的安装花费来降低后期的运行花费,使整体投资达到最少。

2. 结构化布线系统的构成

　　ISO/IEC11801综合布线系统被划分为6个子系统,即用户工作区子系统、水平布线子系统、垂直布线子系统、管理子系统、设备间子系统、建筑群子系统,如图4-31所示。

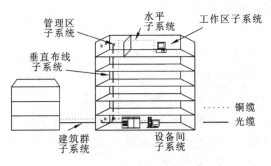

图 4-31　结构化布线

课 堂 实 践

操作 1　基本网络布线分析

[实训目的]

(1) 掌握基本网络布线的基本要领。

(2) 学会分析网络布线的基本属性。

[实训内容]

基本网络布线实践。

[网络环境]

Microsoft Visio 矢量画图软件。

[实训步骤]

问题:某公司有三幢大楼(一幢主楼,两幢辅楼),楼与楼之间不超过 300 m。主楼共有六层,其中 4 楼现有计算机 40 台,其余楼层各有计算机 15～20 台。两个辅楼各四层,现有计算机约 20 台;该单位在外地还有几个办事处。现请为该单位设计一个网络方案,并对网络方案进行简要的说明(包括网络拓扑、选用的网络设备/通信协议等)。

网络至少应满足以下几点。

(1) 能够互连现有的计算机设备,并具有一定的网络扩充能力。

(2) 外地办事处要能够访问本企业的网络。

(3) 能连入因特网。

(4) 提供 WWW 服务和 E-mail 服务,在企业内部实现计算机信息管理。

物理环境:3 幢大楼,可以以主楼为中心,可以将网络主设备放在主楼 4 楼,形成星形结构。需要接入网络的设备有主楼:现最多 140 台用户主机,2～3 台服务器;辅楼:现各20 台用户主机。

网络布线:大楼内的设备连接用 5 类双绞线,主楼内可以采用集中布线的方式(综合布线,以 4 楼为中心),辅楼内采用集中布线。主楼到辅楼用多模光纤连接网络设备。

所需网络设备选择如下。

（1）千兆以太交换网主干，100 Mbit/s 交换到桌面。

一台千兆以太网交换机（12 个端口），至少有两个千兆光纤端口与辅楼设备相连。

（2）24 口的 1000 Mbit/s 交换机 8 台：主楼 6 台（一个 RJ-45 千兆端口，24 个 RJ-45 100 Mbit/s 端口）；辅楼各一台（一个千兆光纤端口，24 个 RJ-45 100 Mbit/s 端口）。

（3）路由器一台，用于与外部网互连，使得允许外地办事处拨号访问企业内部网。

路由器端口：以太网端口连接企业内部网。

接入广域网的端口（DDN/ISDN/其他）。

电话拨号端口（串行端口）。

（4）防火墙。

（5）WWW 服务器、E-mail 服务器、企业信息管理服务器。

外地办事处访问企业内部网的方式：接入当地的公网（电信网等），通过 Internet 访问到企业内部网（可以建立 VPN）。

（6）画出该公司的网络基本布线拓扑，如图 4-32 所示。

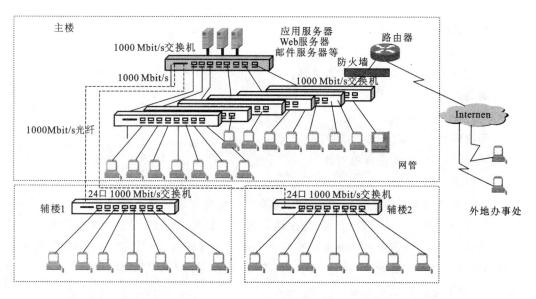

图 4-32　网络基本布线拓扑

习　　题

1. 网络互联的类型有哪些？

2. 网络互联的层次有哪些？对应的互连设备分别是什么？

3. 试说明透明网桥的工作原理。

4. 试说明第三层交换机的原理及其优点。

5. 试说明 IP 数据报的路由选择过程。

第5章　无线局域网

章节引导

在人流密集的火车站、飞机场或商场里,想为客户提供网络服务,有线还是无线介质最为方便? 显然,有线将会导致公共场合太多的线缆暴露,导致布线困难和难以维护,而无线局域网则会带来很大的便利。

 知识技能

了解无线局域网的基本概念。

掌握无线局域网的连接设备。

了解无线局域网的安全。

 本章重点

无线局域网的连接设备的使用。

 本章难点

无线局域网的连接设备配置。

 课时建议

4 学时。

 效果或项目展示

本章操作任务:无线局域网通信建立、无线接入点(access point,AP)安全配置。

知识讲解与操作示范

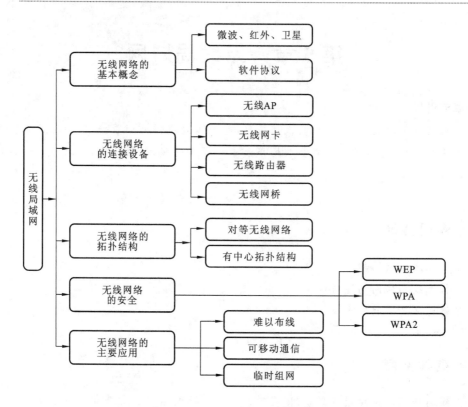

5.1 任务一 了解无线局域网

章节引导

某工程大学教学楼建设初期未考虑到网络覆盖的需要,现仅有部分办公室通过校园网或 ADSL 接入网络,教室无法实现网络覆盖,使得整个教学楼上网存在很多困难,然而重新布线工程量很大,该工程大学该如何解决这个问题?

随着无线电技术的发展和价格的降低,现在几乎人人都在使用无线接收和发送装置,如移动电话、无绳电话、无线保真(wireless fidelity,WiFi)局域网和一系列其他产品。然而,在过去的几年中,无论在工作中还是在生活中应用无线电技术,许多人都不得不面对这样一个基本矛盾,人们需要无线"随处可收"的便利,同时又要摒弃"发送给每个人"的无线特性。

5.1.1 无线局域网

无线网络是指不需要布线采用无线传输介质(如微波、红外线、通信卫星等)实现计算机之间互连的网络。无线网络的适用范围非常广泛,它不但能够替代传统的物理布线,而且在传统的布线无法解决的环境或行业中都能够方便地组建无线网络。同时,在许多方面,无线网络比传统的有线网络具有明显的优势。

无线局域网(Wireless Local Area Network,WLAN)指应用无线通信技术将计算机设备互连起来,构成可以互相通信和实现资源共享的计算机局域网。无线局域网本质的特点是不再使用通信电缆将计算机与网络连接起来,而是通过无线的方式连接,从而使网络的构建和终端的移动更加灵活。无线局域网是有线联网方式的重要补充和延伸,并逐渐成为计算机网络中一个至关重要的组成部分,广泛适用于需要可移动数据处理或无法进行物理传输介质布线的领域。一个典型的无线局域网结构如图 5-1 所示。

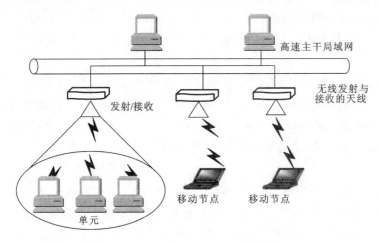

图 5-1　一个典型的无线局域网结构

1. 无线局域网的发展历史

1971 年,夏威夷大学的 ALOHANET 一项研究课题首次将网络技术和无线电通信技术结合起来,ALOHANET 是分散在四个岛上的七个校园的计算机可以利用新的方式和位于瓦胡岛的中心计算机通信,而且不再使用现有的低质高价的电话线路。ALOHANET 通过星型拓扑将中心计算机和远程工作站连接起来,提供双向数据通信。远程工作站之间通过中心计算机互相通信。1985 年,美国联邦通信委员会(FCC)授权普通用户可以使用"工业、科技、医疗"(industrial,security and medical,ISM)频段,ISM 频段的应用使无线局域网开始向商业化发展。ISM 的工作频率在 902 MHz~5. 85 GHz,该工作频段正好位于移动电话频段的上面。ISM 频段为无线网络设备供应商提供了产品频段,而且终端用户不需要向 FCC 申请就能直接使用设备。ISM 频段对无线产业产生了巨大的积极影响,保证了无线局域网元件的顺利开发。1998 年各供应商推出了大量基于 IEEE 802.11 标准的无线网卡和访问节点。

2. 无线局域网标准

无线局域网标准是由 IEEE 802. 11 工作组制定的,该标准主要对网络的物理层(PHY)和访问层(MAC)进行规定,其中 MAC 层是重点。无线局域网执行 MAC 协议采用的 CSMA/CA 协议技术与有线 CSMA/CD 协议技术不同。无线局域网中的 CSMA/CA 必须得到接收端明确的应答信号,才可以认为发送成功。1999 年无线局域网的国际标准进一步更新和完善,规范了不同频点的使用,增加了基于 SNMP 的管理信息库(MIB),以取代原 OSI 协议的管理信息库,增加了高速网络内容,将 IEEE 802.11 分为 IEEE 802.11a 和 IEEE 802.11b。

WiFi 俗称无线保真,它是 IEEE 定义的一个无线网络通信的工业标准之一,以 802.11 协议为基础,将个人计算机、手持设备(如 Pad、手机)等终端以无线方式互相连接。WiFi 最主要的优势在于不需要布线,可以不受布线条件的限制,因此非常适合移动办公用户的需要,并且由于发射信号功率低于 100 mW,低于手机发射功率,所以 WiFi 上网相对也是最安全健康的。

WiFi 是最为流行的计算机无线互连解决方案,它被人们广泛地应用在办公室和寓所。人们可以在任何地方工作,如在书桌旁、会议室、家庭办公室,甚至是在卧室里发送数据。

【思考】计算机无线连接技术中,为什么 WiFi 使用在市场中会占据主导地位?

WiFi 并不是唯一可用的无线技术。在短距离通信领域中,还有蓝牙(Bluetooth)和 HomeRF 以及前面提到的红外连接等三种技术。但后三者存在着速度稍慢、方向性敏感、距离短等缺点,而 WiFi 可简便地实现高速无线接入,它已经在市场中占据了主导地位。

WiFi 是 WiFi 联盟注册的全球性商标,只有通过 WiFi 联盟的授权,厂家才可以使用该商标,并在通过 WiFi 认证的产品上打上 WiFi 标签。该商标用于标识基于 802.11 标准的无线局域网产品已经通过互操作性(兼容性)测试和认证。WiFi 产品一定是按照 IEEE 802.11 工业标准来设计的。IEEE 802.11 又分为几个不同的子标准,其中每个标准都分配一个字母来标识,如表 5-1 所示,例如,目前许多 WiFi 系统都是基于 IEEE 802.11b 标准的。

表 5-1 802.11 的三个标准网络协议

协议	频率	速度	优缺点
802.11a	5 GHz	54 Mbit/s	最高数据率较高,支持更多用户同时上网,价格最高,信号传播距离较短,且易受阻碍
802.11b	2.4 GHz	11 Mbit/s	最高数据率较低,价格最低,信号传播距离最远,且不易受阻碍
802.11g	2.4 GHz	54 Mbit/s	最高数据率较高,支持更多用户同时上网,信号传播距离最远,且不易受阻碍,价格比 802.11b 高

WiFi 通常包括一个基站和若干个移动站,AP 一般称为网络桥接器或接入点,它可作为传统的有线局域网络与无线局域网络之间的桥梁,因此任何一台装有无线网卡的 PC 均可通过 AP 分享有线局域网络甚至广域网络的资源,其工作原理相当于一个内置无线发射器的集线器或者是路由器,而无线网卡则是负责接收由 AP 所发射信号的 Client 端设备。

3. 无线局域网的关键技术

实现无线局域网的关键技术主要有三种:红外线、直序扩频(DSSS)和跳频扩频(FHSS)。

(1) 红外线(infrared)的频谱介于电磁频谱和最小微波之间,局域网采用小于 1 μm 波长的红外线作为传输媒体。红外线具有两种传输方式:直线方式和散射方式。支持 1～2 Mbit/s 数据速率,适于近距离通信。

(2) DSSS,直接用具有高码率的扩频码序列在发送端扩展信号的频谱,在接收端,用相同的扩频码序列进行解扩,把展宽的扩频信号还原成原始信号。

(3) FHSS,局域网支持 1 Mbit/s 数据速率,共 22 组跳频图案,包括 79 个信道,输出的同步载波经调解后,可获得发送端发来的信息。

DSSS 和 FHSS 无线局域网都使用无线电波作为媒体,覆盖范围大,发射功率较自然背景的噪声低,基本避免了信号的偷听和窃取,使通信非常安全。同时,无线局域网中的电波不会对人体健康造成伤害,具有抗干扰、抗噪声、抗衰减和保密性能好等优点。

【思考】DSSS 和 FHSS 有哪些优点?

扩频技术利用开放的 2.4 GHz 频段,由于这是个公用频段,所以十分拥挤,微波噪声很大,采取何种发送和接收方法,会直接影响到微波传输的质量和速率。DSSS 技术同时使用整个频段,信号被扩展多次而无损耗。FHSS 技术是连续间断跳跃使用多个频点,当跳到某个频点时,判断是否有干扰,若无,则传输信号;若有,则依据算法跳至下一频段继续判断。正是由于利用了跳频技术,跳频的范围很宽,但是信息在每个频率上停留的时间很短(仅为 1/1000 s 左右),不仅使得数据的抗干扰能力大大提高,而且传输更加稳定,提高了数据的安全性,这就是无线网络传输的关键。当然,IEEE 802.11 中还规定了其他一些重要内容,如 CSMA/CA 协议、RTS/CTS 协议、信包重整、多信道漫游等。

5.1.2 掌握无线局域网连接设备

章节引导

当我们在图书馆、会议室、教室需要使用笔记本电脑或手机搜集资料时,由于人群众多而又不可能设置太多的有线信息点,而此时无线网的存在是不是会给我们带来很多方便呢?

组建无线局域网的设备有很多,如无线网桥、无线网卡、无线路由器、无线收发器等。802.11 定义了两种类型的设备,一种是无线站,通常是由一台 PC 和无线适配器卡构成的;另一种是无线 AP,它的作用是提供无线和有线网络之间的桥接。

1. 无线 AP

无线 AP 如图 5-2 所示,提供无线工作站对有线局域网和从有线局域网对无线工作站的访问,在访问接入点覆盖范围内的无线工作站可以通过它进行相互通信。通俗地讲,无线 AP 是无线网和有线网之间沟通的桥梁。由于无线 AP 的覆盖范围是一个向外扩散的圆形区域,所以,应当尽量把无线 AP 放置在无线网络的中心位置,而且各无线客户端与无线 AP 的直线距离最好不要太长,以避免因通信信号衰减过多而导致通信失败。无线 AP 相当于一个无线集线器,接在有线交换机或路由器上,为跟它连接的无线网卡从路由器那里分得 IP。

2. 无线网卡

将无线网卡(图 5-3)插入计算机可构建一个无线网站。无线网卡分为台式 PC-PCI 接口网卡、笔记本 PCMCIA 接口网卡以及笔记本和台式均实用的 USB 接口的无线网卡。将无线网卡插入 PCI 扩展槽上,设置后,可将台式机连接到无线网络,进而连入 Internet。

图 5-2 一个典型的无线 AP

图 5-3 一个典型的无线网卡

3. 无线路由器

无线路由器(图 5-4)可以集成单纯型 AP 与宽带路由器的功能,它既能实现宽带接入共享,又能拥有无线局域网的功能。无线路由器就是 AP、路由功能和集线器的集合体,支持有线、无线组成同一子网,直接接上上层交换机或 ADSL 猫等,因为大多数无线路由器都支持 PPOE 拨号功能。

4. 无线网桥

在设备组成上,无线网桥(图 5-5)主要由无线网桥主设备(无线收发器)和天线组成。无线收发器由发射机和接收机组成,发射机将从局域网获得的数据编码,变成特定的频率信号,再通过天线发送出去;接收机则相反,将从天线获取的频率信号解码,还原成数据,再送到局域网中。

图 5-4 一个典型的无线路由器

图 5-5 一个典型的无线网桥

5.1.3 了解无线局域网的拓扑结构

章节引导

当学校举行运动会时,小明的同学在 1000 米跑步中获得第一名,而此时小明很想通过网络将此消息传送给老师和别的同学,而学校的操场需要覆盖怎样结构的网,小明才能将消息传送出去？

【思考】无线局域网与有线局域网的区别是什么？

无线局域网与有线局域网的最大区别主要在于传输介质 MAC 协议。从应用的角度来看，如图 5-6 所示，无线局域网既可以独立使用，也可以与现有的有线局域网互连使用。IEEE 802.11 委员会把独立使用的无线局域网称为自由网络，把与有线网络(包括局域网和广域网)互连使用的无线局域网称为基本网络。

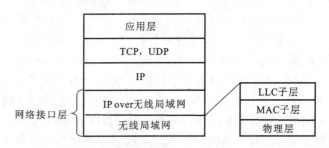

图 5-6　无线局域网的 TCP/IP 体系结构

根据工作方式的不同，IEEE 802.11 标准支持下列两种基本无线网络拓扑结构：对等无线网络和结构化无线网络，也可称为无中心拓扑方式和有中心拓扑方式。

1. 无中心拓扑结构网络

无中心拓扑结构网络也称为对等无线网络(Ad-hoc)。对等无线网络覆盖的服务区称为独立基本服务区(Independent Basic Service Set，IBSS)。对等网络用于一台无线工作站和另一台或多台其他无线工作站的直接通信。它没有中枢链路基础结构，至少含有两个访问节点，如图 5-7 所示，这类网络称为自由网络，这种网络建网容易，且费用较低，但当网络中站点数过多时，信道竞争成为限制网络性能的瓶颈，并且为了满足任意两个站点可直接通信，网络中的站点布局受环境限制较大。因此这种拓扑结构适用于用户相对较少的无线网络。

图 5-7　对等无线网络结构示意图

在 IBSS 网络中，无线访问接入点的功能类似于以太网络上的交换机。无线访问接入点控制网络存取权并动态更新 IBSS 上的所有成员列表。我们用 MAC 地址来识别 IBSS 上的无线网卡。

2. 有中心拓扑结构网络

有中心拓扑结构又称为结构化无线网络拓扑结构，是无线网络的基本模式，也是无线网络规模扩充或无线和有线网络并存时的通信方式。这种结构要求一个无线站点充当中心站，其他所有站点对网络的访问均由中心站控制。结构化无线网络覆盖的区域分为基本服务区(BSS)和扩展服务区(ESS)。

基本服务区由一个无线访问点以及与其关联的无线工作站构成。一个基本服务区可以是孤立的，也可以通过 AP 连接到一个分配系统(Distribution System,DS)，然后再连接到另一个基本服务区，这样就构成了一个扩展服务区，分配系统的作用就是使扩展的服务区对上层的表现就像一个基本服务区一样。分配系统可以使用以太网(这是最常用的)、点对点链路或其他网络。扩展服务区还可为无线用户提供非 IEEE 802.11 无线局域网的接入。在一个扩展服务区内的几个不同的基本服务区也可能有相交的部分。图 5-8 中，如果一个基本服务区移动站点要和另一个基本服务区的移动站点通信，就必须经过两个接入点 AP1 和 AP2，从 AP1 到 AP2 的通信使用有线传输。

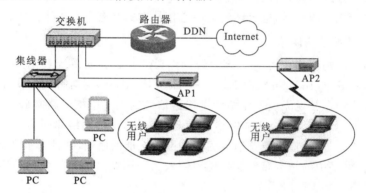

图 5-8　有中心无线网络

【思考】 移动站与 AP 如何建立关联？

IEEE 802.11 标准并没有定义如何实现漫游，只定义了一些基本的工具。例如，一个移动站若要加入到一个基本服务区，就必须选择一个 AP，并与此 AP 建立关联。此后，这个移动站就可以通过该 AP 来发送和接收数据。若移动站使用重建关联服务，就可把这种关联转移到另一个 AP；当使用分离服务时，就可以终止这种关联。移动站与 AP 建立关联的方法有两种，一种是被动扫描，即移动站等待接收 AP 周期性发出的信标帧；另一种是主动扫描，即移动站主动发出探测请求帧，然后等待从 AP 发回的探测响应帧。

3. 网络设备接入方案

无线局域网组网简单、方便、快捷、实用，最简单的方法是使用无线局域网网卡直接组成对等网络，适用于临时会议小组。将小组内每台便携机配上无线网卡，将 IP 地址配置在同一网段，组成对等网络，或者在整个小组中用广播的方式进行数据交换。

点对点桥接：对于距离较远的两个局域网，通过无线局域网以点对点方式互连。选择两个站点最高点，架设两个方向相对的抛物面定向天线，对准方向，调好极化方向，将馈线从天线连接到无线网桥,再由无线网桥上的光纤接口或 RJ-45 接到交换机上。连接好后,测出最佳通信频段,设置好参数,完成网络互联。

多点桥接:在园区均匀分布的多个建筑物顶上安装非定向天线,使整个园区的任何地方都可以无线上网。每个建筑物上的天线通过馈线接到无线网桥,再由无线网桥上的光纤接口或 RJ-45 接到交换机上。

5.2　任务二　了解无线局域网的安全

章节引导

新闻报道,晚饭后,不少人有出门散步的习惯,家住在太仓沙溪的老徐晚饭后散步却有了重大发现:一位民工打扮的小伙子蹲在自家门口的墙角下,见人靠近还将手机鬼鬼祟祟地藏起来,一连数天都是如此。老徐心中发毛:"莫非是小偷,前来踩点的。"思来想去有些害怕,老徐便拨打了报警电话。在民警的追问下,小伙子不好意思地回答:"我是来蹭网的。"大家通过以上新闻,觉得无线网还安全吗?

无线网不同于以太网的重要一点是只要有一个 AP 提供接入服务,所有拥有无线网卡的主机都有可能接入无线网。这就给无线网提供了比有线网络更高的安全要求。

WiFi 是 IEEE 定义的无线局域网标准,也就是 802.11。这是一个协议簇,由一系列的标准和补充组成。安全性是无线网络标准的重要组成部分,从 1999 年开始,WEP、WPA、WPA2 陆续推出。

WEP(wired equivalent privacy)是最早提出的,其设计目标是提供和有线网络一样的安全性。WEP 采用的是 RC4(Rivest Cipher)串流加密技术,数据的完整性则由 CRC-32 来保证。64 位的 WEP 采用的是 40 位的 key,加上 24 位的初始向量(initialization vector,IV);128 位的 WEP 采用的是 104 位 key 加上 24 位 IV。这个算法的主要漏洞在于 IV 的长度过短,只有 24 位。2001 年,以 Scott Fluhrer 为首的研究小组发表了一篇论文,认为可以使用监听方式来寻找有缺陷的 IV,从而解密 WEP。随后一名叫 KoreK 的天才黑客发现了一种更为有效的统计算法。利用这个统计算法,Christophe Devine 完成了一整套 WEP 解密工具 Aircrack。现在利用可以在市场上购买到的软硬件能在 10 min 左右解密 WEP。

5.3　任务三　了解无线局域网的优点及主要应用

章节引导

贵阳市南明区拥有近百所中小学,网络建设水平参差不一,有的学校目前在办公区域、图书馆还是以有线网络为主,而在教室、实验室等区域"网络盲点"问题严重。有的学校相对比较老旧,部分教学区域不适合钻孔布线,而且一直都缺乏专业的网络管理人员,运维困难。还有一些学校已经开始电子课堂等教学应用,让学生可以自行在网上观看老师讲课、查找学习资料。南明区政府采用了无线网络的覆盖解决了这一问题,在应用中,无线网络有哪些特点?

使用无线局域网的用户在访问共享信息时,不需要寻找接入节点,网络管理员也不需要进行线路的安装和移动。作为一种灵活、方便的数据通信系统,无线局域网是对传统有线网络的延伸、补充。无线局域网与普通的局域网相比有以下几个优点。

(1)可移动性。由于没有线缆的限制,用户可以在不同的地方移动工作,网络用户不管在任何地方都可以实时地访问信息。

(2)布线容易。由于不需要布线,消除了穿墙或过天花板布线的烦琐工作,因此安装容易,建网时间可大大缩短。

(3)组网灵活,管理方便。无线局域网可以组成多种拓扑结构,可以十分容易地从少数用户的点对点模式扩展到上千用户的基础架构网络。

(4)开发运营成本低。这种优势体现在用户网络需要租用大量的电信专线进行通信的时候,自行组建的无线局域网会为用户节约大量的租用费用。在需要频繁移动和变化的动态环境中,无线局域网的投资更有回报。

(5)扩展能力强。在已有无线网络的基础上,只需通过增加 AP 和相应的软件设置即可对现有网络进行有效扩展。无线网络的易扩展性是有线网络所不能比拟的。

(6)另外,无线网络通信范围不受环境条件的限制,室外可以传输几十公里,室内可以传输数十、几百米。在网络数据传输方面也有与有线网络等效的安全加密措施。

【思考】无线局域网可以应用在哪里?

正因为无线局域网具有许多有线网络所不具有的优点,极大地满足了难以布线、可移动通信以及临时组网等环境的需要,所以无线局域网技术已引起了网络界普遍的关注,在医疗、零售、制造、仓储、生产运输和教育等环境中得到广泛应用。如果将无线局域网的应用划分为室内和室外,室内应用包括大型办公室、车间、酒店宾馆、智能仓库、临时办公室、会议室、证券市场等;室外应用包括城市建筑群间通信、学校校园网络、工矿企业厂区自动化控制与管理网络、银行金融证券城区网、矿山、水利、油田、港口、码头、江河湖坝区、野外勘测实验、军事流动网、公安流动网等难以布线的环境。

以一个无线局域网典型应用场景"校园覆盖"为例,如图 5-9 所示,校园无线应用场景

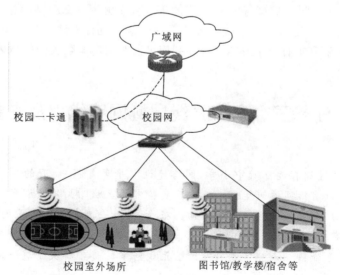

图 5-9　无线局域网的典型应用"校园覆盖"

包括宿舍、教室、图书馆等室内环境,以及操场等室外环境,用户特点以学生为主,部署方式采用室内覆盖、大功率室外覆盖方式,由运营商负责建设,学校负责维护,通常与校内原有计费系统相融合。

课 堂 实 践

操作 1 无线局域网通信

[**实训目的**]
学会使用无线网卡与无线 AP 进行通信。

[**实训内容**]
建立简单的 AP 无线网络。

[**网络环境**]
交换网络结构。

[**实训步骤**]
每台主机为一组,实验中以主机 A 为例。
单击工具栏中的 PacketTracer 按钮,启动 PacketTracer。

(1) 首先添加一台无线路由器,在 PacketTracer 窗口左下角单击 按钮,然后拖拽右侧的 到上面的空白处。

(2) 添加两台主机 PC1 和 PC2,在 PacketTracer 窗口左下角单击 图标,然后拖拽右侧的 到上面的空白处。使用同样的方法再次添加一台主机。组成如图 5-10 所示的网络结构。

Linksys-WRT300N
无线路由器

PC-PT
PC0

PC-PT
PC1

图 5-10 无线网络结构

(3) 为主机 PC0 和 PC1 添加无线网卡。

① 关闭主机 PC0 电源。单击 PC0,选择"物理"标签,在物理设备视图中单击开关,关闭 PC,如图 5-11 所示。

② 移除 PC0 中的有线网卡。将 PC0 中的有线网卡按照图中的箭头方向拖动,如图 5-12 所示。

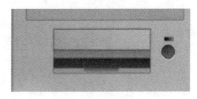

图 5-11 PC 电源

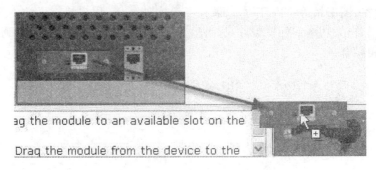

图 5-12　箭头移动示意图

此时卡槽为空,如图 5-13 所示。

图 5-13　卡槽为空

③ 添加无线网卡。拖拽无线网卡到卡槽,如图 5-14 所示。

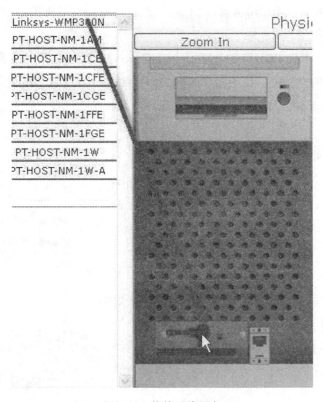

图 5-14　拖拽无线网卡

添加无线网卡成功后如图 5-15 所示。

图 5-15 无线网卡添加完成

④ 重新打开主机 PC0 的电源。

⑤ 使用同样的方法添加主机 PC1。

（4）主机 PC0、PC1 已经和无线路由器连接成功，如图 5-16 所示。

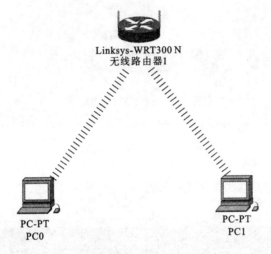

图 5-16 主机和无线路由器连接成功

（5）将鼠标指针放在 PC1 上可以看到主机 PC1 的 IP 地址等信息，可以看到 PC0 的 IP 地址为 192.168.0.101，子网掩码为 255.255.255.0，网关为 192.168.0.1（实验中 IP 地址可能不同，以实际看到的 IP 地址为准），如图 5-17 所示。

连接	IP 地址	IPv6 地址		MAC 地址
激活	192.168.0.101/24	<未设置>		0030.F2A8.384A

网关: 192.168.0.1
DNS 服务器: <未设置>
Line Number: <未设置>
物理地区: 城际，家乡，公司办公室，主网络机柜，桌子

图 5-17 查看主机 IP 地址

（6）使用同样的方法查看主机 PC0 的 IP 地址。

IP 地址为 192.168.0.100，子网掩码为 255.255.255.0，网关为 192.168.0.1。

（7）单击主机 PC0，选择"桌面"选项卡中的"命令提示"选项，输入命令"ping 主机 PC1 的 IP 地址"，无线网卡间的连通性（通过无线路由器进行通信），如图 5-18 和图 5-19 所示。

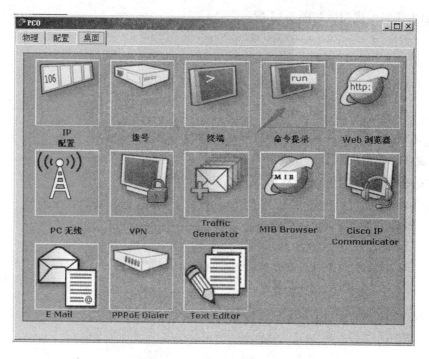

图 5-18　PC 桌面命令选项

图 5-19　执行 PC 桌面命令 Ping

操作 2　无线 AP 安全配置

[实训目的]

(1) 学习在 IEEE 802.11 工作模式中，AP 的安全认证措施。

(2) 学会配置 AP 和无线网卡进行简单的安全认证。

[实训内容]

在 AP 无线网络中设置简单的安全认证。

[网络环境]

交换网络结构。

[实训步骤]

每台主机为一组，实验中以主机 A 为例。

首先使用"快照 X"恢复 Windows 系统环境。

1. 手工设计 SSID

(1) 首先参照操作 1 的步骤，添加无线路由器一台和主机两台。

(2) 单击无线路由器选择"界面"选项卡中的"Wireless"选项，设置网络名称（SSID）为 jlcss，设置 SSID 广播为"禁用"，单击"保存设置"按钮，保存配置后关闭窗口，如图 5-20 所示。

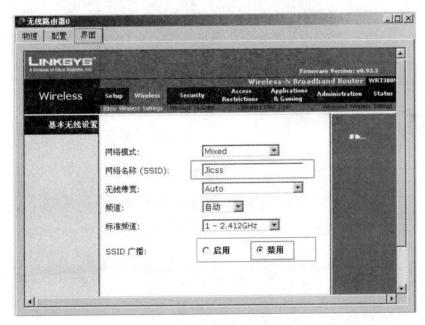

图 5-20　修改无线路由器 SSID

(3) 这时主机 PC0、PC1 和无线路由器之间的连接已经断开，如图 5-21 所示。

(4) 单击主机 PC0，选择"配置"→"接口"→Wireless，设置主机 PC0 的无线网卡。设置 SSID 为 jlcss，IP 配置为 DHCP，关闭窗口，设置自动保存，如图 5-22 所示。

Linksys-WRT300N
无线路由器0

PC-PT
PC0

PC-PT
PC1

图 5-21　PC 和无线路由器未连接状态

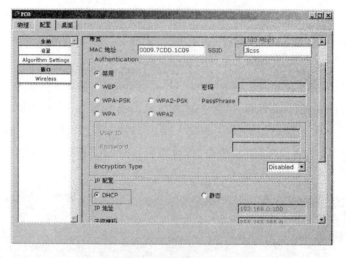

图 5-22　PC0 配置属性

（5）按照步骤（4）配置主机 PC1 的无线网卡设置。

（6）再查看主机 PC0、PC1 和无线路由器之间是否建立连接，如图 5-23 所示。

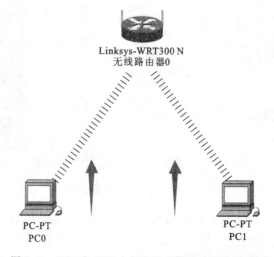

图 5-23　PC0 和 PC1 之间通过无线路由器连接成功

(7)使用主机 PC1 上的 Ping 命令,Ping 主机 PC0 的 IP 地址,看看是否可以 Ping 通,如图 5-24 所示。

图 5-24　PC0 和 PC1 之间通过 Ping 测试

2. WEP 安全通信

(1) 单击无线路由器,选择"界面"→ Wireless→Wireless Security,设置安全模式为 WEP 状态,设置加密为 40/64-Bit(10 Hex digit)状态,在 Key1 文本框中输入 6A6C637373(这段 16 进制数所表示的 ASCII 字符为 jlcss),单击"保存设置"按钮,关闭窗口,如图 5-25 所示。

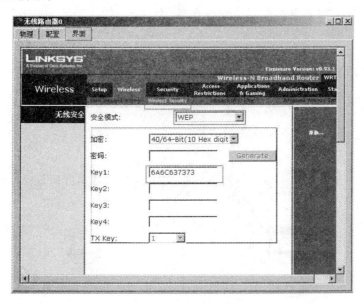

图 5-25　设置无线路由器密钥

（2）这时主机 PC0、PC1 都已经和无线路由器断开连接。

（3）单击主机 PC0，选择配置 → 接口 → Wireless，设置 SSID 为 jlcss，设置 Authentication 为 WEP 状态，密码写入刚才为无线路由器配置的十六进制密码，设置 Encryption Type 状态为 40/64-Bit(10 Hex digit)，关闭窗口，如图 5-26 所示。

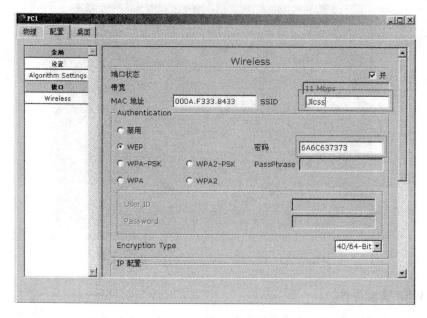

图 5-26　设置 PC1 密钥

（4）设置成功可以看到主机 PC0 已经和无线路由器建立连接。

（5）使用同样的方法配置主机 PC1 的无线网卡。

（6）主机 PC1 和无线路由器建立连接后，尝试互相通信，看看是否能够互连，如图 5-27所示。

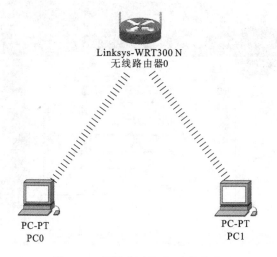

图 5-27　密钥验证通过，连接成功

习　题

1. 无线网络的拓扑结构有哪些类型?

2. 何谓 AP? AP 怎么实现无线局域网和有线局域网的桥接?

3. 有线局域网,无线局域网的主要差别在哪? 对比无线广域网,无线局域网的主要差别在哪? 无线局域网具有哪些主要的优势?

4. 试说明无线局域网为什么不能照搬 CSMA/CD 协议?

第6章 广 域 网

章节引导

小李需要去北京和大连两个地方出差开会,需要预订一张去北京的车票,他需要到北京车站或大连车站现场去买票吗? 如何能够获得车票信息和付款? 显然,远程网络的互连为人们带来了方便。

知识技能

了解广域网的接入方法。

掌握广域网的子网划分。

掌握 DNS 的域名解析过程。

了解路由选择方法。

了解拥塞处理方法。

本章重点

广域网的子网划分方法。

本章难点

以太网介质访问原理。

以太网的报文格式。

IP 地址及广域网的子网划分方法。

教学方法建议

理论讲解及协议展示。

课时建议

4 学时。

本章操作任务

操作 1：运行 Ping 命令。

操作 2：编辑和理解 ICMP 查询报文。

操作 3：认识和理解 OSPF 协议（一）。

操作 4：认识和理解 OSPF 协议（二）。

 知识讲解

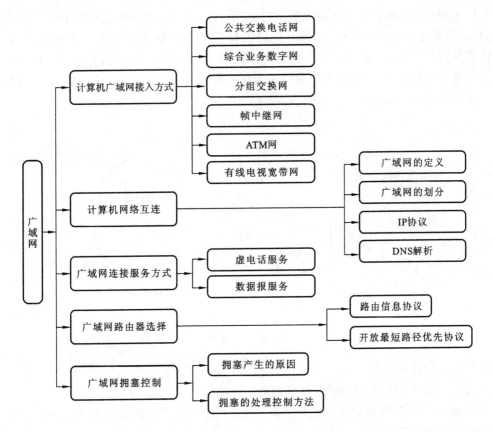

6.1　任务一　认识广域网

章节引导

　　2012 年 7 月，江西省公安机关查获一起利用网络进行赌博的案件。专案组经侦查发现，用于赌博的计算机在网上登录的总服务器 IP 地址为广西柳州。请问，公安机关是如何获得这些信息呢？

6.1.1 广域网

广域网又称远程网,是覆盖广阔地理区域的数据通信网,其覆盖的距离可以从几十千米到几千、几万千米,常利用公用通信网络提供的信道进行数据传输;网络结构比较复杂;传输速率一般低于局域网。广域网能够不断地扩展,其网络规模通常大于局域网,所互连的网络可以分布在一个城市、一个国家或多个国家,甚至于全球,例如,Internet 就是全球覆盖范围最广、规模最大的国际互连网,它连接了 200 多个国家的几千万个网络。广域网主要用于实现局域网的远程互连,这类网络的作用是扩大网络覆盖的地理范围,扩大网络规模,以实现远距离计算机之间的数据通信和更大范围的资源共享。

广域网要通过路由器或带路由功能的交换机作为节点,将各种类型的网络连接在一起,形成数据通信链路,如图 6-1 所示。路由器是多个网络之间相互连接的设备,属于 OSI 模型的第三层——网络层,其功能是将用户数据报封装成分组(数据包)进行传送,负责数据分组的路由选择,为数据包的传送选择一条最佳路径。对于异构网络,必要时将数据包重新进行分段,保证报文正确传输。

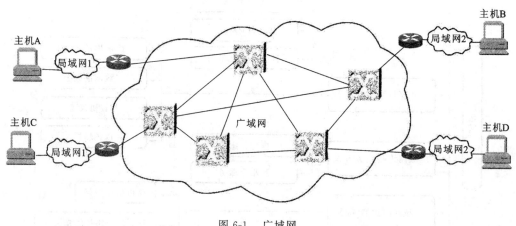

图 6-1　广域网

广域网的特性如下。

(1)广域网运行超出局域网、城域网的地理范围。

(2)通过路由器或带路由功能的交换机实现各种异构网络的互连,连接分布在广泛地理位置领域内的所有设备。

(3)广域网使用的主要协议在网络层,核心的问题是路由选择。

(4)使用电信运营商提供的服务,服务类型包括语音通信、数据、图像、视频和多媒体等各种业务的综合数据通信服务。

广域网的重要组成部分是通信子网。由于广域网常用于互连相距很远的局域网,所以在许多广域网中,一般由公用网络系统充当通信子网,如公用电话交换网(PSTN)、数字数据网(DDN)、分组交换数据网(X.25)、帧中继(frame relay)、综合业务数据网(ISDN)和交换多兆位数据服务(SMDS)等。公用通信网络系统包括传输线路和交换节点两个部分。这些公用通信网工作在 OSI 参考模型的低 3 层,即物理层、数据链路层和网络层。

6.1.2 掌握 IP 地址及子网划分

在 Internet 上,存在着众多的计算机,如何区分各个不同的计算机? 如果可以把个人计算机比成"一台电话",那么"IP 地址"就相当于"电话号码",而 Internet 中的路由器,就相当于电信局的"程控式交换机"。这个号码与网卡的物理地址(MAC 地址)有什么区别? 网卡的物理地址是区别网卡唯一的序列号,但不含有区域、地理和分组的信息,如果每次查找计算机都通过 MAC 地址,将是一个非常繁重的过程。而 IP 地址则能够按分组逐步缩小查找范围,快速定位。

IP 是 TCP/IP 协议族中最核心的协议,它负责将数据包从源点交付到终点。所有的 TCP、UDP、ICMP 和 IGMP 数据都以 IP 数据包格式传输。IP 提供不可靠、无连接的数据包传送服务,即它对数据进行"尽力传输",只负责将数据包发送到目的主机,不管传输正确与否,不进行验证、不发确认、也不保证 IP 数据包到达顺序,将纠错重传问题交由传输层来解决。

【思考】何为 IP 地址? IP 地址如何表示呢?

1. IP 地址及其表示方法

IP 地址是网际协议地址(Internet Protocol address)的简称。一个 IP 地址唯一地标识了 Internet 上的一台主机。通信时要使用 IP 地址来指定相应的目的主机。IP 使用 32 位地址,这表示地址空间是 232,或 4294967296(超过 40 亿个)。从理论上讲,可以有超过 40 亿个设备连接到 Internet。但是,实际的数字要远小于这个数值。

2. IP 地址的表示方法

IP 地址有三种常用的表示方法:二进制表示方法、点分十进制表示方法和十六进制表示方法。

(1)二进制表示方法。在二进制表示方法中,用一个 32 位的比特序列表示 IP 地址,为了使这个地址有更好的可读性,通常在每字节(8 位)之间加上一个或多个空格进行分隔。例如,10000001 00001110 00000110 00011111。

(2)点分十进制表示方法。

为了使 32 位地址更加简洁和更容易阅读,Internet 的地址通常写成用小数点把各字节分隔开的形式。每字节用一个十进制数表示,这个数小于 256。例如,129.14.6.31。

(3)十六进制表示方法。有时会见到十六进制表示方法的 IP 地址。每一个十六进制数字等效于 4 位。例如,0x810E061F。

3. IP 地址的分类

如果 IP 地址编址后,不划分分组,则在一个网络内查找某台计算机也是一件困难的事情。例如,在一个未划分子网的 B 类网络 146.13.0.0 查找 146.13.21.8 这台计算机,将在很大的一个范围内查找。该查找范围约为遍历 256×256 台计算机,如图 6-2 所示。

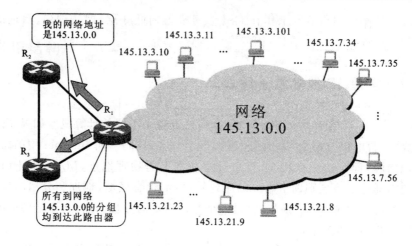

图 6-2 在一个未划分子网的 B 类网络 146.13.0.0 查找 146.13.21.8

而如果进一步划分子网后，查找 146.13.21.8 则变成了先找到 146.13.21.0 这个子网号，查找范围大大缩小。查找子网范围则为遍历 256 个子网号，然后再遍历子网内的计算机 256 台。总次数约为 256＋256，如图 6-3 所示。

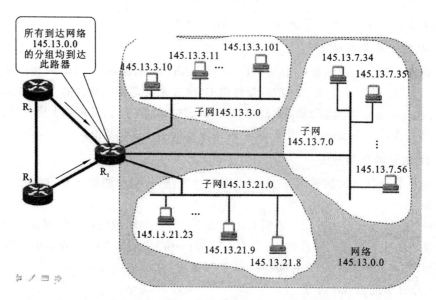

图 6-3 在划分子网后的 B 类网络 146.13.0.0 查找 146.13.21.8

因此，现在的主机都要求支持子网编址。不是把 IP 地址看成由单纯的一个网络号和一个主机号组成，而是把主机号再分成一个子网号和一个主机号。例如，把一个 B 类网络地址的 16 位主机号分成 8 位子网号和 8 位主机号，如图 6-4 所示。

16 位	8 位	8 位
网络号	子网号	主机号

图 6-4 子网划分

这样就允许有 254 个子网,每个子网可以有 254 台主机。对 A 类和 B 类网络,许多管理员采用自然的划分方法,即以 8 位为单位划分子网地址和主机号。这样,用点分十进制方法表示的 IP 地址就可以比较容易确定子网号。但是,并不要求 A 类或 B 类地址的子网划分都要以字节为分界线。子网对外部路由器来说隐藏了内部网络组织的细节。

主机除了知道 IP 地址以外,还需要知道 IP 中有多少位用于子网号,多少位用于主机号。这是通过使用一个称为"子网掩码"的 32 位值来完成的。其中值为 1 的位留给网络号和子网号,为 0 的位留给主机号。

给定 IP 地址和子网掩码以后,主机就可以确定 IP 数据包的目的是本子网中的主机、本网络中其他子网中的主机还是其他网络上的主机。

如果知道本机的 IP 地址,那么就知道它是否为 A 类、B 类或 C 类地址(从 IP 地址的高位可以得知),也就知道网络号和子网号之间的分界线。而根据子网掩码就可知道子网号与主机号之间的分界线。

子网掩码除了可以如 IP 地址一样用"点分十进制"方式表示,还可以在 IP 地址后用一个斜线(/)后面写明子网掩码的位数的方法来表示。例如,192.168.1.25/24 表示 IP 地址 192.168.1.25 的掩码为 256.256.256.0。

IP 地址分成 5 类:A 类、B 类、C 类、D 类和 E 类。其中 A 类、B 类和 C 类地址是基本的 Internet 地址,是用户使用的地址,D 类地址用于广播,E 类地址为保留地址。

图 6-5 描述了 IP 地址的二进制表示方法的分类。

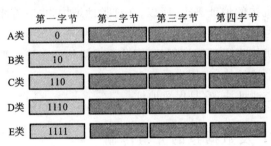

图 6-5　在二进制记法中找出 IP 地址的类别

IP 地址的十进制表示方法的分类,如图 6-6 所示。

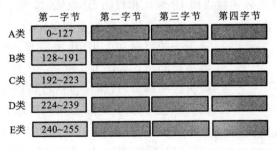

图 6-6　在点分十进制记法中找出 IP 地址的类别

4. 网络号和主机号

在分类编址的 A 类、B 类和 C 类地址中,IP 地址可划分为网络号(net-id)和主机号

（host-id）。这两部分长度都是可变的，取决于地址的类型。图 6-7 给出了网络号和主机号所占的字节。应该注意的是，D 类地址和 E 类地址不划分网络号和主机号。

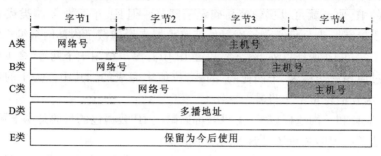

图 6-7　网络号和主机号

5. 地址类和地址块

分类编址将每一类地址都划分为固定数目的地址块，并且每一个地址块的大小都是固定的。

A 类地址共分为 128 个地址块，每个地址块都包含有 16777216 个地址。这表明要使用这类地址的机构一定是一个非常庞大的机构。但是，每个地址块中的地址数比机构的地址需求大得多，所以，在这类地址中，许多地址都被浪费了。

B 类地址共划分为 16384 个地址块，每个地址块都包含有 65536 个地址。这个地址数往往大于中等规模机构的地址需求，所以，在这类地址中，也有许多地址被浪费了。

C 类地址共划分为 2097152 个地址块，每个地址块都包含有 256 个地址。这类地址中的地址数对大多数机构来说是不够用的，因此许多机构不太愿意要这类地址。

D 类地址只有一个地址块，它用来进行多播。

E 类地址只有一个地址块，它是保留地址。

6.1.3　掌握 IP 及数据包的分组传输

如同寄信或邮递包裹一样，寄信必须包含发件人地址信息和收件人地址信息，同样，一个完整的 IP 数据包也必须包含源 IP 地址和目的 IP 地址，如图 6-8 所示。

图 6-8　IP 数据包必须包含
源地址和目标地址

在互连层传输数据的单元是 IP 数据包，由传输层传送下来的数据加上 IP 报头信息，封装成 IP 数据报。IP 数据报的格式如图 6-9 所示，IP 数据报可分为数据区和报头区两部分，数据区包括传输层传送下来的所有数据，报头区包括源 IP 地址、目的 IP 地址等控制信息，各主要字段功能如下。

（1）版本：占 4 位，指 IP 的版本号，目前仍使用的版本号为"4"，下一代的版本号为"6"。通信双方使用 IP 的版本号必须相同，所有使用 IP 的软件在处理数据之前必须检查版本号，保证正常通信。

0	4	8	16	19	24	31

版本	报头长度	服务类型	总体长度		
报文标识			标志	段偏移	
生存周期		协议	头部检验和		
源IP地址					
目的IP地址					
选项和填充					
数据					
...					

图 6-9　IP 数据报的格式

(2) 报头长度:占 4 位,表示报头区的实际长度。报头长度以 32 位的双字为单位,在没有选项和填充的情况下,该值为 5,表示 5 个双字;最大值是 15,表示 IP 报头的最大长度为 15 个双字,即 60 字节。

(3) 服务类型:占 8 位,规定对数据报的处理方式。例如,表 6-1 表示服务类型的意义,前三个字节 0、1、2 表示 IP 数据包的转发优先级,共有 8 个级别;D 表示时延,D 为 1 表示更低时延;T 表示吞吐量,T 为 1 表示更高的吞吐量;R 表示可靠性,R 为 1 表示更高的可靠性,路由器尽量不要丢掉此包;C 表示路由开销,C 为 1 表示选择代价更小的路由;最后一位未用。

表 6-1　服务器类型的意义

0 1 2	3	4	5	6	7
优先级	D	T	R	C	未用

(4) 总体长度:占 16 位,表示整个数据报的长度,包括报头区长度和数据区长度。总长度以字节为单位,最大长度为 65535 B(64 KB)。

(5) 报文标识:占 16 位,用于标识当前数据报,当数据报分段时,这个标识被复制到所有的数据报分段中,到目的站点后依照这个标识对数据分段进行重组。

(6) 标志:占三位,分段的标志,第一位保留并设为 0;第二位为 DF 位,DF 为 0 才允许分段,DF 为 1 不能分段;第三位为 MF 位,MF 为 1 表示后面还有数据报的分段,MF 为 0 表示为最后一个分段。

(7) 段偏移:占 13 位,指出数据报分组后,当前分组在原数据包中的相对位置。段偏移的单位是 8 字节,每个分段的长度是 8 字节的整数倍。

(8) 生成周期:占 8 位,是一个 IP 报文生存时间的设置值,单位为秒,一般设置为 32 s,最大为 255 s。

(9) 协议:占 8 位,指出当前数据报所带的数据使用何种协议,以便将该数据报交给指定协议的进程来处理。

（10）头部检验和：占 16 位，用于检验数据报头部是否正确。因为数据每通过一个节点，节点处理机都要计算一下头部校验和，发现校验和有错误，丢掉该包要求源站点重发。若计算包括数据的校验和，则计算机工作量太大，影响传输速度。

（11）源 IP 地址和目的 IP 地址：各占 4 字节，分别是发出 IP 数据报站点的 IP 地址和接收当前 IP 数据报的 IP 地址。

（12）选项和填充：占 4 字节的整数倍，不足 4 字节的整数倍用 0 填充。选项由选项码、长度和选项数据三部分组成。

【思考】为什么要对数据报进行封装呢？

1. IP 数据包的封装与解封

IP 数据所的封装与解封是在数据传输过程中不断进行的。在数据传输过程中，数据经过一个网络的主机或路由器，接收数据时主机或路由器有一个去掉帧头的解封过程，主机或路由器在网络层没有附加的帧头信息，使传送到网络层的数据没有帧头。从网络层往下传送到数据链路层有一个封装的过程，将数据包的源地址和目的地址（MAC 地址）、控制字段、要传送的数据和帧校验码等信息组装成帧，向下传到物理层，这就是对数据的封装过程。如图 6-10 所示，IP 数据报从源主机 A 到目标主机 B 之间要跨越多个网络，这些网络的类型可以不同，如网络 1、3 为以太网，网络 2 为 FDDI 环网，当通过一个网络时，才将 IP 数据包封装进与网络相匹配的帧中，进行传输。在接收数据时主机或路由器又有一个去掉帧头的解封过程，使传送到网络层的数据没有帧头，数据通过各个网络后不能产生帧头的堆积。

图 6-10　IP 数据报的传输

2. IP 数据包的分段和重组

因特网中使用不同技术的网络，称为异构网络。每种网络都规定了一个帧最多可以携带的数据量，这种限制称为最大传输单元（MTU）。小于某一网络 MTU 的数据包才能在这个网络中传输，大于 MTU 的数据包，需经路由器分割成较小数据包，才能进行传输。路由器将大数据包分割成小数据包的过程称为分段。例如，某个数据包通过无线微波传输了 20 km，又通过双绞线（网线）传输了 500 m，又通过光纤传输了 50 km，每种不同的介质都会导致数据包的重新分组。

重组指目的主机在接收到所有数据包的分段后，对分段进行重新组装的过程。IP 规定，只有目标主机接收到所有数据包后才能对分段进行重组。

6.1.4 掌握 DNS 域名解析服务

【思考】当我们在 IE 浏览器里输入某个域名如 www.baidu.com 时,为什么能够出现网页的内容,网络是如何找到的? 百度服务器的 IP 地址从何而来呢?

截至 2013 年 11 月,全球网站数量突破 1 亿大关,达到 101 435 253 个。事实上,由于 IP 地址是数字,难以记忆,通过 IP 地址去访问某台计算机更是烦琐。因此,需要改善一个方法来有助于记忆,南加利福尼亚大学的保罗·莫卡派乔斯(Paul Mockapetris)于 1983 年提出了 DNS。DNS 的作用就是在文字和 IP 之间担当翻译而免除了用户强记数字的痛苦。正如人们手机里通常记录名字,然后通过名字去查找号码拨号,电话有名字记忆功能,用户只需知道对方的名字就可以拨号给友人了。可以说,手机也具备了 DNS 的功能。

因特网也采用了类似的原理,采用域名→IP 地址(映射 IP)的方法。域名是带有含义的字母、数字或单词,便于记忆;域名采用层次树状结构的命名方法,任何一个连接在因特网上的主机或路由器,都有一个唯一的层次结构的名字,即域名。使用“主机名+域名 = 域名地址”唯一标识因特网中的一台设备。域名的结构由标号序列组成,各标号之间用点隔开:“…. 三级域名.二级域名.顶级域名”,各标号分别代表不同级别的域名。例如, www.baidu.com。

因特网采用层次结构的命名树作为主机的名字,并使用分布式的 DNS。名字到 IP 地址的解析是由若干个域名服务器程序完成的。域名服务器程序在专设的节点上运行,运行该程序的机器称为域名服务器。

【思考】域名中的“点”和点分十进制 IP 地址中的“点”是一样多的吗?

事实上,这二者并无一一对应的关系。点分十进制 IP 地址中一定包含三个“点”,但每一个域名中“点”的数目则不一定正好是三个。例如,dwz.cn,这样的短域名。

因特网中设置了一系列的域名服务器,用一个专门的服务器来处理主机名与 IP 地址的映射,以及上一级域名服务器的 IP 地址等,并以 C/S 模式响应客户机的请求。因此,在网络设置中,必须要正确地配置 DNS 的地址。如图 6-11 所示,填入的是中国电信的常用 DNS 服务器地址。

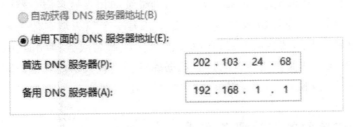

图 6-11　DNS 服务器的地址正确填入

按名访问,不需要知道该计算机的物理位置;如果用户主机/IP 地址有改动只需在域名服务器上改动。

一个服务器所负责管辖的(或有权限的)范围称为区(zone)。各单位根据具体情况来划分自己管辖范围的区。但在一个区中的所有节点必须是能够连通的。每一个区设置相应的权限域名服务器,用来保存该区中的所有主机的域名到 IP 地址的映射。DNS 服务器的管辖范围不是以"域"为单位的,而是以"区"为单位。

根域名服务器是最重要的域名服务器。所有的根域名服务器都知道所有的顶级域名服务器的域名和 IP 地址。不管是哪一个本地域名服务器,若要对因特网上任何一个域名进行解析,只要自己无法解析,就首先求助于根域名服务器。在因特网上共有 13 个不同 IP 地址的根域名服务器,它们的名字是用一个英文字母命名的,从 a 一直到 m(前 13 个字母)。这些根域名服务器相应的域名分别如下。

a. rootservers. net

b. rootservers. net

…

m. rootservers. net

到 2006 年年底全世界已经安装了一百多个根域名服务器机器,分布在世界各地。这样做的目的是方便用户,使世界上大部分 DNS 域名服务器都能就近找到一个根域名服务器。当一个权限域名服务器还不能给出最后的查询回答时,就会告诉发出查询请求的 DNS 客户,下一步应当找哪一个权限域名服务器。这些域名服务器负责管理在该顶级域名服务器注册的所有二级域名。当收到 DNS 查询请求时,就给出相应的回答(可能是最后的结果,也可能是下一步应当找的域名服务器的 IP 地址)。

本地域名服务器对域名系统非常重要。当一个主机发出 DNS 查询请求时,这个查询请求报文就发送给本地域名服务器。每一个因特网服务提供者(ISP),或一个大学,甚至一个大学里的系,都可以拥有一个本地域名服务器,这种域名服务器有时也称为默认域名服务器。主机向本地域名服务器的查询一般都采用递归查询。如果主机所询问的本地域名服务器不知道被查询域名的 IP 地址,那么本地域名服务器就以 DNS 客户的身份,向其他根域名服务器继续发出查询请求报文。

下面看看某大学主机第一次访问 www. baidu. com 网站的过程,如图 6-12 所示。首先它提出访问请求 www. baidu. com,本地缓存中无次项列表,然后对本地的 DNS 服务器(dns. hbut. edu. cn)提出查询请求,如果查询不到,则该服务器会向自己的上一层次服务器(dns. edu. cn)提出查询请求,如果还查不到,则继续向顶级域名服务器(dns. cn)提出查询,如果查不到,则其会通过根域名服务器提交到另一个顶级域名服务器(dns. com)查询,可以找到百度注册的域名服务器,则继续向百度的域名服务器(dns. baidu. com)查询 IP,找到后原路返回,并保存在各自的列表数据库中。当该大学内其他计算机提出访问百度请求时,则由 dns. hbut. edu. cn 服务器直接返回 IP 地址。

6.1.5　广域网的连接服务方式

广域网提供两种服务方式,一种是面向连接的虚电路服务方式;另一种是面向无连接的数据报服务方式。面向连接服务在数据交换之前必须建立连接,数据交换结束后则必

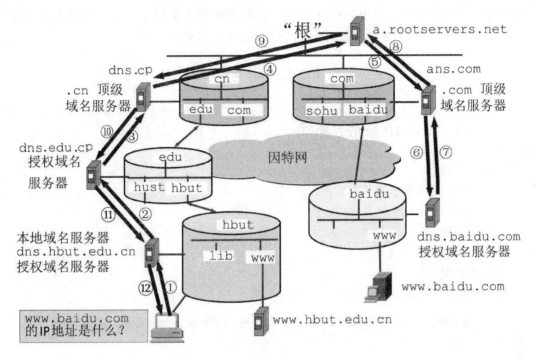

图 6-12　网站的过程

须终止连接,即具有建立连接、传输数据、释放连接三个阶段。面向无连接服务,发送方不需要建立连接,不需要接收方的任何响应,都可以发送报文。

1. 虚电路服务

　　虚电路指不是真正的电路交换,而是采用存储转发的分组交换,实现面向连接的数据交换。它与电路交换不同,电路交换是占用一条从源节点到目的节点的物理信道,如在电话网上打电话,虚电路不占用物理信道,只是断续地占用一段又一段的链路,实质上是为数据传送路径上的各节点预先保留一定的带宽、缓存等资源,保证数据分组的存储转发。虚电路服务的过程分三个阶段,第一阶段建立连接,由发送方 A 向接收方 D 发送控制信息分组——呼叫,通过选择一条最佳路由到达接收方,接收方同意发送响应控制分组给发送方——确认,发送、接收双方通过呼叫、确认的过程建立起连接;第二阶段发送数据,发送方收到确认信号后开始发送数据分组,数据分组按先后次序通过链路传送到接收方;第三阶段数据发送完后,拆除连接。虚电路能保证报文无差错、不丢失、不重复和顺序传输。例如,当两个在不同城市的人用 QQ 传递在线文件时,往往需要先建立 TCP 连接,再开始传送文件。

2. 数据包服务

　　数据包服务是面向无连接的投递服务,发送方发送分组,通过路由器选择路由,将数据分组传送到下一个网络的路由器,如此传送下去,尽可能地将数据包发送到接收方。当数据分组传送的路由器的数目(跳步数)超过给定值时,路由器认为此分组不可送达,则丢包,并发送控制报文,请求发送站重发分组。由于一个报文的各个分组并不走同一路径,加上丢包后的重发,到达接收端的分组并不是有序的,因此数据包服务是不可靠的。例如,当玩网络游戏时,为了追求游戏速度,往往采用无连接服务。

课 堂 实 践

操作 1 认识 IP 数据包格式

[实训目的]

(1) 掌握 IP 数据包的报文格式。

(2) 掌握 IP 校验和计算方法。

[实训内容]

编辑并发送 IP 数据报。

[网络环境]

该实践采用网络结构二,如图 6-13 所示。

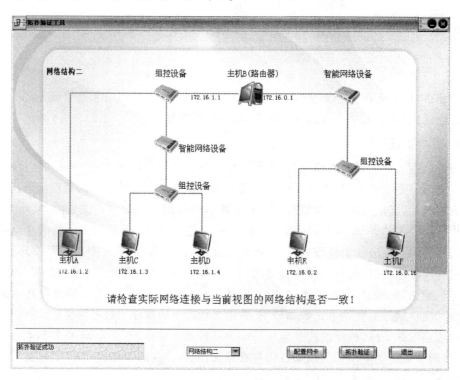

图 6-13 "网络结构二"网络环境

[实训步骤]

各主机打开工具区的"拓扑验证工具",选择相应的网络结构,配置网卡后,进行拓扑验证,如果通过拓扑验证,关闭工具继续进行实验,如果没有通过,请检查网络连接。

将主机 A、B、C、D、E、F 作为一组进行实验。

（1）主机 B 在命令行方式下输入 staticroute_config 命令，开启静态路由服务。

（2）主机 A 启动协议编辑器，编辑一个 IP 数据报。

MAC 层如下。

目的 MAC 地址：主机 B 的 MAC 地址（对应于 172.16.1.1 接口的 MAC）。

源 MAC 地址：主机 A 的 MAC 地址。

协议类型或数据长度：0800。

IP 层如下。

总长度：IP 层长度。

生存时间：128。

源 IP 地址：主机 A 的 IP 地址（172.16.1.2）。

目的 IP 地址：主机 E 的 IP 地址（172.16.0.2）。

校验和：在其他所有字段填充完毕后计算并填充。

自定义字段如下。

数据：填入大于 1 字节的用户数据。

【说明】先使用协议编辑器的"手动计算"校验和，再使用协议编辑器的"自动计算"校验和，将两次计算结果相比较，若结果不一致，则重新计算，具体操作如图 6-14 至图 6-18。

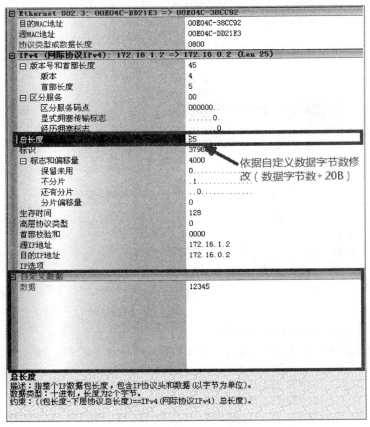

图 6-14　使用协议编辑器设置数据包 IP 部分的总长度

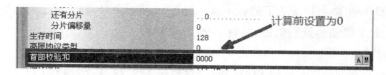

图 6-15　首部校验和

图 6-16　自动计算校验和

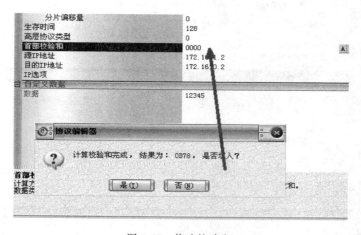

图 6-17　修改校验和

IP 在计算校验和时包括哪些内容？

先将首部校验和字段置为 0，然后对首部中每个 16 bit 二进制反码求和。

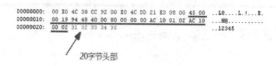

图 6-18　手动计算校验和

（3）在主机 B（两块网卡分别打开两个捕获窗口）、E 上启动协议分析器,设置过滤条件（提取 IP）,开始捕获数据。对比:B 机收到的本地连接数据 1、B 机收到的本地连接数据 3、E 机收到的本地连接数据 1。

（4）主机 A 发送第（2）步中编辑好的报文。

（5）主机 B、E 停止捕获数据,在捕获到的数据中查找主机 A 所发送的数据报,并回答以下问题:第（2）步中主机 A 所编辑的报文,经过主机 B 到达主机 E 后,报文数据是否发生变化? 若发生变化,记录变化的字段,并简述发生变化的原因。

（6）将第（2）步中主机 A 所编辑的报文的"生存时间"设置为 1,重新计算校验和。

（7）主机 B、E 重新开始捕获数据。

（8）主机 A 发送第（6）步中编辑好的报文。

（9）主机 B、E 停止捕获数据,在捕获到的数据中查找主机 A 所发送的数据报,并回答以下问题:主机 B、E 是否能捕获到主机 A 所发送的报文? 简述产生这种现象的原因。

操作 2　域名服务协议 DNS

[实训目的]

（1）掌握 DNS 的报文格式。

（2）掌握 DNS 的工作原理。

（3）掌握 DNS 域名空间的分类。

（4）理解 DNS 高速缓存的作用。

[网络环境]

该实践采用网络结构一,如图 6-19 所示。

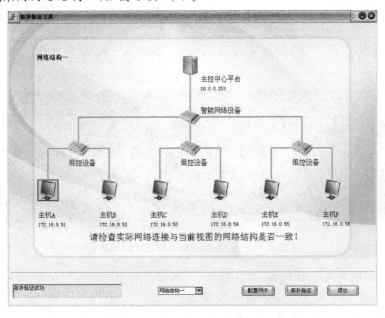

图 6-19　"网络结构一"网络环境

[实训步骤]

各主机打开工具区的"拓扑验证工具",选择相应的网络结构,配置网卡后,进行拓扑验证,如果通过拓扑验证,关闭工具继续进行实验,如果没有通过,请检查网络连接。

一人一组,现仅以主机 A 为例,其他主机的操作参考主机 A。

【说明】要求各主机能上广域网。

将主机 A 的"首选 DNS 服务器"设置为公网 DNS 服务器,目的是能够访问 Internet。

(1) 主机 A 启动协议分析器开始捕获数据并设置过滤条件(提取 DNS 协议),如图 6-20 所示。

图 6-20　设置协议过滤

(2) 主机 A 在命令行下运行 nslookup www.python.org 命令,如图 6-21 所示。

图 6-21　通过 nslookup 命令解析域名

可以看到,域名服务器为 ns.wuhan.net.cn(202.103.24.68),www.python.org 解析的结果为 103.245.222.223,如图 6-21 所示。

(3) 主机 A 停止捕获数据。分析主机 A 捕获到的数据和命令行返回的结果,如图

6-22所示,主机192.168.1.128发送查询请求到公网DNS(202.103.24.68),公网DNS响应并回答,建立DNS连接。

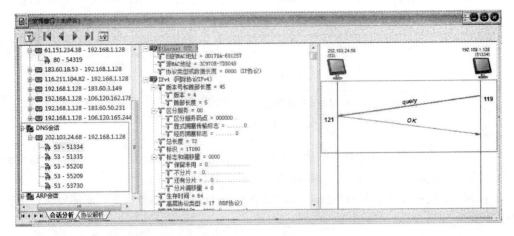

图6-22 查看DNS会话

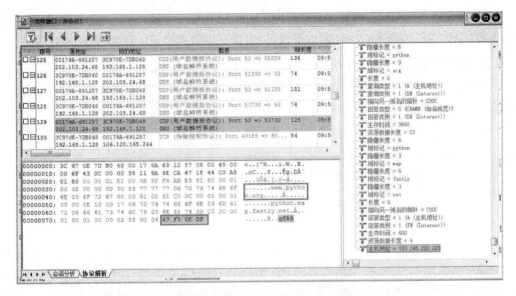

图6-23 查看DNS协议数据包内容

（4）在第129个数据包中,如图6-23所示,经过DNS查找后,DNS返回www.python.org对应的IP地址给主机。

［思考］

① www.python.org对应的IP地址是什么? 答:103.246.222.223。

② www.python.org域名的顶级域名的含义是什么? 答:代表其他类型的官方组织。

6.1.6 广域网的常用协议

【思考】广域网的各协议主要应用于什么场景?

1. 因特网控制报文协议（ICMP）

ICMP 是 IP 层的控制协议，用于传输差错报文和询问报文。ICMP 是作为 IP 数据报的数据部分，加上 IP 报头封装成数据报进行传输的。ICMP 报文的格式如图 6-24 所示。

类型	代码	检验和
取决于 ICMP 报文的类型		
ICMP 的数据部分（长度取决于类型）		

图 6-24　ICMP 报文的格式

ICMP 差错报文分为终点不可达（类型为 3）、源站抑制（类型为 4）、时间超时（类型为 11）、参数问题（类型为 12）和改变路由（类型为 5）5 种。

ICMP 询问报文很多，如回送请求报文（类型为 8）、回送（类型为 0）、地址掩码请求报文（类型为 17）和择码回答报文（类型为 18）等。

2. 串行线路网际协议（SLIP）

SLIP 简称串行 IP，是一种在点对点的串行链路上封装 IP 数据报的简单协议。SLIP 是早期的串行 IP，不是 Internet 的标准协议，主要完成数据报的传送，实现起来较简单。

3. 高级数据链路控制（HDLC）

HDLC 是一种面向比特的链路层协议，该协议运行在同步串行线路之上。HDLC 的帧结构如图 6-25 所示。

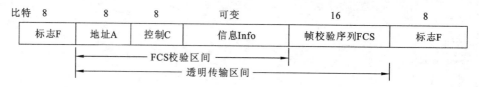

图 6-25　HDLC 的帧结构

数据链路层的数据是以帧为单位存放的。HDLC 的帧结构具有固定的格式，帧的开头和结尾是标志 F 字段，作为帧的边界、帧的比特同步标志，如 01111110；地址 A 字段占 8 位，规定与之通信的下一站的地址；控制 C 字段占 8 位，用于表示 HDLC 协议的各种控制信息；信息 Info 字段存放帧数据，当信息字段为 0 时，表示这一帧是控制命令。帧校验序列 FCS 字段占 16 位，所检验的范围是从地址字段的第 1 比特起，到信息字段的最末 1 比特止。

4. 点对点协议（PPP）

PPP 提供了一种在点对点的链路上封装多协议数据报（如 IP、IPX 和 AppleTalk）的标准方法。PPP 支持 IP 地址的动态分配和管理、同步（面向位的同步数据块的传送）或异步（起始位＋数据位＋奇偶校验位＋停止位）物理层的传输、网络层协议的复用、链路的配置、质量检测和纠错，而且还支持多种配置参数选项的协商。PPP 主要包括链路控制协议（LCP）、网络控制协议（NCP）和验证协议（PAP 和 CHAP）三个部分。

1) PPP 的帧结构

PPP 数据帧封装是 PPP 为串行链路上传输数据报定义的一种封装方法,基于 HDLC 标准。PPP 的帧结构如图 6-26 所示。

图 6-26 PPP 的帧结构

PPP 的帧结构与 HDLC 基本类似,增加了协议字段。以标志字符 01111110 开始和结束,地址字段长度为 1 字节,内容为标准广播地址 1111111,控制字段为 00000011。协议字段长度为 2 字节,其值代表其后的信息字段所属的网络层协议,信息字段为协议字段中指定协议的数据,长度为 0~1500 字节。例如,0x0021 代表 IP,信息字段的数据是 IP 数据报;0xC021 代表 LCP 数据,信息字段的数据是链路控制数据;0x8021 代表 NCP 数据,信息字段的数据是网络控制数据。FCS 字段为整个帧的循环冗余校验码,用来检测传输中可能出现的数据错误。

2) PPP 会话过程

PPP 通信的双方(如用户的调制解调器与路由器的调制解调器)之间完成一次完整的会话过程包括四个阶段:链路建立阶段、链路论证阶段、网络层控制协议阶段和链路终止阶段。用 PPP 状态图表示,如图 6-27 所示。

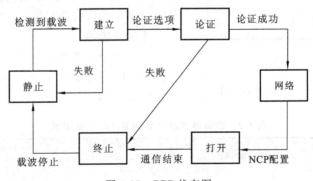

图 6-27 PPP 状态图

链路建立阶段:PPP 通信双方用链路控制协议交换配置信息,一旦配置信息交换成功,链路即宣告建立。

链路论证阶段:链路控制协议根据论证选项论证链路是否能承载网络层的协议。

网络层控制协议阶段:若论证成功或选择不执行论证,则使用相应的网络层控制协议配置网络层的协议(如 IP、IPX 等),分配 IP 地址,然后进入可进行数据通信的打开状态,可以传输数据。

链路终止阶段:数据传输结束后,链路控制协议用交换链路终止包的方法终止链路。

3）PPP 中的验证机制

验证过程在 PPP 中为可选项。在连接建立后进行连接者身份验证的目的是防止有人在未经授权的情况下成功连接，从而导致泄密。PPP 支持密码验证协议（PAP）和握手鉴权协议（CHAP）两种验证协议，密码验证协议的原理是由发起连接的一端反复向认证端发送用户名和密码，直到认证端响应以验证确认信息或者拒绝信息；握手鉴权协议用三次握手的方法周期性地检验连接端的节点。

课 堂 实 践

操作 1 PPP 连接配置实验

[实训目的]

了解在路由器上配置 PPP 的方法。

[实训器材]

两台安装 Windows 系统的计算机，两台 2501 路由器。

实验组网图如图 6-28 所示。

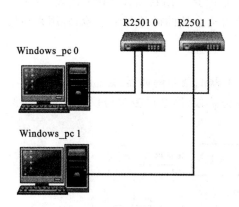

图 6-28　PPP 实验组网结构图

[实训任务]

按图连接网络，按表在路由器 R2501 0 和 R2501 1 之间建立连接，试验配置 PPP 的方法，并检验。

（1）Windows_pc 0 的 IP 配置成 59.64.1.2/24，默认网关配置为 59.64.1.1。

Windows_pc 1 的 IP 配置成 192.168.199.2/24，默认网关配置为 192.168.199.1。

[实训指导]

（2）按表 6-2 在路由器 R2501 0 和 R2501 1 进行配置，并建立连接，配置 R2501 0 的 Serial0 端口的封装类型为 PPP。

表 6-2　路由器 R2501 0 和 R2501 1 的配置

	串口配置	以太网端口配置
R2501 0	192.168.1.1/24（Serial0）	59.64.1.1/24（Ethernet0）
R2501 1	192.168.1.2/24（Serial1）	192.168.199.1/24（Ethernet1）

Router 配置路由命令如下。

R2501 0 配置如下。

enable：启动 shell 内部命令。

configure terminal：进入全局配置模式。

interface ethernet0：进入以太网 Ethernet0 配置。

ip address 59.64.1.1 255.255.255.0：为以太网接口 ethernet0 配置 IP 地址及相应的子网掩码。

no shutdown：开启端口。

interface serial0：进入串行接口 Serial0。

ip add 192.168.1.1 255.255.255.0：为串行接口 ethernet0 配置 IP 地址及相应的子网掩码。

no shutdown：开启串行接口。

clock rate 64000：命令配置线路的时钟频率为 64000。

encapsulation ppp：在路由器串口封装 PPP。

exit：退出本级命令。

router rip：配置动态路由协议（RIP）。

network 59.64.1.0：动态配置路由命令，为 PPP 进程添加接口 59.64.1.0。

network 192.168.1.0：动态配置路由命令，为 PPP 进程添加接口 192.168.1.0。

执行结果如图 6-29 所示。

```
R2501 0>
R2501 0>enable
R2501 0#configure terminal
Enter configuration commands,one per line.  End with CNTL/Z.
R2501 0(config)#interface ethernet0
R2501 0(config-if)#ip address 59.64.1.1 255.255.255.0
R2501 0(config-if)#no shutdown
%LINK-5-CHANGED: Interface Ethernet0 changed state to administratively up
%LINK-3-UPDOWN: Interface Ethernet0 changed state to up
%LINEPROTO-5-UPDOWN: line protocol on Interface Ethernet0 changed state to up
R2501 0(config-if)#interface serial0
R2501 0(config-if)#ip add 192.168.1.1 255.255.255.0
R2501 0(config-if)#no shutdown
%LINK-5-CHANGED: Interface Serial0 changed state to administratively up
%LINK-3-UPDOWN: Interface Serial0 changed state to up
%LINEPROTO-5-UPDOWN: line protocol on Interface Serial0 changed state to up
R2501 0(config-if)#clock rate 64000
R2501 0(config-if)#encapsulation ppp
R2501 0(config-if)#exit
R2501 0(config)#router rip
R2501 0(config)#router rip
R2501 0(config-router)#network 59.64.1.0
R2501 0(config-router)#network 192.168.1.0
R2501 0(config-router)#
```

图 6-29　为路由器 R2501 0 配置 PPP

R2501 1 配置如下。

enable：启动 shell 内部命令。

configure terminal：进入全局配置模式。

interface ethernet0：进入以太网 ethernet0 配置。

ip add 192.168.199.1 255.255.255.0:为以太网接口 ethernet0 配置 IP 地址及相应的子网掩码。

no shutdown:开启端口。

interface serial0:进入串行接口 serial0。

ip add 192.168.1.2 255.255.255.0:为串行接口 ethernet0 配置 IP 地址及相应的子网掩码。

no shutdown:开启串行接口。

clock rate 64000:命令配置线路的时钟频率为 64000。

encapsulation ppp:在路由器串口封装 PPP。

exit:退出本级命令。

router rip:配置动态路由协议。

network 192.168.199.0:动态配置路由命令,为 PPP 进程添加接口 192.168.199.0。

network 192.168.1.0:动态配置路由命令,为 PPP 进程添加接口 192.168.1.0。

执行结果如图 6-30 所示。

```
R2501 1>
R2501 1>enable
R2501 1#configure terminal
Enter configuration commands,one per line.  End with CNTL/Z.
R2501 1(config)#interface ethernet0
R2501 1(config-if)#ip add 192.168.199.1 255.255.255.0
R2501 1(config-if)#no shutdown
%LINK-5-CHANGED: Interface Ethernet0 changed state to administratively up
%LINK-3-UPDOWN: Interface Ethernet0 changed state to up
%LINEPROTO-5-UPDOWN: line protocol on Interface Ethernet0 changed state to up
R2501 1(config-if)#interface serial0
R2501 1(config-if)#ip add 192.168.1.2 255.255.255.0
R2501 1(config-if)#no shutdown
%LINK-5-CHANGED: Interface Serial0 changed state to administratively up
%LINK-3-UPDOWN: Interface Serial0 changed state to up
%LINEPROTO 5 UPDOWN: line protocol on Interface Serial0 changed state to up
%LINK-3-UPDOWN: Interface Serial0 changed state to down
%LINEPROTO-5-UPDOWN: line protocol on Interface Serial0 changed state to down
R2501 1(config-if)#clock rate 64000
R2501 1(config-if)#encapsulation ppp
R2501 1(config-if)#exit
R2501 1(config)#router rip
R2501 1(config)#router rip
R2501 1(config-router)#network 192.168.199.0
R2501 1(config-router)#network 192.168.1.0

R2501 1(config-router)#
```

图 6-30　为路由器 R2501 1 配置 PPP

Windows_pc 0 配置如下。

配置 IP 地址:59.64.1.2。

子网掩码:255.255.255.0。

配置默认网关:59.64.1.1。

结果如图 6-31 所示。

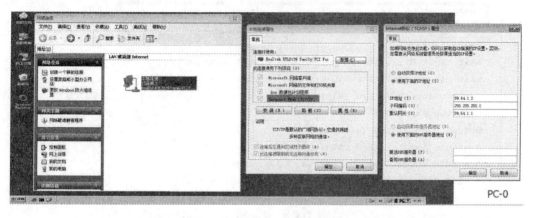

图 6-31　配置 PC0 的 IP 地址

Windows_pc 1 配置如下。

配置 IP 地址:192.168.199.2。

子网掩码:255.255.255.0。

配置默认网关:192.168.199.1。

结果如图 6-32 所示。

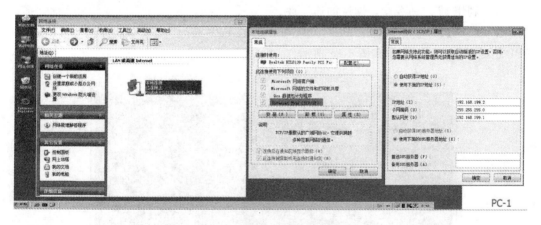

图 6-32　配置 PC1 的 IP 地址

（2）利用命令 show interface serial0 来验证配置。

R2501 0 # show interface serial0 显示路由器 R2501 0 的串口信息,通过语句"Encapsulation PPP"可以看出,串口 0 实现了 PPP 的封装。

下面以 R2501 0 为例,如图 6-33 所示。

```
R2501 0#show interface serial0
Serial0 is up, line protocol is up
  Hardware is HD64570, address is b9:0a:76:dc:6f:34 (bia b9:0a:76:dc:6f:34)
  Internet address is 192.168.1.1/24
  MTU 1500 bytes, BW 10000 Kbit, DLY 1000 usec, rely 255/255, load 1/255
  Auto-duplex, Auto-speed
  Encapsulation PPP, loopback not set, keepalive set (10 sec)
  LCP Open
  Open: IPCP, CDPCP
  Last input 02:29:44, output never, output hang never
  Last clearing of "show interface" counters never
  Input queue: 0/75/0/0 (size/max/drops/flushes); Total output drops: 0
  Queueing strategy: fifo
  Output queue :0/40 (size/max)
  5 minute input rate 0 bits/sec, 0 packets/sec
  5 minute output rate 0 bits/sec, 0 packets/sec
    269 packets intput, 71059 bytes, 0 packets/sec
    Received 6 broadcasts, 0 runts, 0 giants, 0 throttles
    0 input errors, 0 CRC, 0 frame, 0 overrun, 0 ignored
    7290 packets output, 429075 bytes, 0 underruns
    0 output errors, 3 interface resets
    0 output buffer failures, 0 output buffers swapped out

R2501 0#
```

图 6-33　显示路由器 R2501 0 的串口信息

（3）利用 Ping 命令验证网络的连通性。

在 PC0 用 Ping 命令 Ping PC1，发现可以通过 PPP 连通 PC1。同理，PC1 可以通过 PPP 连通 PC0，如图 6-34 和图 6-35 所示。

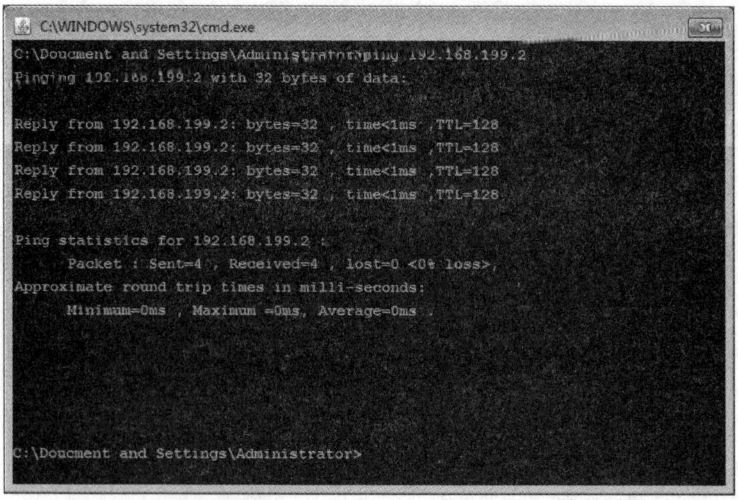

图 6-34　PC0 计算机 Ping 通 PC1 计算机

```
C:\WINDOWS\system32\cmd.exe                                    ─ □ ×

C:\Doucment and Settings\Administrator>ping 59.64.1.2
Pinging 59.64.1.2 with 32 bytes of data:

Reply from 59.64.1.2: bytes=32 , time<1ms ,TTL=128
Reply from 59.64.1.2: bytes=32 , time<1ms ,TTL=128
Reply from 59.64.1.2: bytes=32 , time<1ms ,TTL=128
Reply from 59.64.1.2: bytes=32 , time<1ms ,TTL=128

Ping statistics for 59.64.1.2 :
     Packet : Sent=4 , Received=4 , lost=0 <0% loss>,
Approximate round trip times in milli-seconds:
     Minimum=0ms , Maximum =0ms , Average=0ms .



C:\Doucment and Settings\Administrator>
```

图 6-35　PC1 计算机 Ping 通 PC0 计算机

操作 2　运行 Ping 命令测试网络

[实训目的]

(1) 掌握 ICMP 的报文格式。

(2) 理解不同类型 ICMP 报文的具体意义。

(3) 了解常见的网络故障。

[实训内容]

编辑和理解 ICMP 查询报文。

[网络环境]

网络环境如图 6-36 所示。该实验采用如下网络结构。

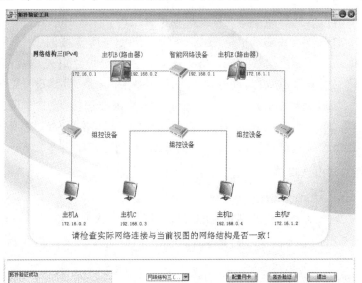

图 6-36　网络环境

[实训步骤]

各主机打开工具区的"拓扑验证工具",选择相应的网络结构,配置网卡后,进行拓扑验证,如果通过拓扑验证,关闭工具继续进行操作,如果没有通过,请检查网络连接。

这里将主机 A、B、C、D、E、F 作为一组进行操作。

操作开始前主机 B 首先执行命令 staticroute_config 启动静态路由。

(1) 主机 B、E、F 启动协议分析器,打开捕获窗口进行数据捕获并设置过滤条件(提取 ICMP)。

(2) 主机 A Ping 主机 E(172.16.0.2)。

主机 C Ping 主机 F(172.16.0.3)。

(3) 主机 B、E、F 停止捕获数据,查看捕获到的数据,并回答以下问题。

① 捕获的报文对应的"类型"和"代码"字段分别是什么?

② 报文中的哪些字段保证了回显请求报文和回显应答报文的一一对应?

6.2 任务二 路由选择和拥塞控制

章节引导

小王开车从郊区出发给某商场送快递,可是商场的前门的主干道发生了堵车情况,于是小王选择绕道商场的后门,顺利送达。在网络中会不会也发生这样的现象呢?

6.2.1 广域网如何对路由进行选择

【思考】为什么要进行路由选择呢?

1. 广域网的路由选择

广域网中的路由选择指路由器选择发送数据分组的一条路径的过程。路由器的多个端口连接到多个 IP 子网,每个端口的 IP 地址的网络号与所连接的 IP 子网的网络号相同。路由器根据路由选择协议(routing protocol)建立和维护路由表,路由表中存放的是目的网络号。路由器根据 IP 数据包要到达的目的网络号地址,选择最佳路径转发数据分组(IP 数据包)。接收到数据分组的路由器判定与本路由器连接的 IP 子网是否是数据分组的目的地址,若是,就直接把分组通过端口传送到 IP 子网络上;否则选择下一个路由器来传送分组。路由器寻找最佳路由,转发数据分组,直到目标路由器。

2. 广域网的路由选择协议

1) 自治系统

因特网中将网络划分成一系列独立的管理区域,每个管理区域有唯一的标识,有权自主决定本系统采用的路由选择协议,这种网络管理区域称为自治系统(autonomous system,AS)。

2) 路由选择协议的分类

因特网路由选择协议分为内部网关协议和外部网关协议两种。

3）RIP

RIP 是使用距离-矢量路由算法的路由选择协议,它规定路由器之间交换路由信息的时间、交换信息的格式、过时路由的处理等。RIP 的距离也称为跳数,每经过一个路由器跳数加 1,从路由器到目的网络的距离以跳数计算,跳数最少的距离最短。路由器每 30 s 与相邻的路由器交换一次路由信息,根据路由信息更新路由表。

4）OSPF 协议

OSPF 是使用链路-状态算法的路由选择协议,基本思想是因特网上的每个路由器周期性地向其他路由器广播自己和相邻路由器的连接关系,每个路由器构造一张因特网的拓扑图,利用这张拓扑图和最短距离优先算法,路由器可以算出自己到达各个网络的最短路径。

OSPF 在建立拓扑图时,以路由器和网络为节点,路径为线,画出点和线的连接关系。根据拓扑图,去掉形成回路的边,获得生成树 SPF,由生成树 SPF 写出路由表。

6.2.2 发生了拥塞如何处理

在计算机网络中,链路容量、交换节点的缓冲区和处理机的处理能力等都是重要的网络资源。拥塞指对网络某一资源的需求超过所能提供的资源,网络性能变坏,交换节点出现路由器被大量涌入的 IP 数据包所淹没的现象。严重时会发生"拥塞死锁"现象,要退出拥塞死锁,需要将网络重新复位。

【思考】为什么要进行拥塞控制,有什么好处呢?

1. 拥塞的主要原因

拥塞发生的主要原因在于网络能够提供的资源不足以满足对该资源的需求,网络资源包括缓存空间、链路带宽容量和中间节点的处理能力等。广域网采用的是无连接的端到端数据包交换,提供"尽力而为"服务机制,这种机制的优点是设计简单,可扩展性强;缺点是在网络资源不足时缺乏对资源"需求控制"的能力,不能限制用户数量,只能靠降低服务质量来继续为用户服务,提供"尽力而为"的服务,容易造成网络的拥塞。

拥塞虽然是由网络资源不足引起的,发生拥塞后用单纯增加资源的方法并不能避免拥塞的发生。因为拥塞本身是一个动态问题,不能只靠静态的方案来解决,需要协议能够在网络出现拥塞时保护网络的正常运行。

监测网络拥塞的主要指标有缺少缓冲空间被丢弃分组的百分数、平均队列长度、超时重传的分组数、平均分组时延、分组时延的标准差等参数,指标参数增加导致拥塞的可能性增加。

2. 源站抑制技术

控制拥塞的方法很多,有些软件采用源站抑制技术,路由器对每个接口进行监视,一旦发生拥塞,立即向源主机发送 ICMP 抑制报文,请求源主机降低发送 IP 数据包的速率,源主机接收到 ICMP 控制报文后降低发送数据速率,当一段时间没有收到 ICMP 抑制报文时,源主机增加发送数据速率。

课 堂 实 践

操作 1 认识和理解 OSPF 协议（一）

[实训目的]

(1) 掌握 OSPF 的报文格式。

(2) 掌握 OSPF 的工作过程。

(3) 了解常见的 LSA(链路状态广播协议)的结构和 LSDB(链路状态数据库)的结构。

[实训内容]

(1) 分析 OSPF 报文,理解 OSPF 的工作过程。

(2)分析 LSA、LSDB,理解 LSA 的作用。

[网络环境]

采用如下网络结构,如图 6-37 所示。

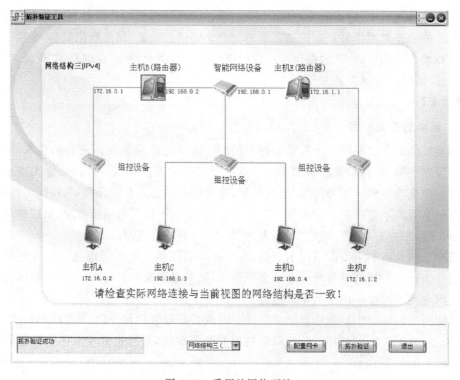

图 6-37 采用的网络环境

[实训步骤]

各主机打开工具区的"拓扑验证工具",选择相应的网络结构,配置网卡后,进行拓扑验证,如果通过拓扑验证,关闭工具继续进行操作,如果没有通过,请检查网络连接。

将主机 A,B,C,D,E,F 作为一组进行操作。

（1）主机 B、E 启动协议分析器，开始分别捕获两块网卡数据，并设置过滤条件（提取 OSPF 协议）。

（2）主机 B 和主机 E 启动 OSPF 协议并添加新接口。

① 主机 B 启动 OSPF 协议（在命令行方式下，输入 ospf_config routerid 1.1.1.1），如 图 6-38 所示。

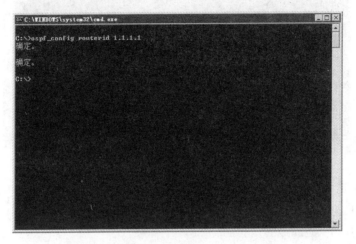

图 6-38　主机 B 配置路由器 ID 为 1.1.1.1

② 主机 E 启动 OSPF 协议（在命令行方式下，输入 ospf_config routerid 2.2.2.2），如 图 6-39 所示。

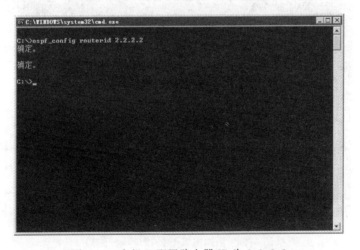

图 6-39　主机 E 配置路由器 ID 为 2.2.2.2

③ 添加主机 B 的接口。

a. 添加 IP 为 172.16.0.1 的接口：在命令行方式下输入 ospf_config interface "b1" 0.0.0.0 172.16.0.1 256.256.256.0。

b. 添加 IP 为 192.168.0.2 的接口：在命令行方式下输入 ospf_config interface "b2" 0.0.0.0 192.168.0.2 256.256.256.0，结果如图 6-40 所示。

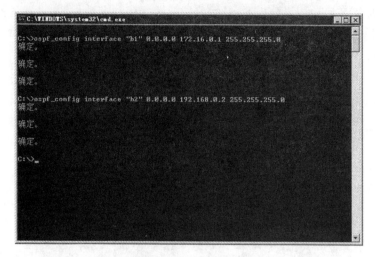

图 6-40　添加主机 B 的接口执行结果

④ 添加主机 E 的接口。

a. 添加 IP 为 172.16.1.1 的接口：在命令行方式下输入 ospf_config interface "e1" 0.0.0.0 172.16.1.1 256.256.256.0。

b. 添加 IP 为 192.168.0.1 的接口：在命令行方式下输入 ospf_config interface "e2" 0.0.0.0 192.168.0.1 256.256.256.0，结果如图 6-41 所示。

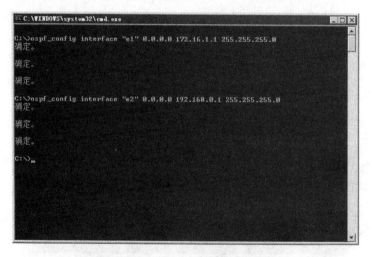

图 6-41　添加主机 E 的接口执行结果

（3）观察主机 B、E 的 OSPF 的相关信息，宏观了解该路由器的基本信息。

① 在命令行方式下，通过输入 ospf_config showarea 查看区域信息，如图 6-42 和图 6-43 所示。

② 在命令行方式下，通过输入 ospf_config showlsdb 查看链路状态数据库信息，如图 6-44 和图 6-45 所示。

图 6-42 观察主机 B 的 OSPF 信息

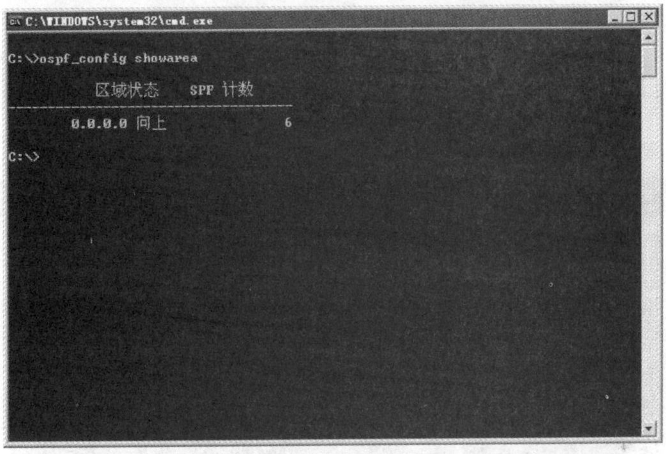

图 6-43 观察主机 E 的 OSPF 信息

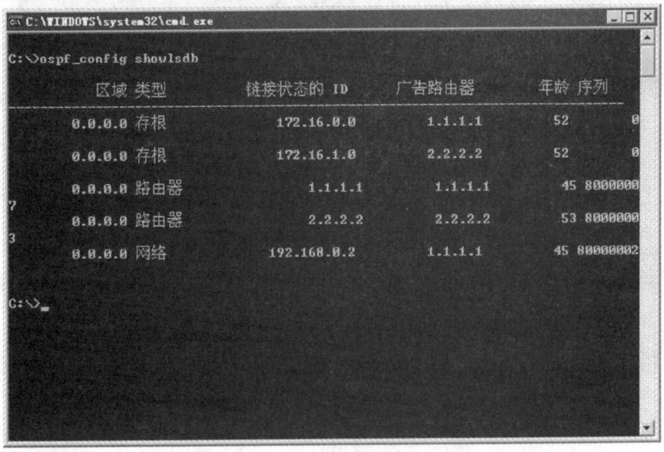

图 6-44 观察主机 B 的链路状态数据库信息

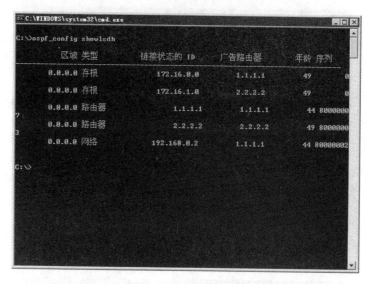

图 6-45　观察主机 E 的链路状态数据库信息

（3）在命令行方式下，通过输入 ospf_config showneighbor 查看邻居信息，如图 6-46 和图 6-47 所示。

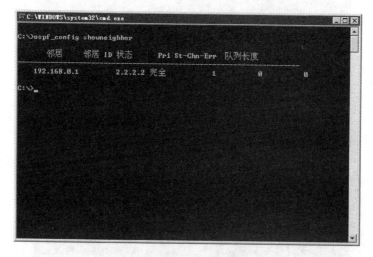

图 6-46　观察主机 B 的邻居信息

（4）观察路由表，如果出现了 OSPF 路由，则路由表达到稳定态，表明两台路由器成功建立邻居关系并交换路由信息。

在命令行下输入 netsh routing ip show rtmroutes 命令，分析主机 B 和主机 E 的路由表条目，如图 6-48 和图 6-49 所示。

（5）查看主机 B，E 捕获的数据，分析 OSPF 的 5 种协议报文，理解 OSPF 的工作过程。

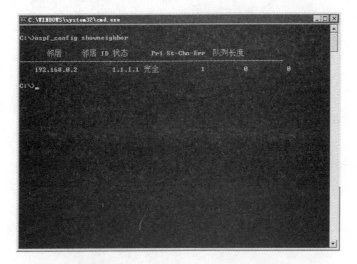

图 6-47 观察主机 E 的邻居信息

```
C:\WINDOWS\system32\cmd.exe
C:\>netsh routing ip show rtmroutes

           前缀      协议      Prf  Met  网关            Vw  接口
      127.0.0.0/8    Local     1    1   127.0.0.1      U   环回
      127.0.0.1/32   Local     1    1   127.0.0.1      U   环回
     172.16.0.0/24   Local     1   50   172.16.0.1     UM  b1
     172.16.0.0/24   OSPF    110    2   172.16.0.1     UM  b1
     172.16.0.1/32   Local     1   50   127.0.0.1      U   环回
     172.16.1.0/24   OSPF    110    4   192.168.0.1    UM  b2
 172.16.255.255/32   Local     1   50   172.16.0.1     UM  b1
   192.168.0.0/24    Local     1   20   192.168.0.2    UM  b2
   192.168.0.0/24    OSPF    110    2   192.168.0.2    UM  b2
   192.168.0.2/32    Local     1   20   127.0.0.1      U   环回
 192.168.0.255/32    Local     1   20   192.168.0.2    UM  b2
     224.0.0.0/4     Local     1   20   192.168.0.2    UM  b2
     224.0.0.0/4     Local     1   50   172.16.0.1     UM  b1
255.255.255.255/32   Local     1    1   172.16.0.1     UM  b1
255.255.255.255/32   Local     1    1   192.168.0.2    UM  b2

C:\>
```

图 6-48 观察主机 B 的路由表条目

```
C:\WINDOWS\system32\cmd.exe
C:\>netsh routing ip show rtmroutes

           前缀      协议      Prf  Met  网关            Vw  接口
      127.0.0.0/8    Local     1    1   127.0.0.1      U   环回
      127.0.0.1/32   Local     1    1   127.0.0.1      U   环回
     172.16.0.0/24   OSPF    110    4   192.168.0.2    UM  e2
     172.16.1.0/24   Local     1   20   172.16.1.1     UM  e1
     172.16.1.0/24   OSPF    110    2   172.16.1.1     UM  e1
     172.16.1.1/32   Local     1   20   127.0.0.1      U   环回
 172.16.255.255/32   Local     1   20   172.16.1.1     UM  e1
   192.168.0.0/24    Local     1   20   192.168.0.1    UM  e2
   192.168.0.0/24    OSPF    110    2   192.168.0.1    UM  e2
   192.168.0.1/32    Local     1   20   127.0.0.1      U   环回
 192.168.0.255/32    Local     1   20   192.168.0.1    UM  e2
     224.0.0.0/4     Local     1   20   172.16.1.1     UM  e1
     224.0.0.0/4     Local     1   20   192.168.0.1    UM  e2
255.255.255.255/32   Local     1    1   172.16.1.1     UM  e1
255.255.255.255/32   Local     1    1   192.168.0.1    UM  e2

C:\>
```

图 6-49 观察主机 E 的路由表条目

6.3 任务三 认识常见的公共传输网络接入方式

章节引导

小王打算给小区的家里装宽带,有电信、联通、移动提供的多种方式接入公共网络,他该如何根据自己的需求选择网络呢?

由于广域网的覆盖范围大、区域广,一般的部门、机关、公司或企业都不可能进行独立的光纤布线,必须租用公共传输网络的信道。通过公共传输网络提供的接口,实现和公共传输网络之间的连接,并通过公共传输网络实现远程端点之间的报文交换。提供公共传输网络服务的部门主要是电信运营商,随着通信技术的进步和电信市场的开放,可供选择的公共传输网络提供商和提供的公共传输网络服务增多,每一种广域网线路类型都既有优点又有缺点。

电信企业提供的公共传输网络包括传统的公共交换电话网(PSTN)、综合业务数字网(ISDN)、X.25 分组交换网、帧中继网(FR)、异步传输模式(ATM)网、数字数据网(DDN)、移动通信及卫星通信网(GSM)、数字用户线(XDSL)、有线电视宽带网调制解调器(Cable Modem)等类型。

【思考】现实生活中有哪些常用的传输网络呢?

1. PSTN

PSTN 是向全世界公众提供电话通信服务的一种通信网,是各个国家的公用通信基础设施,由国家电信部门统一建设、管理和运营。使用 PSTN,可以采用电话拨号方式接入广域网,主要通过调制解调器(modem)和普通电话线。如图 6-50 所示,先安装调制解调器,然后安装调制解调器的驱动程序,插入电话线,用各省电信部门提供的优惠账号,如河北电信的 263 账号、湖北电信的 663 账号,拨号入网。

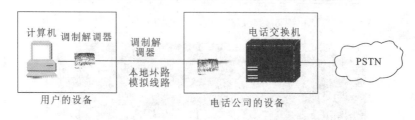

图 6-50 PSTN

2. ISDN

ISDN 俗称一线通,是由 CCITT 和各国标准化组织开发的一组标准,这些标准决定用户设备到全局网络的连接,用数字形式处理声音、数据和图像通信。ISDN 提供开放的标准接口,提供端到端的数字连接,用户可以在一条线路上同时传输语音和数据,打电话和上网可同时进行。

ISDN 接入 Internet 的方法有多种,对于家庭用户可以采用图 6-51 所示的直接接入的方法,对于集体用户和网吧可采用 TA＋代理服务器方式、ISDN 路由器方式、ISDN 交换机方式。

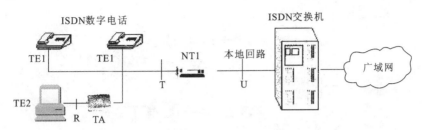

图 6-51　家用 ISDN 接入方式

3. X.25 分组交换网

X.25 是分组交换网接口协议,X.25 没有规定网络内部的结构和组网设备。网络的具体实现可以各不相同,只要求网络的外部数据终端设备(DTC)的接口满足 X.25 标准。

分组交换是一种在距离相隔较远的工作站之间进行大容量数据传输的有效方法,结合了线路交换和报文交换的优点,将信息分成较小的分组进行存储、转发,动态分配线路的带宽,因此出错少,线路利用率高。

X.25 分组交换网由分组交换机(PBX)、通信传输线路、数据终端设备(DTE)与数据电路终端设备(DCE)组成,如图 6-52 所示。

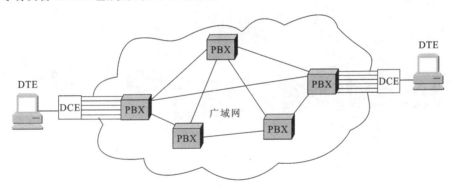

图 6-52　分组交换网的结构

4. 帧中继网

帧中继网本质上仍采用分组交换技术,但舍去了 X.25 的分组层,保留物理层和数据链路层,以帧为单位在链路层上进行发送、接收、处理。帧中继网是基于光纤线路的,光纤线路误码率很低,不需要点到点纠错。帧中继网用数据链路连接标识符(DLCI)来标识虚电路的个数(最多 1024 个),使不同的 DLCI 在链路层上实现了复用。

一个典型的帧中继网络是由网络交换设备与用户设备组成的,如图 6-53 所示。作为帧中继网络核心设备的帧中继交换机,作用类似于以太网交换机,都是在数据链路层完成对帧的传输,只不过帧中继交换机处理的是帧中继帧而不是以太帧。

5. DDN

DDN 是利用数字信道传输数据信号的数据传输网,为用户提供非交换永久/半永久

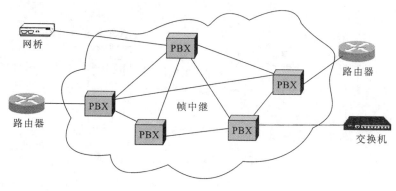

图 6-53　帧中继

虚电路,并且为用户提供点到点的数字专用线路,在专线上为用户提供时分复用信道。DDN 如图 6-54 所示,主要由以下 4 部分组成。

本地传输系统:本地传输系统由用户设备和数据服务单元 DSU/CSU 两部分组成,用户设备通常是 DTE、电话机、传真机、计算机等,用户线一般用市话用户电缆;数据服务单元 DSU/CSU 可以是调制解调器或基带传输设备,以及时分复用、语音或数字复用等设备。

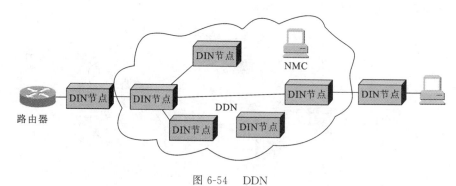

图 6-54　DDN

DDN 的协议结构与 ISO 模型的低三层对应,如图 6-55 所示。

网络层	IP/TPX			X.25
数据链路层	PPP	FR	HDLC	LAPB
物理层	RS-232/V.35/…			

图 6-55　DDN 的协议结构

6. DSL

DSL 是多种数字用户线技术的总称,其中应用最广泛的是 ADSL。数字用户线技术是利用数字信号处理技术和压缩算法压缩数据,扩展现有电话线(双绞铜线)传输频带的宽度,传输宽带数字信号。常见的 DSL 的技术指标(如传输速率、距离及应用方面)如表 6-3 所示。

表 6-3　数字用户线 DSL 的技术指标

技术	传输速率	距离	应用
ADSL	1.5～8 Mbit/s 下行	3.5～6.5 km	因特网访问、VOD、远程访问
RADSL	16～512 Kbit/s 上行		
HDSL	1.544 Mbit/s(T1)	4.5 km	中继线、帧中继接入
	2.048 Mbit/s(E1)		
SDSL	1.544 Mbit/s(T1)	3 km	中继线、局域网互连
	2.048 Mbit/s(E1)		
VDSL	16～52 Mbit/s 下行	0.3～1.2 km	高清晰度电视、多媒体网络访问
	1.6～2.3 Mbit/s 上行		

7. ATM 网

ATM 网是 ITU-T 制定的标准,是以 53 B 固定长度的信元为单位,将数据封装成若干个信元,存入传输队列中,沿着通信线路多路、异步传输信元的传输模式。ATM 网络的带宽可达到 10 Gbit/s。

ATM 入网方式简单,可以使用装有 ATM 网卡的主机,直接与 ATM 网相连接,也可以通过路由器接入 ATM 网,还可以组成 ATM 子网用光纤接入 ATM 网,如图 6-56所示。

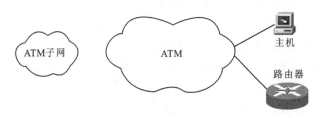

图 6-56　ATM 网

简化后的 ATM 的协议分层如图 6-57 所示。ATM 协议分成 4 个层,包括高层、ATM 适配层、ATM 层和物理层。

高层	信令	A级	B级	C级	D级
ATM适配层	信令	AAL1	AAL2	AAL3/4或AAL5	
	ATM层				
	物理层				

图 6-57　ATM 的协议结构

8. 有线电视宽带网调制解调器

安装有线电视网的地区,可以通过安装宽带网调制解调器,并在计算机上安装好网卡,接入有线电视公司和家属区有线电视网,或者在有线电视网前端安装宽带网调制解调器终端系统(Cable Modem Termination System,CMTS),通过网络中心连入教育网或公网,接入 Internet。

使用宽带网调制解调器通过有线电视上网,不用拨号,不占电话线,上网同时可以收看电视(需要宽带网调制解调器和电视机有各自独立的有线电视接口),并且网络连接稳定,速率相对较快。

以上简要地介绍了电信运营商提供的公共传输网络服务,就性价比而言,ADSL 具有一定的优势,家庭、办公室、小型企业多采用 ADSL 接入 Internet。

课 堂 实 践

操作 1 认识和理解 OSPF 协议(二)

[实训目的]

(1) 掌握 OSPF 的报文格式。

(2) 掌握 OSPF 的工作过程。

(3) 了解常见的 LSA 的结构及 LSDB 的结构。

[实训内容]

(1) 分析 OSPF 报文,理解 OSPF 工作过程。

(2) 分析 LSA、LSDB,理解 LSA 的作用。

[网络环境]

采用网络结构三(IPv4),如图 6-58 所示。

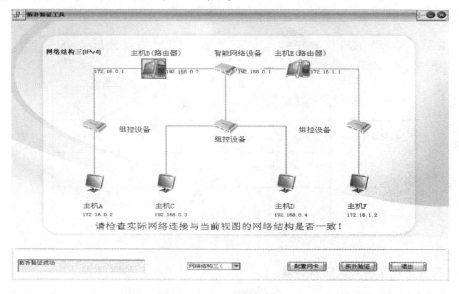

图 6-58 网络环境

[实训步骤]

这里将主机 A、B、C、D、E、F 作为一组进行操作。

(1) 主机 B、E 启动协议分析器进行数据捕获并设置过滤条件(提取 OSPF 协议)。

(2) 主机 B、E 启动 OSPF 协议、添加接口并进行区域划分(主机 B 为区域 0 和区域 1 的边界路由器,主机 E 为区域 0 和区域 2 内的路由器)。

① 主机 B、E 启动 OSPF 协议。

主机 B 在命令行方式下,输入 ospf_config routerid 2.2.2.2,如图 6-59 所示。

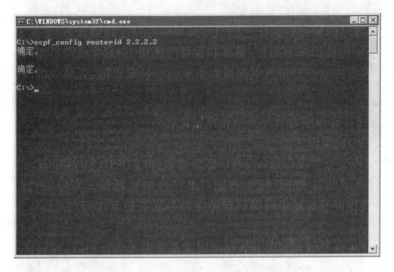

图 6-59　主机 B 配置路由器 ID 为 2.2.2.2

主机 E 在命令行方式下,输入 ospf_config routerid 3.3.3.3,如图 6-60 所示。

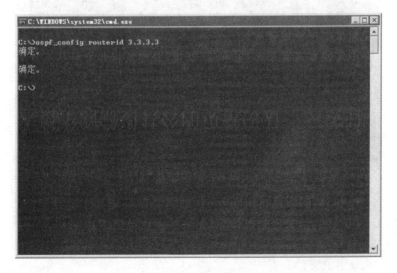

图 6-60　主机 E 配置路由器 ID 为 3.3.3.3

② 进行区域划分。

a. 主机 B 在命令行方式下,输入 ospf_config area 1.1.1.1 172.16.0.0 255.255.255.0、ospf_config area 0.0.0.0 192.168.0.0 255.255.255.0,如图 6-61 所示。

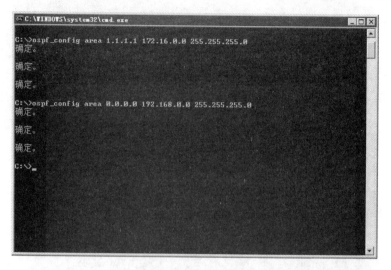

图 6-61　主机 B 发布接口网段 1.1.1.1 和 0.0.0.0

b. 主机 E 在命令行方式下,输入 ospf_config area 0.0.0.0 192.168.0.0 255.255.255.0、ospf_config area 2.2.2.2 172.16.1.0 255.255.255.0,如图 6-62 所示。

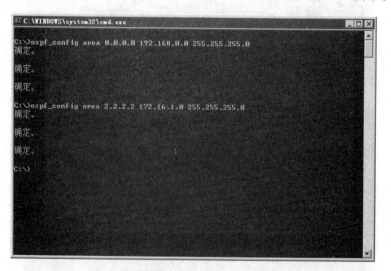

图 6-62　主机 E 发布接口网段 2.2.2.2 和 0.0.0.0

③ 添加主机 B 的接口。

a. 添加 IP 为 172.16.0.1 的接口:在命令行方式下输入 ospf_config interface "b1" 1.1.1.1 172.16.0.1 255.255.255.0。

b. 添加 IP 为 192.168.0.2 的接口:在命令行方式下输入 ospf_config interface "b2" 0.0.0.0 192.168.0.2 255.255.255.0,如图 6-63 所示。

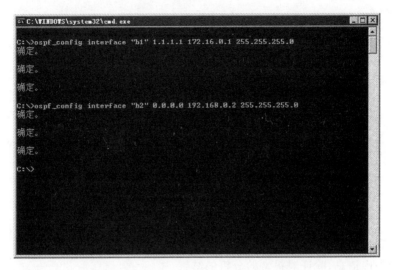

图 6-63 在主机 B 中添加 IP 为 172.16.0.1 和 192.168.0.2 的接口

④ 添加主机 E 的接口。

a. 添加 IP 为 192.168.0.1 的接口:在命令行方式下输入 ospf_config interface "e2" 0.0.0.0 192.168.0.1 255.255.255.0。

b. 添加 IP 为 172.16.1.1 的接口:在命令行方式下输入 ospf_config interface "e1" 2.2.2.2 172.16.1.1 255.255.255.0,如图 6-64 所示。

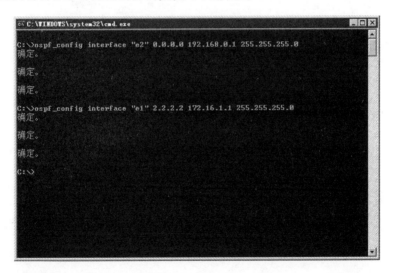

图 6-64 在主机 E 中添加 IP 为 192.168.0.1 和 172.16.1.1 的接口

（3）查看捕获的数据,在链路状态类型为 1、2、3 的报文中任取一个,分析这些链路状态的结构及作用,填写表 6-4。

表 6-4　实验结果

	生产者	所描述的路由	传递范围
类型 1 （路由器）	本区域路由器	描述本区域路由器链路到该区域的状态和代价	仅在单个区域内洪泛
类型 2 （网络）	由指定路由器产生	含有连接某个区域路由器的所有链路状态和代价信息	单个区域内
类型 3 （网络摘要）	由边界路由器产生	含有 ABR 与本地内部路由器连接信息，可以描述本区域到主干区域的链路信息。它通常汇总缺省路由而不是传送汇总的 OSPF 信息给其他网络	本区域到主干区域

（4）主机 B、E 在命令行方式下，通过输入 ospf_config showlsdb 查看每个路由器的链路状态数据库信息，验证对报文的分析的结果。

（5）主机 B 和主机 E 在命令行下输入 recover_config 命令，停止 OSPF 协议。

第 7 章　Internet 基础

知识技能

Internet 的基本概念。
Internet 基本服务功能。
Internet 的发展趋势。

态度目标

了解 Internet 的概念及其服务与应用。
规范使用 Internet 的常用术语。
掌握浏览器的使用技巧。
掌握电子邮件的使用技巧。
掌握搜索引擎的使用技巧。

本章重点

Internet 的概念及常用术语。
Internet 基本服务功能

本章难点

网络下载、浏览器使用技巧以及搜索引擎优化。

教学方法建议

理论讲解及网络演示。

课时建议

4 学时。

本章操作任务

操作 1：使用网络浏览器。

操作 2：使用电子邮件。

操作 3：使用搜索引擎。

知识讲解

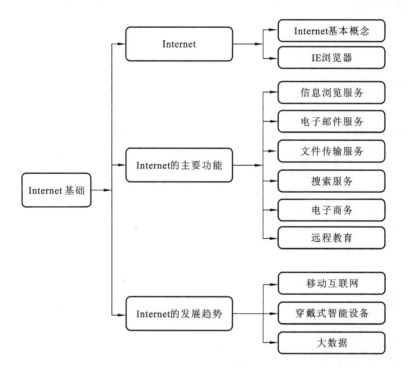

7.1 任务一 认识 Internet

章节引导

小明经常上网，具备一些常用的操作技能，如浏览网页、看视频、玩游戏、聊天等，但是 Internet 到底是什么呢？

Internet 是什么

Internet 指国际互联网，简称因特网，是根据 TCP/IP、采用广域网技术、通过互连设备把全世界的计算机及设备互连起来的计算机网络。因特网把网络技术、通信技术、多媒体和超文本等技术融为一体，构筑成信息高速公路。为全人类提供丰富的信息资源、友好的用户接口、多彩的影视广播、便捷的通信手段、全新的电子商务,为人类社会进入信息时代奠定了坚实的基础。

（1）ISP（Internet Services Provider）：指 Internet 服务提供商,是提供 Internet 接入和信息服务的机构,为 Internet 用户提供各种接入方式,设置 TCP/ IP；为用户提供 WWW 浏览、FTP、E-mail、BBS 等信息服务。例如,为用户提供上网服务的电信部门,就是用户的 ISP。

（2）Internet 的接入方式：局域网方式、拨号方式、微波专线、DDN 专线接入方式、xDSL 接入方式（如 ADSL）、光纤同轴电缆混合网（HFC）接入方式、光纤接入（FTTx）技术等接入方式。

（3）Internet 提供的主要服务包括：域名服务、WWW 服务、电子邮件（E-mail）服务、文件传输（FTP）服务、远程登录（Telnet）服务、电子浏览板（BBS）服务、IP 电话、网络新闻组（Usenet）等服务。

（4）IIS（Internet Information Services）指微软的 Internet 信息服务程序组,Windows 2003 使用 IIS 7.0,是利用最新 Web 标准开发的管理浏览器的应用程序。支持 Web、FTP、SMTP、NNTP、ASP 等服务。

（5）超文本传输协议（HyperText Transfer Protocol,HTTP）是 Internet 上应用最为广泛的网络应用层协议,所有在客户端与 Web 服务器之间的信息传输都必须遵守这个标准。HTTP 是一种请求应答协议。定义了 Web 客户如何从 Web 服务器请求 Web 页面,以及 Web 服务器如何把用户需要的 Web 页面传送给客户。HTTP 还定义了 Web 页面的不同内容的显示顺序（如文本先于图形）等。当 Web 服务器对客户的请求作出应答以后,连接便撤销,直到客户发送下一个请求才重新建立连接。HTTP 下的 WWW 浏览服务如图 7-1 所示。

（6）网页。用户通过浏览器看到的信息组织形式是网页,称为 Web 网页。网页通常使用超文本标记语言（HyperText Mark-up Language,HTML）设计制作,文件扩展名为.html,.asp,.aspx,.php,.jsp 等。网页是构成网站的基本元素,多个相关的网页链接在一起,便组成了 Web 网站,如图 7-2 所示。从硬件角度来说,把放置在 Web 网站中的计算机称为“Web 服务器”；从软件角度来说,Web 网站是提供 Web 功能的服务程序。

图 7-1　HTTP 请求及响应过程　　　　　　图 7-2　Web 网站网页

（7）超链接。超链接首先是指从一个网页指向一个目标的链接关系；这个目标可以是另一个网页,也可以是相同网页上的不同位置,还可以是一张图片、一个电子邮件地址、一个文件,甚至是一个应用程序。当浏览者单击已经链接的文字或图片时,链接目标将显示在浏览器上,并且根据目标的类型来打开或运行。

超链接技术支持使用交叉的方式,借助于网页中包含着的"超链接源",通过单击等方式,进行信息的快速搜索,大大提高了信息搜索的速度,如图 7-3 所示。

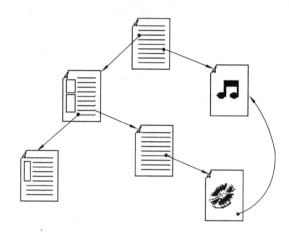

图 7-3　超链接

(8) Internet 的 C/S 和 B/S 工作模式。

【思考】C/S 和 B/S 模式的区别是什么?

C/S 模式是由客户机、服务器构成的一种网络计算环境,它把应用程序分成两部分,一部分运行在客户机上,另一部分运行在服务器上,由两者各司其职,共同完成。工作过程通常为:客户机向服务器发出请求后,只需集中处理自己的任务,如字处理、数据显示等;服务器则集中处理若干局域网用户共享的服务,如管理公共数据、处理复杂计算等。

B/S 结构即浏览器/服务器结构。它是随着 Internet 技术的兴起,对 C/S 结构的一种变化或者改进的结构。大大简化了客户端计算机载荷,减轻了系统维护与升级的成本和工作量。能有效地保护数据平台和管理访问权限,服务器数据库也很安全。特别是在 Java 这样的跨平台语言出现之后,B/S 架构管理软件更是方便、速度快、效果优。

(9) 网关。网关是把信息从一个网络转发至另一个网络的重要组件,是执行路由功能和协议转换的设备。当网关从互连网上接收到数据报时,网关检查 TCP 的数据单元的目的 IP 地址,若目的地址的网络部分与网关网络的 IP 地址相匹配,网关把报文传送到网络内部;若目的地址的网络部分与网关网络的 IP 地址不同,网关把报文传送到网络的下一网关。在 Windows 操作系统中,设置网络属性时需要设置网关的 IP 地址。

(10) DNS。DNS 是 Internet 中按层次型名字管理机制为网络和计算机命名的名称服务系统。在层次型名字管理机制中,主机的命名按照从属关系划分成几个部分,每一个部分按管理层次命名,并看成一个节点,节点(名字)按管理层次组成树状结构,称为名字树。主机的命名是从主机名(树叶)到网络名(树枝)到树根各节点名字的有序集合。树根表示顶级域名,顶级域的模式有两类,一类为组织机构模式,包括 com,edu,gov,mil,net,org,int 等 7 个顶级域名,如表 7-1;另一类为国家地理模式,按国家进行划分,顶级域分配表如表 7-1 所示。例如,中国的顶级域名为 cn,由中国互连网中心(CNNIC)负责管理和分配。

表 7-1　顶级域和我国二级域的命名

Internet 顶级域分配	
顶级域名	分配给
com	商业组织
edu	教育机构
gov	政府部门
mil	军事部门
net	网络支持中心
org	其他组织
int	国际组织
国家代码	各个国家
cn	中国

域名是名字树上一个节点(名字)到根节点的一条路径上的名字集合,节点(名字)之间用"."分隔。例如,域名 www. microsoft. com,又如 ftp. hubpu. edu. cn,其中,www 和 ftp 是主机名。

在域名空间中,名字定义在一个根在顶部的树型结构中。这个树结构最多有 128 层:第 0 层为根,如图 7-4 所示。

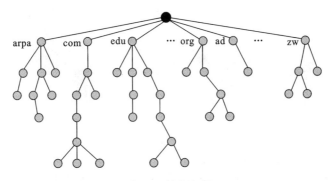

图 7-4　域名空间

树上的每一个节点都有一个标号,标号是一个最多有 63 个字符的字符串。根节点的标号是空字符串。每一个节点的子节点都具有不同的标号,这样就保证了域名是唯一的。一个完全的域名是用点"."分隔开的标号序列。域名总是从节点标号向上读到根节点标号。因为最后一个标号是根节点的标号,所以一个完全的域名总是以空标号结束。因为空字符串表示什么也没有,所以域名的最后一个字符是一个点。图 7-5 给出了一个域名示例。

DNS 解析程序是客户机/服务器模式的应用程序。需要把地址映射为域名或把域名映射为地址的主机要调用 DNS 解析程序。解析程序用映射请求找到最近的 DNS 服务器。若 DNS 服务器有这个信息,则满足解析程序的要求;否则,或者让解析程序找其他的服务器,或者再请其他服务器提供这个信息。当解析程序收到响应后,就解释这个响应,看它是正确的解析还是错误的解析,最后把解析结果交给请求映射的进程。图 7-6 给出了域名解析的工作过程。

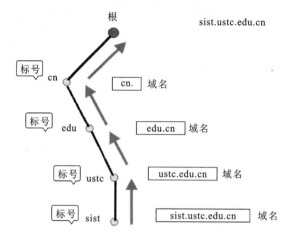

图 7-5 域名和标号

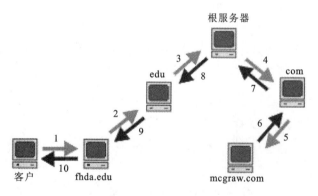

图 7-6 域名解析过程

（11）统一资源定位器（Uniform Resource Locators,URL）是在 Internet 上确定服务类型,查找网络资源地址的统一定位工具。微软 IE 的"地址"是统一资源定位器的一种推广。

URL 由服务类型、主机名（域名或 IP 地址）、端口、路径及文件名四部分组成,如下。

$$http://home.netscape.com/pub/main/default.html$$
服务类型　　　主机（域名）　　　路径及文件名

或

$$http://202.114.182.20/pub/main/index.html$$
服务类型　　　IP 地址　　　路径及文件名

服务类型指提供服务的协议类型,如 http,用于指定万维网中的页面,访问指定的 WWW 服务器。服务类型及其功能如表 7-2 所示。

表 7-2　URL 的服务类型及其功能

服务类型	功能	服务对象
http	根据 HTTP 访问 WWW 服务器上指定的页面	WWW 服务器
https	根据 HTTP 访问具有安全性 WWW 服务器上的页面	WWW 服务器
ftp	根据 FTP 访问远程主机上的文件或文件夹	FTP 服务器
file	指定用户本地机上的文件或文件夹	用户本地主机
gopher	根据 Gopher 协议访问 Gopher 的菜单或说明	Gopher 服用器
telnet	根据 Telnet 协议进行远程登录	其他计算机
news	访问新闻服务器上的 Usenet 讨论组	新闻服务器
snews	访问安全的新闻服务器上的 Usenet 讨论组	新闻服务器
wais	访问 WAIS 服务器上的信息	WAIS 服务器

域名表示完整的主机地址,例如,http://home.netscape.com 是主机的域名,通过域名系统,转换成 IP 地址,可以在 Internet 上查找到这台计算机。

7.2　任务二　认识 Internet 的主要功能

章节引导

多少人葡匐在 2015 年 11 月 10 日的深夜,揣着手机点开阿里巴巴淘宝的 APP 开始新一轮土豪式的撒钱行动。随着支付宝的不断瘫痪,阿里巴巴于双十一凌晨开始刷新又一轮销售奇迹:5 分钟成交额超 50 亿元,12 分钟破 100 亿元,1 小时 13 分突破 300 亿元,11 月 11 日当日完成 912 亿。Internet 可以让消费者在网上购物,它还有哪些基本服务功能呢?

7.2.1　信息浏览服务

信息浏览服务是目前应用最广的一种基本 Internet 应用。信息浏览服务是 Internet 资源共享最好的体现。用户通过单击就可以浏览到的各种类型的信息。

7.2.2　电子邮件服务

电子邮件是一种基于计算机网络的通信方式。它可以把信息从一台计算机传送到另一台计算机。像传统的邮政系统服务一样,会给每个用户分配一个邮箱,电子邮件被发送到收信人的邮箱中,等待收信人阅读。电子邮件通过 Internet 与其他用户进行通信,往往在几秒或几分钟内就可以将电子邮件送达目的地。

在 Internet 中,电子邮件的传送、收发涉及一系列的协议,如 SMTP、POP3、IMAP 和 MIME 等。SMTP 是其中一个关键的协议。SMTP 是一个简单的基于文本的协议,其目标是可靠、高效地传送邮件。作为应用层的服务,SMTP 并不关心它下面采用的是哪一种传输服务,只要求有一条可以保证传送数据的通道。

邮件发送之前必须确定好邮件地址。用户并不是直接把邮件发给对方的邮件服务器,而是首先"联系"自己的邮件服务器,邮件服务器把邮件存放在缓冲队列当中。SMTP客户通过定时扫描,发现队列中有待发送的邮件时,就和接收方的 SMTP 服务器建立 TCP 连接,并把邮件传送过去;如果在一定时间内邮件不能发送成功,则把邮件退还给发件人。如图 7-7 所示,给出了两个用户发送和接收邮件的过程。

一个完整的电子邮件地址由用户账号和电子邮件服务域名两部分组成,中间使用"@"相连,表示该邮箱归属于以域名标记的电子邮件服务系统中。例如,abc@127.com 等。

abc@127.com

登录名@ ISP 邮件服务器的地址

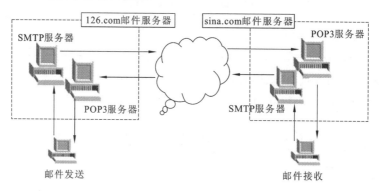

图 7-7　电子邮件发送和接收过程

Outlook 是一个桌面信息管理系统,不仅可以收发电子邮件、打电话、发送传真、浏览网页,还能为用户记录和安排日常工作提供良好的方案。在 Outlook 中记录电话、传真、电子邮件收发情况,安排工作日程,记录任务完成情况都很方便。

Microsoft Office Outlook 和 Windows Outlook Express 都可以收发电子邮件。启动 Outlook,窗口如图 7-8 所示。

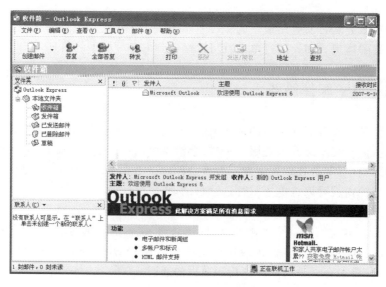

图 7-8　Outlook 操作界面

执行"工具"→"账户"→"添加"→"邮件"命令，弹出"Internet 连接向导"对话框，依次输入"发件人姓名""邮箱地址"（例如 hbut_jcb@163.com）、"接收邮件服务器"（如 pop.163.com）、"发送邮件服务器"（如 smtp.163.com）、"账户名"（如 hbut_jcb）和"密码"，最后单击"完成"按钮即完成邮件账户的添加。

Outlook 发送和接收邮件只需单击"发送/接收"工具按钮即可。当然，在发送邮件时，必须完整填写收件人（抄送人、密送人）地址、邮件主题、邮件附件和邮件正文。

7.2.3　文件传输服务

文件传输是 Internet 上使用最广泛的应用之一。FTP 服务是以它所使用的文件传输协议（File Transfer Protocol，FTP）命名的，主要用于通过文件传送的方式实现信息共享。目前，Internet 上几乎所有的计算机系统中都带有 FTP 工具，常用的 FTP 工具有 CuteFTP、FlashFTP、SmartFTP 等。用户通过 FTP 工具可以将文档从一台计算机传输到另外一台计算机上。

FTP 服务需要将共享的信息以文件的形式组织在一起，配置 FTP 服务器。Internet 上的其他用户就可以通过 FTP 工具来访问和下载各种共享的文档资料。

FTP 服务一般会要求用户在访问 FTP 服务器时输入用户名和口令进行验证，只有验证通过，才可以进入；而在 Internet 上最受欢迎的是匿名访问的 FTP 服务，即用户在登录这些服务器时不需要事先注册一个用户名和口令，而是以 anonymous 或 ftp 作为用户名，不需要口令即可登录。目前，匿名 FTP 服务是 Internet 上进行资源共享的主要途径之一。图 7-9 显示了通过 IE 浏览器访问某大学 FTP 站点的显示界面。

图 7-9　匿名账户访问的某大学 FTP 站点

使用FTP在不同的主机和不同的操作系统间传输文件时,FTP客户与服务器之间要建立双重连接,一个是控制连接,另一个是数据连接。FTP服务及文件传输如图7-10所示。

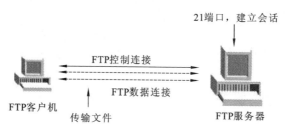

图 7-10　FTP 服务的控制连接和数据连接过程

7.2.4　搜索服务

信息搜索是计算机网络提供资源共享的最好工具,通过"搜索引擎",用少量的关键词来概括归纳出这些信息内容,很快地把所感兴趣的内容所在的网络地址一一罗列出来。

关键词特指在网上搜索信息的一个词或词组,作为网络信息查找的定位依据。很多搜索引擎允许使用多关键词组成的逻辑条件表达式,包括加法搜索(AND)、并行搜索(OR)、减号搜索等。许多搜索引擎支持站内搜索、高级搜索,还提供具有特色的搜索服务。在众多搜索引擎中,常用的搜索引擎有 Google、百度、雅虎、中国搜索、搜狐、搜狗、腾讯 SOSO 等搜索引擎。

1)简单查询

在搜索引擎中输入关键词,然后单击"搜索"按钮,系统很快会返回查询结果,这是最简单的查询方法,使用方便,但是查询的结果却不准确,可能包含着许多无用的信息。

2)使用双引号

给要查询的关键词加上双引号(英文符号),可以实现精确的查询,这种方法要求查询结果精确匹配,不包括演变形式。例如,在搜索引擎的文本框中输入"电传",它就会返回网页中有"电传"这个关键词的网址,而不会返回如"电话传真"之类的网页。

3)使用加号

在关键词的前面使用加号,就相当于告诉搜索引擎该单词必须出现在搜索结果中的网页上。例如,在搜索引擎中输入"＋电脑＋电话＋传真"就表示要查找的内容必须要同时包含电脑、电话、传真这三个关键词。图 7-11 显示了在百度中输入"北京"＋"电子商务"的搜索结果。

【思考】使用搜索引擎搜索金庸武侠小说,但是不希望出现关于《神雕侠侣》的信息,应该用什么检索表达式呢?

4)使用减号

在关键词的前面使用减号,意味着在查询结果中不能出现该关键词。例如,在搜索引擎中输入"电视台–中央电视台",它就表示最后的查询结果中一定不包含"中央电视台"。

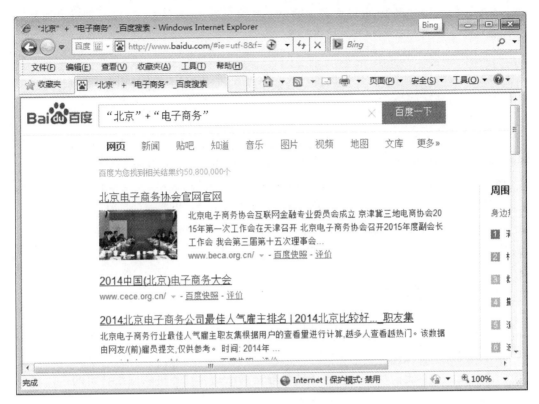

图 7-11　百度搜索关键词使用"＋"号

5）使用通配符

通配符包括星号（＊）和问号（?），前者表示匹配的数量不受限制，后者匹配的字符数要受到限制，主要用在英文搜索引擎中。例如，输入"computer ＊"，就可以找到"computer，computers，computerised，computerized"等单词；而输入"comp? ter"，则可以找到"computer，compater，competer"等单词。

6）使用布尔检索

布尔检索，是指通过标准的布尔逻辑关系来表达关键词与关键词之间逻辑关系的一种查询方法，这种查询方法允许用户输入多个关键词，各个关键词之间的关系可以用逻辑关系词来表示。

AND 称为逻辑"与"，表示它所连接的两个词必须同时出现在查询结果中。例如，输入"computer AND book"，要求查询结果中必须同时包含 computer 和 book。

OR 称为逻辑"或"，表示它所连接的两个关键词中任意一个出现在查询结果中就可以。例如，输入"computer OR book"，要求查询结果中可以只有 computer，或只有 book，或同时包含 computer 和 book。

NOT 称为逻辑"非"，表示它所连接的两个关键词中应从第一个关键词概念中排除第二个关键词。例如，输入"automobile NOT car"，要求查询的结果中包含 automobile，但同时不能包含 car。

在实际的使用过程中,可以将各种逻辑关系综合运用,灵活搭配,以便进行更加复杂的查询。

7）使用括号

当两个关键词用另外一种操作符连在一起,而又想把它们列为一组时,就可以对这两个词加上圆括号。

8）使用元词检索

大多数搜索引擎都支持"元词"（metawords）功能,依据这类功能,用户把元词放在关键词的前面,这样就可以告诉搜索引擎想要检索的内容具有哪些明确的特征。例如,在搜索引擎中输入"title:清华大学",就可以查到网页标题中带有清华大学的网页;在键入的关键词后加上"domain:edu. cn",就可以查到所有以 edu. cn 为后缀的网站。

其他元词还包括 image 用于检索图片,link 用于检索链接到某个选定网站的页面,url 用于检索地址中带有某个关键词的网页。

7.2.5　电子商务

电子商务通常是指在全球各地广泛的商业贸易活动中,在因特网开放的网络环境下,基于浏览器/服务器应用方式,买卖双方不谋面地进行各种商贸活动,实现消费者的网上购物、商户之间的网上交易和在线电子支付等交易活动。计算机和网络技术的广泛普及为商业运营提供了一种新型的模式,该模式日益深入到大家的日常生活中。用户根据自己所处的地位和对电子商务参与的角度及程度的不同,给出了许多不同的定义。常见的电子商务模式有 B2B、B2C、C2C、O2O 等。著名的电子商务网站有淘宝、京东等。

7.2.6　远程教育

远程教育是利用 Internet 技术开发的现代在线服务系统,它充分发挥网络可以跨越空间和时间的特点,在网络平台上向学生提供各种与教育相关的信息,做到"任何人在任何时间、任何地点,可以学习任何课程"。

7.3　任务三　了解 Internet 的发展趋势

章节引导

2015 年 7 月 23 日,由中国互连网协会主办的 2015（第十四届）中国互连网大会在北京国际会议中心圆满落幕。闭幕论坛以"互连网＋创客、创新、创业与公益"为主题,分为"开启未来、连接未来、创新未来、携手未来"四个篇章。大家认为 Internet 未来的发展方向有哪些呢？

1. 移动互连网

在我国互连网的发展过程中,PC 互连网已日趋饱和,移动互连网却呈现井喷式发展。伴随着移动终端价格的下降及 WiFi 的广泛铺设。移动互连网就是将移动通信和互连网二者结合起来，成为一体。移动互连网（Mobile Internet，MI）是一种通过智能移动终端，采用移动无线通信方式获取业务和服务的新兴业务，包含终端、软件和应用三个层面。终端层包括智能手机、平板电脑、电子书、MID 等；软件包括操作系统、中间件、数据库和安全软件等。应用层包括休闲娱乐类、工具媒体类、商务财经类等不同应用与服务。

2. 穿戴式智能设备

穿戴式智能设备是应用穿戴式技术对日常穿戴进行智能化设计，开发出可以穿戴的设备的总称，如眼镜、手套、手表、服饰和鞋等。穿戴式智能设备时代的来临意味着人的智能化延伸，通过这些设备，人可以更好地感知外部与自身的信息，能够在计算机、网络甚至其他人的辅助下更为高效率地处理信息，能够实现更为无缝的交流。图 7-12 所示为 iWatch 苹果智能手表。

苹果公司出品的智能手表将采用曲面玻璃设计，可以平展或弯曲，内部拥有通信模块，用户可通过它完成多种工作，包括调整播放清单、查看通话记录和回复短信等。

2012 年 4 月，Google 正式发布名为 Project Glass 的未来眼镜概念设计。这款眼镜将集智能手机、GPS、相机于一身，在用户眼前展现实时信息，只要通过眼部动作就能拍照上传、收发短信、查询天气路况等。图 7-13 所示为谷歌眼镜。

图 7-12　iWatch 苹果智能手表

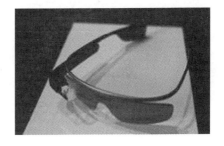

图 7-13　谷歌眼镜

3. 大数据

过去三四十年来，随着 PC 的大规模普及，互连网的高渗透，各种个人网络行为、商业活动、社交活动都扩展到了互连网上，尤其过去十年，产生了庞大的数据。加上近年智能设备尤其智能手机时代的到来，甚至可穿戴设备等，各种感应设备，地球上同时运转的芯片高达几十亿，每天产生巨量的数据资源，而从各种各样类型的数据中，快速获得有价值信息的能力，就是大数据技术。大数据挖掘与分析可以创造巨大的资源。智能系统在传统行业的渗透将进一步深化，各种互连互通，新一轮互连网技术改造传统行业的时代即将到来。

【思考】你觉得未来 Internet 还可能朝什么方向发展呢？

习　题

1. 简述 Internet 的主要服务,并找出几种 Internet 提供的特色服务。

2. 简述 WWW 服务的工作原理和 WWW 服务的优点。

3. 结合实际情况,讨论电子邮件给人类生活带来的好处和坏处。

4. 比较全文搜索引擎和目录索引搜索引擎的不同之处。

5. 你认为 Internet 未来的发展方向是什么? 你认为应该如何用理性的眼光来看待 Internet 的未来?

第8章　网站建设与网页制作

章节引导

假如某学院正在举办科技文化节,持续时间为一个月。为了让更多的人及时地了解学院科技文化节的具体进展,需要建设一个网站,这样可以及时更新文化节的最新情况。如何去建设满足我们活动的网站呢? 网站建设需要哪些具体的过程呢?

 知识技能

掌握网站和网页的基本知识。

掌握 HTML。

掌握 Dreamweaver。

 本章重点

HTML。

 本章难点

CSS 样式表。

 课时建议

4 学时。

 效果或项目展示

本章操作任务:应用 Dreamweaver 制作网页;应用 CSS 制作网页;网页站点发布。

 知识讲解

教学结构如下。

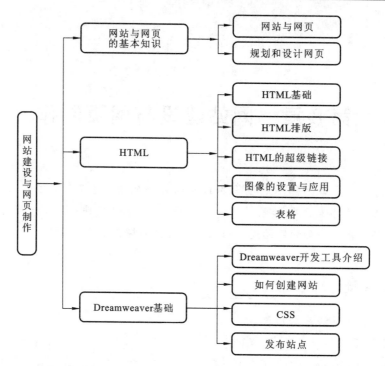

　　网站建设从网站的规划与设计开始,设计步骤包括网站定义、可行性研究、需求分析、总体设计、详细设计、程序编码、单元测试、综合测试、网站发布和网站维护等。编制网页程序的基础是 HTML。同时要选择设计和开发网站,制作网页,发布网站和维护网站的集成开发设计环境。本章介绍的集成开发设计环境是 Adobe 公司的著名网站开发工具 Dreamweaver,它使用所见即所得的接口,也有 HTML 编辑的功能,集成了 Web 的各种开发和设计功能,提供简捷、方便的网站开发环境。Dreamweaver 易学、易用,是学习网页制作的最好的入门教材。

8.1　任务一　掌握网站与网页的基本知识

章节引导

　　某大学教务系统网站每学期都会要求学生网上选课,在建设教务系统网站时需要考虑哪些具体的问题呢?

　　有关网站和网页的基本概念很多,本节主要介绍网站、网页、超文本、超媒体、超链接等基本概念,随后介绍网站的规划与设计方法。

8.1.1　网站和网页

1. 网站

　　网站(站点)是按照一定的规则制作的、用于展示特定内容的相关文件的集合,可以通俗地理解成存储在某个服务器上包含网页、图片、数据库和多媒体信息等资源的一个文件夹。通常把提供网页服务的服务器称为 Web 服务器,相关网站称为 Web 站点。在 IIS 管理器中,网站用主机域名标注,由不同层次的虚拟目录、不同内容的网页、不同类型的资源文件构成。虚拟目录由网站制作者命名,虚拟目录与实际物理文件夹之间存在映射关系,对网站的访问对应着访问服务器物理文件夹下的某个网页文件。

2. 网页

网页指浏览器显示的页面,是以 HTML 为基本语言,内嵌 CGI、ASP、. NET、JSP、PHP 等网络编程语言编制的文档。网页通过 URL 定位,采用超链接技术传输并显示超文本或超媒体。网站中存在着多个网页,访问一个网站时存在着一个默认打开的页面,一般具有主题呈现、页面导航的门户功能。

【思考】静态网页和动态网页的区别是什么?

不需要在服务器运行的网页属于静态网页,如 HTML、Flash、JavaScript 等,它们是保存在服务器上的页面文件,只有通过编辑页面文件才能进行更新维护。静态网页的内容是固定的,不论何时,任何用户访问该页面都会得到相同的显示效果。

动态网页(. asp、. aspx、. php、. jsp)采用了动态网页技术,在服务器端运行的网页和程序属于动态网页,它们会根据编写的程序访问数据库动态地生成页面,如图 8-1 所示。使用了"动态"网页技术的网站具有以下特点。

(1) 交互性。网页能根据客户的需要及时地改变和响应,如购物网站。

(2) 自动更新。不需要手动更新 HTML,更新数据库就能自动更新页面。

(3) 因人因时而变,如教务管理系统。

图 8-1　动态网页

3. 超文本

超文本是一种非线性的信息组织形式,它是由节点和表达节点之间关系的链组成的网状结构,把网络中多个信息源的相关文本信息链接在一起,用户利用链接从一个文档进入另一个文档。

4. 超媒体

超媒体是一种智能文档,是超文本在内容上的扩充,由声音、图形、图像、图表、视频、动画和文本有机地联系在一起形成的文档。

5. HTTP

HTTP 是 WWW 服务器和浏览器之间传输数据的协议,它采用客户/服务器工作方式,浏览器将接收到的页面报文显示在屏幕上。

6. WWW

WWW是一种基于超文本的界面友好的信息服务方式,用于查询和浏览链接到Internet服务器上的资源,由欧洲粒子物理实验室(CERN)研制。它利用 HTTP、URL、HTML等技术使用户通过浏览器方便地查询远程站点上的文字、图像和多媒体等信息。

8.1.2 规划和设计网站

网站设计属于软件设计,必须遵循软件工程的设计思想,对网站进行总体规划,规划每个时期的目标、内容、人员时间安排、工作任务、成果形式、检测方法、复查验收、成果归档等项目。每个时期进一步划分成若干个阶段,各阶段要有明确的工作目标和工作方案。

【思考】需要从哪几个方面对网站进行维护?

网站交付使用后,为了让网站能够长期稳定地运行,还必须进行相应的维护工作,主要包括:①服务器及相关软硬件的维护,对可能出现的问题进行评估,制定响应时间;②数据库维护,有效地利用数据库是网站维护的重要内容,因此数据库的维护要受到重视;③内容的更新、调整等;④制定相关网站维护的规定,将网站维护制度化、规范化;⑤做好网站安全管理,防范黑客入侵网站,检查网站各个功能、链接是否有错。

8.2 任务二 掌握 HTML

章节引导

也许你经常访问苹果公司的官方网站,你一定被那设计新颖、制作精美的网页所折服吧。那么你是否想象过那些漂亮的网页是如何制作出来的呢? 其实 HTML 就是网页制作过程的基本语言。

HTML 是创建 Web 网页的简单标记语言。其实质是一种使用标记和属性描述超文本的 ASCII 码文件,可以用任何的纯文字编辑器编辑修改 HTML 文件。

在 HTML 内可以嵌入 Script 脚本语言,浏览器端的 Script 是浏览器执行的小程序,可以使用 Netscape 公司开发的 JavaScript 脚本语言或微软公司开发的 VBScript 脚本语言作为浏览器端的脚本语言。大多数浏览器支持 JavaScript 脚本语言,IE 浏览器支持VBScript 和 JavaScript 脚本语言。服务器端的脚本语言包括 CGI、ASP、. NET、JSP、PHP 等网站编程语言。

8.2.1 HTML 基础

HTML 是万维网上发布信息和数据的母语,是一种普遍使用的网站编程语言。HTML 的语法由标记(tag)和属性(attributes)两部分组成,HTML 的标记用一对尖括号

＜＞括起的字符串表示,如＜TITLE＞表示网页标题的开始,＜/TITLE＞表示网页标题的结束。属性有属性名和属性值两部分,用等号连接如 ALIGN ＝" LEFT",等号左边为对齐属性,等号右边为对齐属性的值,描述对齐方式为左对齐。属性出现在标记名的后面,用空格分隔,如＜A HREF＝"HTTP:// HPUCC. COM/PUB / Index. asp"＞。浏览器将含有标记和属性的文件解释为网页。

【思考】标记有哪几种类型?

标记有两种类型,一种是网页的元素标记,用于标识网页上的组件或描述组件的样式,如＜HEAD＞网页的头部、＜BODY＞网页的主体、＜H1＞标题 1、＜B＞粗体等;另一种是网页的资源标记,用于指向其他的资源,如＜IMG＞插入图片。

1. HTML 句法结构

HTML 标记的句法结构的格式如下。

＜标记名　属性名 1＝值 1　属性名 2 ＝值 2…＞

例如,2 号标题左对齐的标记为:＜H2　ALIGN＝" LEFT"　＞。

标记名后可以带多个属性,也可以不带属性,如 2 号标题的标记为:＜H2＞。

大部分的标记名成对出现,成对标记完整的句法格式为:＜标记名　属性名 1＝值 1　属性名 2＝值 2…＞ 被修饰对象即显示内容 ＜/标记名＞。简记为:＜ 标记名 ＞ …＜/标记名＞。

例如,＜ H2　ALIGN＝" LEFT"　＞ 二号标题左对齐 ＜/H2＞。

其中,在开始标记和结束标记之间的文本"二号标题左对齐"是被修饰对象,直接显示在浏览器中的文本内容。

2. HTML 文档结构

用记事本编辑 HTML 程序,如图 8-2 (a) 所示,保存为扩展名为. htm 的文件,用文件名 sample1.htm 保存在 E:\HTML 文件夹中。用浏览器显示成网页,如图 8-2 (b) 所示,若要查看该网页的源代码,可以使用浏览器的窗口菜单命令"查看"→"源文件",打开 sample1. htm 记事本窗口,显示源程序。

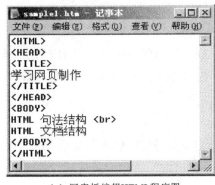
（a）写字板编辑HTML程序图

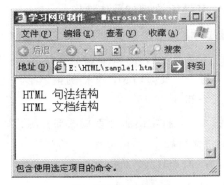
（b）浏览器显示网页

图 8-2　编辑 HTML 程序并显示成网页

HTML 文档的标记功能如下。

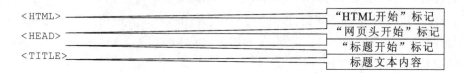

学习网页制作

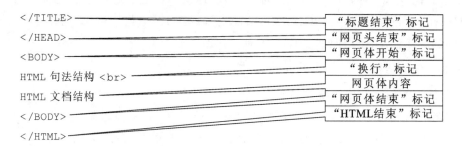

从 HTML 程序的文档结构可以看出，最基本的 HTML 结构模板要包括网页头部和网页体两个部分，文档标题在网页头部中定义，称为标题声明。

网页内容在网页体中说明，称为网页内容。

3. HTML 文档的整体结构

【思考】完整的网页需要包含哪些信息？

一个完整的网页，总是包括版本声明，用<! DOCTYPE>标记声明 HTML 文档的版本信息。因此，HTML 文档的整体结构包括 HTML 文档的版本声明、标题声明和网页内容三个部分。

例 8-1　科学出版社首页的部分源代码如下。

```
< !DOCTYPE HTML PUBLIC"-//W3C//DTD HTML 4.0 Transitional//EN">

< !--52:44.111--> < !--/enp/sciencepress/science/04index.jsp-->

< head>

< title> 科学出版社< /title>

< meta http-equiv=Content-Language content=zh-CN>
```

```
< meta http-equiv=Content-Type content="text/html;charset=GBK">
< meta content="MSHTML 6.00.2800.1595" name=GENERATOR>
< meta content=FrontPage.Editor.Document name=ProgId>
< style type=text/css>
body{FONT-SIZE:14px}
A.xw-title1 {color:white;font-size:12px}
A.denglu {color:#000066;font-size:12px;FONT-WEIGHT:bold}
A.title {color:#000000;font-size:12px;}
.title {color:#ffffff;FONT-SIZE:12px;}
A.title {color:#000000;font-size:12px;}
< /body>
< /style>
< /html>
```

8.2.2　HTML 的排版

HTML 的排版包括设置标题格式、设置段落格式、插入注释、设置文本格式、设置字体、字号(大小)、文字颜色、项目符号与编号等对网页编辑与格式化的排版标记。

1. 如何设置标题格式

HTML 提供的标题格式有 6 种,用标记＜H1＞…＜/H1＞设置 1 号标题,显示的字体最大;用标记＜H2＞…＜/H2＞设置 2 号标题;用标记＜H3＞…＜/H3＞设置 3 号标题;用标记＜H4＞…＜/H4＞设置 4 号标题;用标记＜H5＞…＜/H5＞设置 5 号标题;用标记＜H6＞…＜/H6＞设置 6 号标题。标题的属性包括 align 属性和事件处理属性。

属性:align＝"left,center,right}"。

功能:标题的对齐方式,左对齐、居中对齐、右对齐。

例句:H1　align　"left"　　1 号标题左对齐　　H1

　　　H2　align　"center"　2 号标题居中对齐　H2

　　　H3　align　"right"　 3 号标题右对齐　　H3

例 8-2　编制设置标题格式的网页源程序从 1 号标题到 6 号标题,并设置左对齐、居中对齐和右对齐三种对齐方式。

操作:在记事本中编写源程序如图 8-3(a)所示,在浏览器中显示网页如图 8-3(b)所示。

2. 如何设置文字字体大小和颜色

HTML 设置文字的字体大小和颜色用＜font＞…＜/font＞标记,通过标记的属性设置文字的字体大小和颜色,改变属性值可以改变文字的字体大小和颜色。

格式:font face "宋体" size 1～7 color "000000"～"FFFFFF" 文字 /font。

功能:设置指定文字的字体、大小和颜色。

（a）"标题格式学习网页"源程序　　　　　　　　（b）"标题格式"学习网页

图 8-3　"标题格式学习网页"源程序和网页

例句：font face "宋体" size 4 color "FF0000" 文字 4 /font。

设置"文字 4"为宋体，4 号字，颜色为红色。

font face "宋体" size 5 color "0000FF" 文字 5 /font。

设置"文字 5"为宋体，5 号字，颜色为蓝色。

例 8-3　编制设置文字字体大小和颜色的网页，文本分别为"6 号文字黑体绿色""6 号文字宋体红色"和"5 号文字隶书蓝色"，按此要求进行设置。

操作：在记事本中编制源程序如图 8-4（a）所示，在浏览器中显示网页如图 8-4（b）所示。

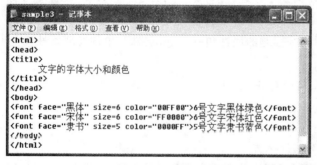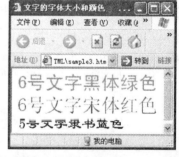

（a）"文字的字体大小和颜色"源程序　　　　　（b）"文字的字体大小和颜色"网页

图 8-4　"文字的字体大小和颜色"源程序和网页

3. 如何修饰文字

修饰文字可以通过设置文字为粗体、斜体、下划线、上标、下标、打字机、强调等标记，修饰文字显示输出效果。例 8-5（a）用修饰文字标签，制作如图 8-5（b）所示的文字修饰效果，包括粗体、斜体、下划线、上标、下标、打字机（字符大小均匀）、强调、加强、范例等标记，注意空格标记" "，换行标记"br"的使用方法。

操作：编写 HTML 源程序如图 8-5（a）所示，在浏览器中显示网页如图 8-5（b）所示。

（a）"文字的修饰"源程序　　　（b）"文字的修饰"学习网页

图 8-5　"文字的修饰"源程度和网页

4．分隔标记分为哪几种

分隔标记包括
换行标记、<p>…</p>段落标记、<pre>…</pre>预先格式化标记、<hr>分隔线标记等。
是强行换行但不换段标记，从图 8-5 可以看出，
标记后面的文本换行显示。浏览器显示文本时忽略了文本中的空格符和回车符，将回车后面的文字显示成同一段，因此设置文本的段落要使用段落标记<p>…</p>。

格式：p align "{left,center,right}"width "n">文字段落</p。

功能：设置文本的段落和段落对齐方式及段落宽度。对齐方式包括左对齐、居中对齐、右对齐。width 属性设置段落的宽度。

例句：<p align "center" width "1">文字段落</p>。

设置段落居中对齐，段落宽度为 1。

若要保持原来的段落设置，可以用 pre>…/pre 标记，使用预先格式化好的段落。

例 8-4　用网页排版陆游的词《钗头凤》。

操作：编写 HTML 源程序，如图 8-6（a）所示，标题为陆游，样文分别用
换行标记、<p>…</p>段落标记和<pre>…</pre>预先格式化标记设置换行和段落。用 IE 浏览器显示如图 8-6（b）所示。

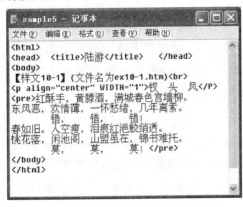

（a）段落格式排版　　　　　（b）陆游词《钗头凤》

图 8-6　陆游词版式和网页

8.2.3 HTML 的超级链接

1. 如何建立超级链接

使用标记＜a＞…＜/a＞建立超级链接,该标记的属性 href＝"URL",属性值为统一资源定位器地址,用于指定超级链接所链接文件的绝对地址或相对地址。超级链接分为内部链接和外部链接两种链接方式,内部链接指在同一网站中网页内部的链接;外部链接指链接网站外部的资源,根据 Internet 提供的服务访问外部的网站,引用外部网站的资源。

2. 超链接标记主要包括哪些属性

格式:＜a　属性 1　属性 2　…　属性 n　＞　…　＜/a＞。

属性如下。

accesskey＝" "　指定超级链接的访问键。

charset＝" "　指定超级链接的字符集。

coords＝"x_1,y_1,x_2,y_2"　指定图像映射的热点坐标。

href＝"url"　指定超级链接所链接文件的相对位置或绝对位置。

href lang＝"langcode"　指定 href 属性值的语种。

name＝" "　指定超链接要跳转到的目标位置。

rel＝" "　从目前的文件到 href 指定的文件之间的关联。

rev＝" "　从 href 指定的文件到目前的文件之间的关联。

shape＝"{rect,circle,poly}"　指定图像映射的热点形状。

tabindex＝"n"　指定组件在网页中的 TAB 键顺序。

tabget＝" "　指定目标框架的名称(用于框架网页)。

type＝" "　指定内容类型。

3. 如何建立内部链接

内部链接由标识目标和设置链接两个步骤组成,标识目标使用标记及属性＜a name＝"ly"＞…＜/a＞,指定超链接要跳转到的目标位置,在此位置上做一个指定的标记"ly"。设置链接使用标记＜a href＝"♯ly"＞"链接点"＜/a＞,设置后在浏览器窗口显示"链接点"的标记,用户单击"链接点",跳转到标识目标的起始位置。

4. 如何建立外部链接

外部链接又分为网站链接、电子邮件链接、FTP 链接、News 链接、Gopher 链接、BBS 链接。外部链接直接引用网站外部的资源,根据 Internet 提供的服务访问外部网站的资源。

链接到外部网站的超级链接:＜a href＝http://www.sciencep.com＞科学出版社＜/a＞。

链接到电子邮件地址的超级链接:＜a href＝mail to:abc@126.com＞欢迎您的来信＜/a＞。

图 8-7 显示了具有多个外部链接的网页。

（a）"网站导航"的源程序　　　　　　　　（b）"网站导航"学习网页

图 8-7　"网站导航"源程序和网页

8.2.4　图像的设置与应用

1. 如何插入图像

插入图像的标记是＜img＞,这个标记不是成对出现的,是一个可以在文档中插入图像的单个元素。

2. 插入图像的标记及属性主要包括哪些

格式:＜img 属性 1　属性 2　…　属性 n＞。

属性如下。

aling="{left,right,top,middle,bottom}"　指定图像对齐的方式。

alt=" "　指定图像替代文字。

border="n"　指定图像框线的粗细。

controls=" "　当图像是影像时以此属性指定播放控件。

dynsrc="URL"　指定动态影像的相对或绝对位置。

height="n"　指定图像的高度(n 个像素点)。

hspace="n"　指定图像的水平间距(n 个像素点)。

ismap　指定图像为服务器端图像映射。

longdesc=" "　指定图像的说明文字。

lowsrc="URL"　指定低分辨率图像的绝对或相对位置。

loop="{n,infinite}"　指定视频文件的播放次数。

name=" "　指定图像的名称,供脚本、Applet 或书签使用。

src="URL"　指定图像的相对位置或绝对位置。

start="{fileopen,mouseover}"　指定动态影像开始播放的事件。

usemap="URL"　指定图像映射所在的文件位置及名称。

vrml=" " 指定 vrml 对象的相对或绝对位置。

vspace="n" 指定图像的垂直间距(n 个像素点)。

width="n" 指定图像的宽度(n 个像素点)。

3. 如何设置图像的对齐方式

在网页中插入图像要用 src 属性指定图像的相对位置或绝对位置。多个图像与文字混排,要确定图像的对齐方式,用属性 aling="{left,right,top,middle,bottom}"指定图像的对齐方式,包括左对齐、右对齐、上对齐、中对齐、底对齐。

8.2.5 表格

表格是网页制作中广泛使用的重要元素。表格可以规划版面结构、划分版面区域、显示表格数据等。制作网页经常使用表格将一个大的网页划分成几个功能块,各功能块分开编辑排版,方便用户操作。

1. 表格标记

表格标记由<table>…</table>表格、<tr>…</tr>表格行、<td>…</td>单元格和<th>…</th>标题单元格 4 种标记组成。表格标记是嵌套使用的,表格在外层,表格行其次,单元格在内层。

例 8-5 编制学生成绩表网页,体会一下表格标记的嵌套使用方法。

操作:源程序如下。

```
<! -------------表格的嵌套------------------>
<html>
<head>
<title>学生成绩表</title>
</head>
<body>
<table border= "1">
<tr>
<td>学号</td><td>姓名</td><td>C 语言</td><td>数据库</td><td>网络</td>
</tr>
<tr><td>06120001</td><td>王锋</td><td>85</td><td>82</td><td>90</td></tr>
<tr><td>06120002</td><td>张华</td><td>88</td><td>86</td><td>85</td></tr>
<tr><td>06120003</td><td>刘涛</td><td>84</td><td>76</td><td>89</td></tr>
</table>
</body>
</html>
```

用浏览器显示的学生成绩表如图 8-8 所示。

2. 表格的格式及属性

(1)表格标记的格式:<table 属性 1="…"属性 2="…"…属性 n="…">…</

table＞。

属性如下。

aling="{left,right,center}"　指定表格的对齐方式。

background="url"　指定表格背景图片的相对或绝对位置。

bgcolor="＃RRGGBB"　指定表格的背景颜色。

border="n"　指定表格的框线大小。

bordercolor="＃RRGGBB"　指定表格的框线颜色。

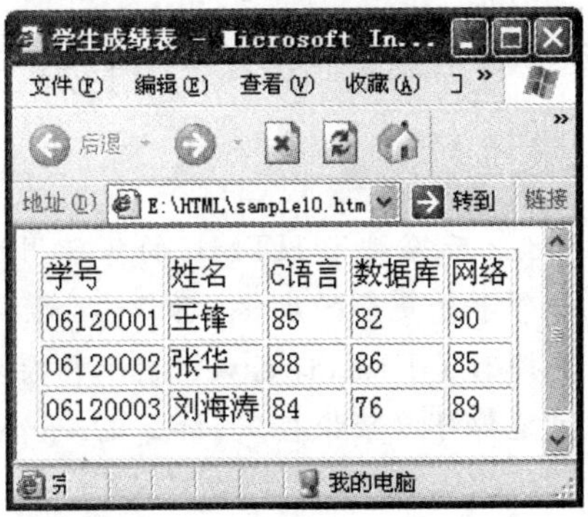

图 8-8　“学生成绩表”学习网页

bordercolordark="＃RRGGBB"　指定表格的暗边框颜色。

bordercolorlight="＃RRGGBB"　指定表格的亮边框颜色。

cellpadding="n"　指定单元格内数据与网格线的间距。

cellspacing="n"　指定单元格网格线之间的距离。

cols="n"　指定表格的列数。

frame="{void,border,above,below,hsides,lhs,rhs,vsides,box}"　指定表格线的外框线显示方式。

rules="{none,groups,rows,cols,all}"　指定表格的内框线显示方式。

summary=" "　指定表格的说明文字。

width="n"　指定表格的宽度(像素点或缩放的百分比)。

(2) 表格行标记的格式：＜tr 属性 1="…"属性 2="…"…属性 n="…" ＞…＜/tr＞。

属性如下。

aling="{left,right,center,justify,char}"　指定某一行单元格内容的水平对齐方式。

bgcolor="＃RRGGBB"　指定某一行单元格的背景颜色。

bordercolor="＃RRGGBB"　指定表格的框线颜色。

bordercolordark="＃RRGGBB"　指定某一行单元格的暗边框颜色。

bordercolorlight="＃RRGGBB"　指定某一行单元格的亮边框颜色。

char=" "　指定某一单元格要对齐的字符。

charoff="n"　指定单元格要对齐的字符是从左边数第几个。

nowrap　取消某一行单元格的文字换行。

valing="{top,middle,bottom,baseine}"　指定某一行单元格内容的垂直对齐方式。

8.3 任务三 掌握 Dreamweaver

章节引导

8.2 节探讨了 HTML 的基本用法,对网页制作有了初步的认识。如果你的网页中设计一个十分复杂的表格,想必你会抓耳挠头。因为用记事本去输入,实在是太麻烦。不过只要拥有了 Dreamweaver,就不需要顾虑网页中的复杂样式了。拥有了 Dreamweaver,很多问题都可以轻松搞定,那么 Dreamweaver 到底是如何使用的呢?

8.3.1 Dreamweaver 开发工具介绍

Dreamweaver 是美国著名的软件公司 Macromedia 推出的一个"所见即所得"的可视化网站开发工具。Dreamweaver MX 的工作界面中包括标题栏、菜单栏、插入栏、工具栏、"属性"面板、功能面板组、状态栏和文档窗口。

8.3.2 创建网站

定义站点也就是建立网站,可以将已建立的网页转换成网站,也可以从零开始建立一个全新的站点,如图 8-9 所示。网页一般都要通过超级链接互相进行关联,一些具有共同属性的网页,相互链接在一起,就构成了一个 Web 站点。例如,一个公司的 Web 站点,往往由公司首页、公司概况、产品介绍、联系方式等网页文档互相链接构成。在 Dreamweaver 中站点可以通过文档窗口中的"站点"→"新建站点"来进行定义。

【思考】建立网站分为哪几个步骤?

(1)建立站点。第一步就是要在本地硬盘上进行规划,创建一个文件夹(例如,在 D 盘上建立一个 dreamweb 的文件夹)作为保存一个站点所有文档的文件夹,然后再分别创建子文件夹来存放不同类别的文档。例如,文件夹 flash 用于保存动画文件,文件夹 images 用于保存图片文件。

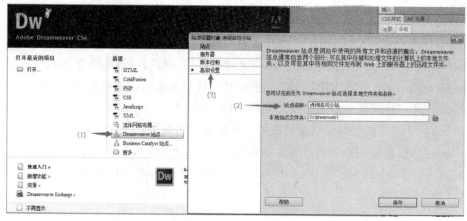

图 8-9 打开 Dreamweaver 时选择新建站点

（2）设置服务器。本实验中所有网页最后将上传至网页服务器上，采用 FTP 方式上传，此处所设置的服务器是 FTP 服务器（同时也是网站服务器），必须先测试通过。如图 8-10 所示，如果还未设置网页服务器，可以先在本地编写完全部网页及本地测试完毕后，再单独上传。

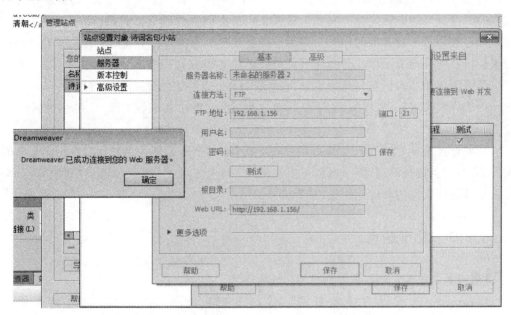

图 8-10　新建站点时选择网页存放的目标服务器

8.3.3　创建网页

当本地站点创建完成时，在站点中还没有网页文件，需要建立一个个网页文件存放到目录中。在网页中插入文字、图片以及其他的多媒体对象，如动画、影像、连接到其他文件的链接以及声音，才能成为真正的网页，这个过程就是网页设计。这一切操作主要在文档窗口完成，Dreamweaver MX 会自动在文件中加入相应的 HTML 和其他脚本程序代码。

网站里面有一个很重要的页面，称为首页，也就是通常网站看到的第一个页面。首页一般会有一个约定的名称，常见的名称为 index.htm 或 default.htm 等。

设置页面基本属性是网页设计的第一步工作。通常在网页对象中的快捷菜单中进行操作，网页的基本属性包括页面标题、背景图像和颜色、文本和链接颜色，还包括在"文件头"选项卡中定义的信息等内容。

8.3.4　CSS

【思考】CSS 包括哪几种样式表？

CSS 是 Cascading Style Sheet 的缩写，译为"层叠样式表单"，是用于（增强）控制网页样式并允许将样式信息与网页内容分离的一种标记性语言。

样式有 HTML 样式和 CSS 样式两种，HTML 样式存放在 HTML 文件中，实际上是一系列 HTML 格式标记的组合，可用于一次对文本对象进行多个方面的格式设置，并且可对多个文本使用这种格式设置，而 CSS 样式存放在另一个文件（外部样式表）或 HTML 文档的另一部分（通常为文件头部分）中，不仅可以设置文本格式，还可以设置图像、动画、背景等的准确定位等属性。样式表包括文档中的所有格式，使用外部样式表还可以一次控制若干篇文档的格式。因为进行更改时不需要对每个页面上的每个属性都进行更新。将内容与表示形式分离还可以得到更加简练的 HTML 代码。

CSS 的语法结构仅由三部分组成：选择符（selector）、属性（property）和值（value）。

内部样式表将 CSS 样式编写在页面之中，可以将样式表统一放置在一个固定的位置。

外部样式表是 CSS 应用中最好的一种形式，将 CSS 样式编码单独编写在一个独立的文件中，由网页进行调用，多个网页可以调用同一个样式文件，因此能够实现代码的最大化重用及网站文件的最优化配置、推荐方式。

8.3.5　发布站点

【思考】发布站点之前需要的准备工作有哪些？

Dreamweaver 可以方便地对网站进行发布和管理，在发布网站之前先使用 Dreamweaver MX 2004 站点管理器对网站文件进行检查和整理，这一步可以找出断掉的链接、错误的代码和未使用的孤立文件等，以便进行纠正和处理。

课 堂 实 践

操作 1　应用 Dreamweaver 制作网页

［实训目的］
（1）了解网页制作的基本过程。
（2）熟悉 HTML。
［实训内容］
应用 Dreamweaver 制作基本页面。
［网络环境］
PC1 台，网站服务器一台（提供 FTP 服务）。
［实训步骤］
（1）新建一个 HTML 文档，依次选择"修改标题"，"添加背景"，"选择背景"图片操作，如图 8-11 所示。

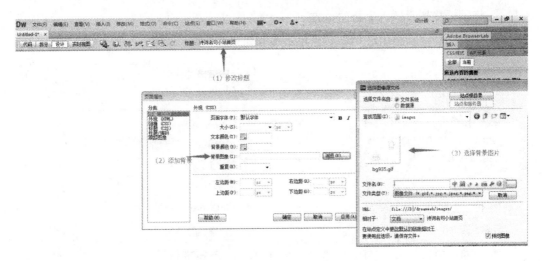

图 8-11　添加背景操作

（2）选择保存网页，名为 index. html。如图 8-12 所示，通过双击站点窗口中的 index. htm 文件就可以在文档窗口中打开这个文件，然后可以编辑它，先应用前面所学内容基本元素做一个简单的页面。

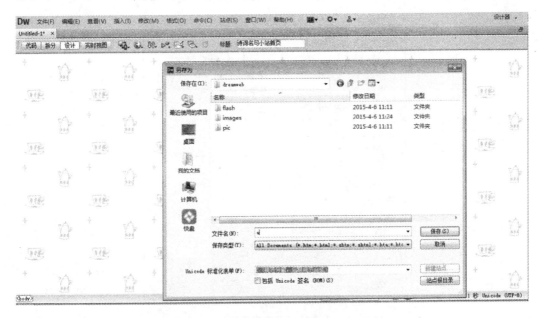

图 8-12　将网页保存为 index. htm

（3）在页面中输入"诗词名句小站"，然后选中这几个字，查看右击弹出的快捷菜单，首先学会使用右键操作菜单。如图 8-13 所示，通过常用的选择，可以查看左边自动生成的 HTML 代码。

（4）表格的插入及基本操作，如图 8-14 所示，操作如下。

① 将鼠标移到要插入表格的地方。

② 单击"插入"菜单中的"表格"或单击对象窗口中的表格对象。

图 8-13　通过快捷菜单设定文字属性　　　　　　图 8-14　通过菜单插入表格

③ 设置表格的行数、列数、宽度以及边框粗细如图 8-15 所示。

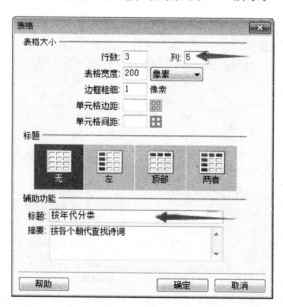

图 8-15　设置表格属性

（5）修改各个网页元素的属性，如图 8-16 所示。

（6）按照图 8-17 的效果，再次新建一个网页 liuyong_1.html。

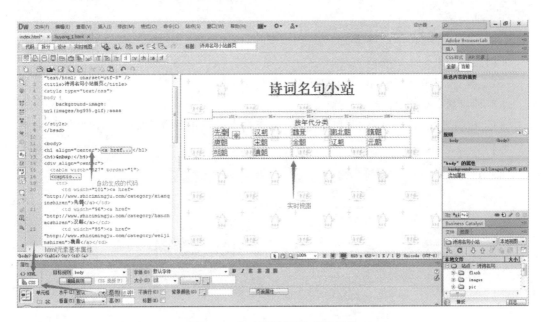

图 8-16　修改网页标题、表格属性

图 8-17　网页 liuyong_1.html 的效果

操作 2　网页站点发布

[实训目的]

了解网页发布的基本过程。

[实训内容]

应用 Dreamweaver 发布页面。

[网络环境]

PC1 台,网站服务器一台(提供 FTP 服务)。

[实训步骤]

（1）在编辑视图点"站点"菜单中选择"检查站点范围的链接"选项,弹出"结果"对话框,如图 8-18 所示。

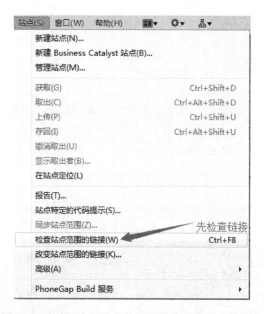

图 8-18　选择"检查站点范围的链接",为发布做准备

（2）图 8-19 是检查器检查出本网站与外部网站的链接的全部信息,对于外部链接,检查器不能判断正确与否,必须自行核对。纠正和整理之后,网站就可以发布了,如图 8-19所示。

图 8-19　检查验证链接后的结果

（3）如果是第一次上传文件,服务器根文件夹是空文件夹时,连接到远程站点,执行以下操作。

在 Dreamweaver 菜单中,执行"站点"→"管理站点"命令。在"管理站点"对话框中看到前面设置的"诗词名句小站"名称,如图 8-20 所示。

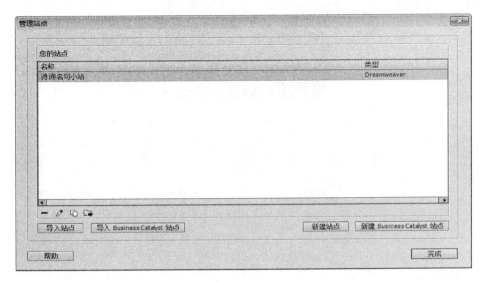

图 8-20　管理站点

（4）在设置了本地文件夹和远程文件夹之后，可以将文件从本地文件夹上传到 Web 服务器。

执行以下操作：执行"站点"→"上传"命令，上传站点的本地根文件夹如图 8-21(a)所示；或者在本地视图中，单击"上传" ⬆ 按钮如图 8-21(b)所示。

（a）将文件准备上传站点

（b）在本地视图中选择上传文件

图 8-21　上传文件

（5）查看远程服务器视图，可以看到 Dreamweaver 会将所有文件复制到服务器默认的远程根文件夹，如图 8-22 所示。

（6）通过 IE 浏览器访问远程站点，验证是否发布成功。将会看到和图 8-17（除地址不一样）一样的结果。

图 8-22　上传文件成功后的远程文件夹

习　　题

1. 如何修改网页的标题？
2. 在上传网站前进行的检查操作包括哪些内容？
3. 添加背景图像需要哪些步骤？
4. 论述网页设计中所需要注意的通用规则。
5. HTML 是指超文本标记语言，它主要告诉浏览器什么？
6. 简述 HTML 文件的基本标记组成。

第9章 网络安全技术

知识技能

认识网络安全。
了解加密技术。
了解身份论证技术。
了解数据的完整性。
认识防火墙。
认识主动防御。

本章重点

加密技术的基本原理。
身份认证的基本原理。
防火墙的基本原理及分类。
网络攻击的分类。

本章难点

加密技术的基本原理。
防火墙的基本原理。

课时建议

4学时。

本章操作任务

操作 1：SHA1 生成文件摘要。
操作 2：Windows 2003 防火墙。
操作 3：洪泛攻击。
操作 4：缓冲区溢出攻击。

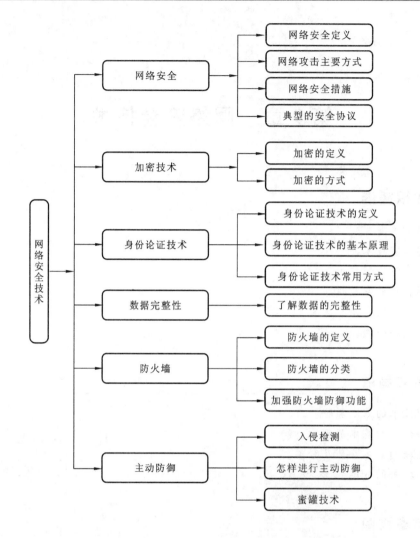

9.1 任务一 认识网络安全

章节引导

2014 年,武汉某公司的财务人员小王,在 QQ 上收到公司老板张总的消息,张总询问了小王公司账户的数额,随后发给他一个账号,要求小王将 96 万工程款打入此账户。小王去银行汇完款,回到公司正好碰到张总。就告诉张总,那笔工程款已经汇出去了。张总纳闷,自己并没有让小王汇款啊!这时两人突然意识到遇到了骗子,便立即报警。后来经民警调查发现在小王的 QQ 邮箱里有一封携带病毒的陌生邮件,正是它盗取了小王的 QQ 信息。通过这个例子,大家还觉得网络很安全吗?

随着 Internet 应用的不断创新与发展,Internet 在给人们带来巨大便利的同时,也不可避免地面临着信息与网络安全带来的挑战。一方面,开放式的网络体系结构使得网络的扩展变得更加容易,资源的共享,提高了网络的服务性和需求;另一方面,也正是这些特点增加了网络的脆弱性和复杂性,遭受来自网络内部和外部的各种安全威胁。

【思考】网络安全问题带来了哪些危害?

网络安全问题不仅给广大网民带来了不便,甚至影响到社会各个行业信息化建设的进一步深化,威胁到国家的信息安全和经济发展。每年由各类安全事件造成的损失数以亿计,其中既包括来自外部的威胁,如蠕虫、黑客、间谍软件、网上欺诈的攻击,又包括内部人员的违规操作或者恶意破坏,特别对于政府机关、金融等行业来说,这些安全威胁已经严重影响到当前经济以及社会稳定。对于个人来说,个人用户的密码、隐私资料等也需要加强保护。据权威部门统计,近年来,国内与网络有关的各类违法行为每年都在递增。绝大多数攻击都是在少数几个国家和地区发起的,中国所受网络攻击次数排第三。全球平均每 20 s 就会发生一起 Internet 计算机侵入事件,网络安全的危害将有可能导致严重的后果。

9.1.1　网络安全

网络安全(network security)是一门涉及计算机科学、网络技术、通信技术、密码技术、信息安全技术、应用数学、信息论等多种学科的综合性科学。一般意义上,网络安全包括信息安全和控制安全两部分,国际标准化组织把信息安全定义为"信息的完整性、可用性、保密性和可靠性";控制安全指身份认证、不可否认性、授权和访问控制。

从整个网络运行的过程来看,网络安全可分为三个部分的安全。

(1)网络终端系统信息的安全:包括用户口令、用户存取权限、数据存取、身份认证等。

(2)网络信息传播过程的安全:它侧重于信息的保密性、真实性和完整性,避免攻击者利用系统的安全漏洞进行窃听、冒充、诈骗等有损于合法用户的行为。其本质上是保护用户的利益和隐私。

(3)网络信息传播安全:即信息传播后果的安全,主要指信息过滤等。它侧重于防止和控制非法、有害的信息内容的传播,避免公用网络上大量自由传输的信息失控。

【思考】一般是什么造成网络不安全?

一般来讲,网络不安全的因素来自两个方面,一方面是网络本身的安全漏洞,主要有系统配置的漏洞、操作系统的安全漏洞、通信协议的安全漏洞和数据库系统的漏洞;另一方面是人为因素和自然因素,人为的内部破坏和自然因素如地震、恶劣天气等,可以分别通过加强管理和重新连接等方式解决。

9.1.2　网络攻击的主要方式

网络攻击的方式是多种多样的,到目前为止,已经发现的攻击方式超过 2000 种,如图 9-1 所示,对其中绝大部分黑客攻击手段已经有相应的解决方法。

这些攻击大致可以划分为以下 11 类。

(1)直接人身攻击:如社会工程、钓鱼等行为。主要指采取非计算机手段,转而使用其他方式(如人际关系、欺骗、欺诈、威胁,恐吓)等非正常手段获取信息。

(2)物理攻击:主要是指通过分析或调换硬件设备来窃取密码和加密算法。物理攻

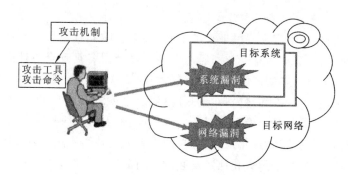

图 9-1　网络攻击方式示意图

击比较难以防范,因为攻击者往往是来自能够接触到物理设备的用户。

（3）服务拒绝攻击:通过使被攻击对象（通常是服务器）的系统关键资源过载,从而使目标服务器崩溃或瘫痪,以致停止部分或全部服务。根据利用方法不同又分为资源耗尽和带宽耗尽两种方式,服务拒绝攻击是最容易实施的攻击行为,也是最难对付的入侵攻击之一,其中目前已知的服务拒绝攻击就有几百种,典型示例有死亡之 ping、泪滴（teardrop）、UDP Flood、SYN Flood、Land 攻击、Fraggle 攻击、Smurf 攻击、电子邮件炸弹、畸形消息攻击等。

（4）非授权访问:对网络设备和信息资源进行非正常使用,如非法进行读、写或执行等。

（5）扫描攻击:在连续的非授权访问尝试过程中,攻击者为了获得网络内部的资源信息和网络周围的信息,通常使用 SATAN 扫描、端口扫描和 IP 半途扫描等方式。由于互连网目前广泛使用的 TCP/ IP 协议族中,各个层次不同的协议均存在一定程度的缺陷,使得协议很容易被扫描到漏洞。

（6）远程控制:通过操作系统本身的漏洞或安装木马客户端软件直接对用户的机器进行控制的攻击,主要通过口令猜测、特洛伊木马、缓冲区溢出等方式。

（7）身份窃取:指用户的身份或服务器的身份被他人非法截取,典型的有网络钓鱼、DNS 转换、MAC 地址转换、IP 假冒技术等。

（8）假消息攻击:在网络中发送目标配置不正确的消息,主要包括 DNS 高速缓存污染、伪造电子邮件等。

（9）窃听:攻击者通过监听网络数据获得敏感信息,如通过抓包软件等。

（10）重传:攻击者事先获得部分或全部信息,然后将此信息重新发送给接收者。攻击者一般通过协议解码方式,如 FTU User 和 Portmapper Proxy 等工具,完成重传。解码后的协议信息可表明期望的活动,然后重新发送出去。

（11）伪造和篡改:攻击者对合法用户之间的通信信息进行修改、删除、插入,再发送给接收者。

9.1.3　网络安全措施

网络攻击的动机是多种多样的,攻击技术比过去更为复杂。因此,安全技术措施必须不停地更新和进步来满足市场的要求。通常的方法是综合利用访问控制、加密、认证、防火墙以及网络管理等手段来解决网络安全问题。

基本的网络安全措施应包括整个网络的安全传播过程。首先应设置安全的行政人事管理,设立安全管理机构,制定完善的人事安全管理、系统安全管理和行政安全管理规则制度。其次是技术方面的措施,主要的技术手段有以下 6 种。

物理措施:例如,保护网络关键设备(如交换机、大型计算机等),制定严格的网络安全规章制度,采取防辐射、防火以及安装不间断电源(UPS)等措施,选用性能优良的传输媒体,搭建稳定的传输线路。

访问控制:对用户访问网络资源的权限进行严格的认证和控制。例如,选用安全稳定的网络操作系统,设置用户身份认证,对口令加密、更新和鉴别,设置用户访问目录和文件的权限,控制网络设备配置的权限等。

数据加密:加密是保护数据安全的重要手段,可以在整个网络过程中加以应用。加密的作用是保障信息被人截获后不能直接被利用。

隔离技术:通过防火墙或划分 VLAN、VPN 等方式分隔成独立区域,将重要的子网络与其他网络隔开。

备份措施:可以避免因硬盘损坏、偶然或恶意的数据破坏、病毒入侵、网络攻击等带来的影响,同时也确保了数据的完整性。

其他措施:其他安全技术包括密钥管理、数字签名、认证技术、智能卡技术和访问控制等。

不同的用户和不同的网络环境会有不同的网络安全策略,实际上,没有绝对意义上的安全网络存在。

9.1.4　典型安全协议

网络安全的实现除了专业的、独立的安全产品,还离不开安全协议的支持,网络产品通常运行于某个层次的网络协议上,因此,协议的安全性也是增强网络安全的重要环节。目前,流行的网络安全协议有很多,SSH、SSL 和 IPSec 是其中的代表,这些协议已经广泛应用于实际,并且都是事实标准或者工业标准。

网络层(1P 层)安全协议 IPsec:IPsec 是由因特网工程任务组(〔ETF)制定的标准,为保障 IP 数据报的安全,定义了特殊的方法,即封装安全载荷(ESP)和认证头(AH)协议。它规定了要保护什么样的通信,如何保护以及通信数据发给何人。

SSH 的英文全称是 Secure Shell:最初 SSH 是由芬兰的一家公司开发的,目前使用较多的是 OpenSSH 版本。它将传输的数据进行加密,并且提供基于口令的安全验证和基于密钥的安全验证,可以防止"中间人"、DNS 和 IP 欺骗等攻击方式。

SSL 的英文全称是 Security Socket Layer:SSL 为网络通信提供私密性。SSL 使应用程序在通信时不用担心被窃听和篡改。SSL 分为两个协议:SSL 记录协议(SSL record protocol)和 SSL 握手协议(SSL handshake protocol)。

【思考】一个应用程序和另一个应用程序怎样进行通信?

当一个应用程序(客户机)想和另一个应用程序(服务器)通信时,客户机打开一个与服务器相连接的套接字连接。然后,客户机和服务器对安全连接进行协商。作为协商的一部分,服务器向客户机进行自我认证。客户机可以选择向服务器进行或不进行自我认证。完成这些操作之后,两端都知道它正在跟谁交谈并且知道通道是安全的。SSL 协议主要使用公开密钥体制和 X.509 数字证书技术保证信息的真实性、完整性和保密性,它不能保证信息的不可抵赖性,主要适用于点对点之间的信息传输,常用 Web Server 方式。

9.2 任务二 了解加密技术

章节引导

某集团公司 1984 年创立于青岛,是全球最大的家用电器制造商之一,用户遍布世界 100 多个国家和地区。经过对集团软硬件环境和业务流程的分析,对客户关注的文档安全性、平台易用性、系统扩展性等问题,结合集团现有的办公自动化(OA)系统或其他管理平台等相关应用和产品数据管理(PDM)系统,需要制定一套怎样的解决方案才能防止它的数据信息泄密?

9.2.1 加密

直观来说,加密是将一串有明确意义的字符变成一堆杂乱无章、毫无关系的字符;解密主要研究在缺乏已知条件的情况下如何恢复这些杂乱无章的字符的本来面貌。加密技术是保护网络安全的核心技术之一,是结合数学、计算机科学、电子与通信等诸多学科于一身的交叉学科。在计算机网络通信中,给网络双方通信的信息加密起着其他安全技术无法替代的作用。

通常,信息在网络上要么存在于端点上,要么存在于信道上,因此对信息的保护也应该存在于整个网络通信中。常见的保护范围分为两种:一种是对端点信息的保护,如身份认证、访问控制、防火墙、入侵检测等;一种是对信道上的信息进行保护,如加密技术等。

数据加密的基本过程就是对原来为明文的文件或数据按某种算法进行处理,使其成为难以理解的一段信息,通常称为"密文"。加密过程的逆过程为解密,即将该密文信息转化为原来数据的过程。密文通常只能在输入相应的密钥并且执行一定的解密算法后才能恢复到正确内容,通过这样的途径达到保护数据不被非法人窃取、阅读的目的。

9.2.2 加密的方式

对信道传输过程的加密分为链路-链路加密、节点加密、端-端加密三种方式。数据加密按算法可分为古典密码、对称密钥和非对称密钥三种方式。

【思考】常见的古典密码加密有哪些?

古典密码加密常见的算法有简单代替密码或单字母密码、多名或同音代替、多表代替,以及多字母或多码代替等。例如,古罗马的 Caesar 密码,采用简单代替方式,依次将字母表中的字符向后移动 3 个字符,经过替换后,密文将无法直接读出。

例 9-1　c(m　k) Mod 26(此处 k 等于 3)。

密码本:A B C D E F G H I J K L M N O P Q R S T W V U X Y Z

　　　　D E F G H I J K L M N O P Q R S T W V U X Y Z A B C

明文:Caesar　was　a　great　soldier

密文:Fdhvdu zdv　d　juhdw　vroglhu

对称加密(保密密钥)技术中,对信息的加密和解密都使用相同的密钥。对称密钥的特点是加密、解密速度快,但通信双方需要预先协商密钥。著名的对称密钥加密算法有 DES(Data Encryption Standard)、IDEA 等。对称加密技术结构示意图如图 9-2 所示。

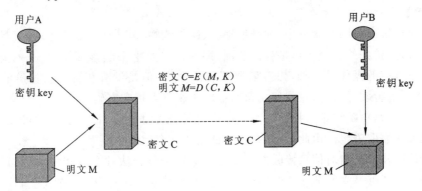

图 9-2　对称加密技术结构示意图

非对称加密技术中,密钥被分解为一对,即公开密钥和私有密钥。可以用公钥加密,私钥解密,反之亦可;但不能通过公钥求出私钥(至少在计算上是不可行的)。著名的非对称密钥加密算法有 RSA(Rivest Shamir Adleman)、椭圆曲线算法等。非对称加密技术结构示意图如图 9-3 所示。

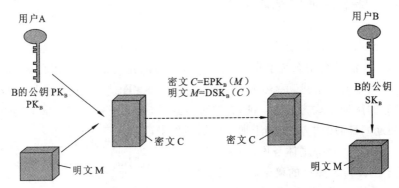

图 9-3　非对称加密技术结构示意图

加密技术中常见的术语如下。

明文(plain text),初始的信息,即网络中所说的报文;密文(cipher text),经过加密后得到的不可直接理解的信息;加密(encrypt),将明文经过算法处理转变为密文的过程;解密(decrypt),将密文还原为明文的过程;密钥(key),加密或解密时所使用的专门信息或工具;密码(cipher),简单加密或解密时所使用的专门信息;密码算法(algorithm),加密和解密变换的规则(数学函数),分为加密算法和解密算法。

9.3 任务三 了解身份论证技术

章节引导

某省电力公司是某电网有限公司的全资子公司。承担着全省的电力生产、建设、调度、经营和电力规划研究等任务。他们的员工通过怎样的方式才能进入他建设的信息系统之中?

【**思考**】身份认证技术有什么好处?

在安全性较高的网络服务中,如网络银行、网络购物、电子政务等服务,除了具备基本的加密手段外,首先的安全操作是身份认证,即使密码发生了泄露,还需要进一步的身份证明才可以授权的操作。例如,黑客盗取了客户密码,但是没有获得证明身份的数字证书,同样无法进行敏感操作,这就好比窃贼盗取了客户存折和密码,到银行冒领现金,如果存折及时挂失后,窃贼在银行柜面还需要提供身份证才能取款,而身份证却很难伪造,这样窃贼就无法盗取资金。由此可见,身份认证是非常有效的手段之一。

身份认证技术是指对信息接收方或发送方进行身份合法性和真实性认证的技术,使得合法的用户能够享受服务或合法的服务器能够提供服务。身份认证的主要目的有以下三个方面。

(1) 信息的真实性。验证信息的发送者是真正存在的和合法的,而不是冒充的。

(2) 信息的完整性。验证信息在传送过程中未被篡改。

(3) 不可抵赖性。信息的发送方(或接受方)不能否认已发送(或已收到)了信息。

9.3.1 身份认证的基本原理

身份认证是以一定的加密算法为基础的。明文的口令是身份认证最简单的方法,但安全性较差,该方法是利用系统事先保存每个用户的二元组信息,如用户名和密码,进入系统时用户输入二元组信息,系统将其与所保存的信息相比较,从而判断用户身份的合法性。比较可靠的认证方式为加密认证,在这种方式下,被认证者不需要出示其明文敏感信息,而是采用迂回、间接的方式,如用加密后的结果来证明自己的身份。

通常有三种方法验证主体身份,如下。

(1) 基于主体特定知道的秘密,如口令、密钥等。

(2) 基于主体所拥有的物品,如智能卡、令牌卡、身份证、信用卡和钥匙等。

(3) 基于主体具有的独一无二的特征,如指纹、笔迹、声音、手形、脸形等。

【**思考**】当一种方法的认证不充分时,该怎样来加强认证呢?

很多情况下,单独用一种方法进行认证强度不充分,在特定安全等级的情况下,可以采用双因素、多因素认证来加强认证。例如,将物理介质与口令两个因素结合起来。目前应用最为广泛的还是最初的用户名加口令身份认证技术,简单易用,且能够保障基本的安全需求。随着技术的进步和成本的降低,指纹、声音、虹膜等生物识别技术将会以其无可替代的识别优势、需求的加大走向普及。

9.3.2 身份认证常用方式

身份认证的基本方法就是由被认证方提交该主体独有的并且难以伪造的信息来表明自己的身份。常用的方式有以下几种。

1. 基于公钥证书 PKI 的数字证书

公钥基础设施(Public Key Infrastructure,PKI)是利用公钥密码理论和技术建立的提供安全服务的基础设施。PKI 的部件包括数字证书(digital ID),签署这些证书的认证机构(CA)、登记机构(RA),存储和发布这些证书的电子目录以及证书路径等。数字证书是一种权威性的电子文档,其作用类似于日常生活中的身份证,它是由权威机构——CA发行的,认证过程如图 9-4 所示。

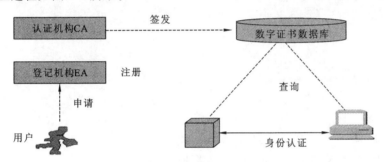

图 9-4　PKI 身份认证过程

2. 智能卡

智能卡是指利用存储设备记忆一些用户信息特征进行的身份认证。它是一个带有微处理器和存储器等微型集成电路芯片的具有标准规格的卡片,通常存储着关于用户身份的一些数据,用户通过读卡设备向联网的认证服务器提供口令才能证明自己的身份。

3. 静态口令

静态口令是指在某一特定的时间段内没有变化的口令。因为是静态的、不变的,在很多情况下如果不慎泄密,就可能会被他人用不正当手段获取静态口令,如窥视、欺骗、侦听等。这种方式一般用于一些不太重要的场合。

4. 动态口令

动态口令是指每次认证时输入的口令都是变化的,且不重复,一次一变。这样,即使口令泄露一次,下次也无法再使用。

5. 生物特征

生物特征认证是指采用每个人独一无二的生理特征来验证用户身份的技术。常见的生物特征有指纹、声音、视网膜、虹膜、语音、面部、签名等。从理论上说,生理特征认证是最可靠的身份认证方式,几乎不可能被仿冒。

课 堂 实 践

操作 1　SHA1 生成文件摘要

[实训目的]

(1) 理解 SHA1 函数的计算原理和特点。

(2) 理解 SHA1 算法原理。

[实训内容]

演示洪泛攻击的过程及分析原理。

[网络环境]

系统环境：Windows。

网络环境：交换网络结构。

[实训工具]

VC++6.0。

密码工具。

[实训类型]

验证型。

[实训步骤]

主机 A、B 为一组，C、D 为一组，E、F 为一组。

首先使用"快照 X"恢复 Windows 系统环境。

(1) 本机进入"密码工具"→"加密解密"→"SHA1 哈希函数"→"生成摘要"页面，在"明文"框中编辑文本内容：AAAABBBB，如图 9-5 所示。

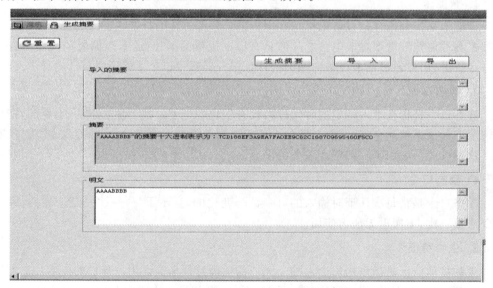

图 9-5　密码工具——单击生成摘要

单击"生成摘要"按钮,生成文本摘要如下。

"AAAABBBB"的摘要十六进制表示为:7CD188EF3A9EA7FA0EE9C62C168709695460F5C0。

单击"导出"按钮,将摘要导出到 SHA1 共享文件夹(D:\Work\Encryption\SHA1\)中,并通告同组主机获取摘要。

(2)单击"导入"按钮,从同组主机的 SHA1 共享文件夹中将摘要导入。

在文本框中输入同组主机编辑过的文本内容,单击"生成摘要"按钮,将新生成的摘要与导入的摘要进行比较,验证相同文本会产生相同的摘要,如图 9-6 所示。

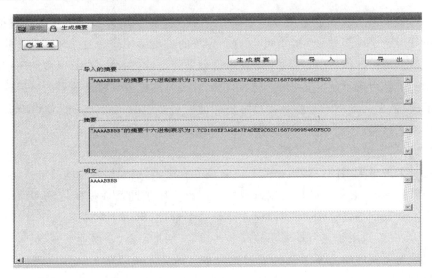

图 9-6　密码工具——点击导入摘要进行对比

(3)对同组主机编辑过的文本内容进行很小的改动,再次生成摘要,与导入的摘要进行对比,验证 SHA1 算法的抗修改性,如图 9-7 所示。

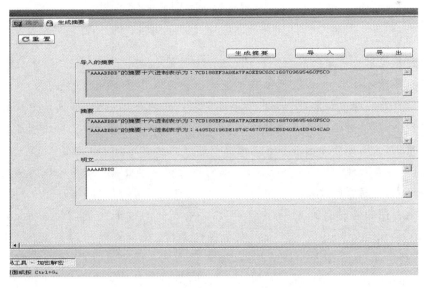

图 9-7　密码工具——不同明文摘要对比

9.4　任务四　了解数据完整性

章节引导

战争时代，红军给蓝军发送情报约定，"下午两点对敌军发动攻击"，而此情报在发送过程中，被敌军将两点改成了五点，那么请问蓝军要怎样判别这份情报是否完整或是否被改动过？

完整性验证用于认证数据在传送过程中是否仍然保持原样，是否发生丢失或被篡改。完整性验证可见于许多软硬件应用中，例如，传统的磁盘用校验和或循环冗余校验等技巧产生分区数据的验证值，在低层网络协议中也可见到类似技术的应用，以检测所传送的数据是否受到了噪声的干扰。传统的完整性验证方式虽然可检测物理信号的衰退或被噪声改变的情况，但无法抵御人为的篡改。防止这种情形发生的技术之一就是将验证值加密后附带传送或存储。

【思考】怎样验证数据的完整性？

校验和是最早采用的一种数据完整性验证的方法，它只起到基本的验证作用，由于它的实现非常简单（一般都由硬件实现），现在仍广泛应用于网络数据的传输和保护中。数据摘要算法和数字签名算法，虽可以保证数据的完整性，但由于实现起来比较复杂，系统开销比较大，一般只用于完整性要求较高的领域，特别是商业、金融业等领域。

验证数据完整性的主要方法是通过提取信息的数字摘要的方式来实现的。在应用中，一般用 Hash 函数对原数据进行处理，产生一组长度固定（如 32 bit）的摘要值，可以将收到的数据的 Hash 值与传送时数据的 Hash 值进行比较，以确定数据是否发生变化。

9.5　任务五　认识防火墙

章节引导

某电力集团客户广域网和业务 VPN 地址规划比较规范，但部分二级单位内部局域网和业务服务器地址比较混乱，无法直接通过路由连入广域网相应的 VPN，只能暂时通过在二级单位局域网出口部署 NAT 服务器实现地址的合法、规范转换。但二级单位内部服务器较多，转换后的地址无法与相应 VPN 业务规范地址相对应，因此造成三级单位访问二级单位、集团部分平台业务在二级单位部署的应用访问非常不灵活，目前只转换了一类业务，即综合管理 VPN 业务地址，未来需要大概 8 类 VPN 业务地址的转换。为了适应业务模式，应怎样解决以上问题？

市场上存在着各种各样的网络安全工具，主要分为以下几类：3A（administration、authorization、authentication）类产品、安全操作系统、安全隔离与信息交换系统、安全Web、反病毒产品、IDS 和漏洞评估产品、防火墙、VPN、保密机、PKI 等。其中技术最成熟、最早产品化的是防火墙产品，通过构建防火墙系统来保护一个机构的网络安全，是目前企业和单用户最主要也是最有效、最经济的措施之一。

9.5.1　防火墙

防火墙是位于两个(或多个)网络之间,按照一定的安全策略实施网络之间的访问控制,由软件和硬件构成的系统。通常用于防止外部网络用户以非法手段进入内部网络,访问内部网络资源,并可以监视网络运行状态。

防火墙可以以不同形式存在于网络中,可以是硬件自身的一部分存在于因特网连接和计算机之间,也可以在一个独立的计算机上运行,该计算机通常作为它背后网络中所有计算机的代理防火墙,还可以直接连在因特网的客户机终端作为个人防火墙。典型的防火墙位置如图 9-8 所示。

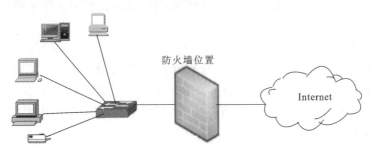

图 9-8　典型防火墙位置示意图

9.5.2　防火墙分类

防火墙技术和产品虽然很多,但是按照防火墙对内外来往数据的处理方法,防火墙可分为三类:包过滤型防火墙、代理型防火墙和状态检测型防火墙。主要代表产品有以色列的 CheckPoint 防火墙、Cisco 公司的 PIX 防火墙、美国 NAI 公司的 Gauntlet 防火墙等。

1. 包过滤型防火墙

包过滤型防火墙是最简单的防火墙,通常它只包括对源 IP 地址和目的 IP 地址及端口的检查,可以实现阻挡攻击,禁止外部/内部访问某些站点,限制每个 IP 的流量和连接数。包过滤型防火墙通常工作在 OSI 的三层及三层以下,最常见的方式是以一个具有包过滤功能的路由器存在于网络中,依据系统内设置的访问控制表(access control table)检查数据流中每个数据包的源地址、目的地址、所用的端口号、协议状态等因素,或它们的组合来确定是否允许该数据包通过。

【思考】包过滤型防火墙的优缺点是什么?

包过滤型防火墙逻辑简单,价格便宜,易于安装和使用,网络性能和透明性好,它通常安装在路由器或网关上。包过滤型防火墙已过滤判别的只有网络层和传输层的有限信息,过滤规则的数目也是有限的,无法识别基于应用层的恶意侵入,如恶意的 Java 小程序以及电子邮件中附带的病毒,且随着规则数目的增加,性能会受到很大影响;由于缺少上下文关联信息,不能有效地过滤如 UDP、RPC 等协议;非法访问一旦突破防火墙,即可对主机上的软件和配置漏洞进行攻击;另外,数据包的源地址、目的地址以及 IP 的端口号都在数据包的头部,很有可能被窃听或假冒。

2. 代理型防火墙

代理型防火墙也称为应用层网关防火墙,也可以称为代理服务器。代理服务是运行在防火墙主机上的特定的应用程序或服务程序,是该类型防火墙的核心技术。代理服务器位于客户机与服务器之间,完全阻挡了二者间的数据交流,它代表用户处理与服务器之间的连接。

代理型防火墙的安全性要高于包过滤型产品。由于每一个内外网络之间的连接都要通过 Proxy 的介入和转换,通过专门为特定的服务如 HTTP 编写的安全化的应用程序进行处理,然后由防火墙本身提交请求和应答,内外网络的计算机无法直接会话,从而避免了入侵者使用数据驱动类型的攻击方式入侵内部网,包过滤型防火墙是很难彻底避免这一漏洞的。

【思考】代理型防火墙有什么缺点?

代理型防火墙的主要缺点是速度相对比较慢,对系统的整体性能影响大。当用户对内外网络网关的吞吐量要求比较高时(如要求达到 75～100 Mbit/s 时),代理型防火墙就会成为内外网络之间的瓶颈。另外,当出现新的网络协议和网络应用时都需要开发相应的模块进行代理。

3. 状态检测型防火墙

传统防火墙的包过滤只是对每个数据包与规则表进行匹配,对符合规则的包进行处理,不符合规则的丢弃。由于每个 IP 都要进行规则检查,因此效率很低,而且黑客也可采用 IP 伪造技术将自己的非法包伪装成某个合法 IP 包从而穿透防火墙,产生安全漏洞。而实际上,一段时间内的网络流量具有自相关性,可以通过检测一个连接的状态来总结网络行为过去的操作以及预测后续的动作。

状态检测型防火墙将属于同一连接的所有包作为一个整体的数据流看待,多个连接状态构成一张连接状态表,通过规则表与状态表的共同配合,对表中的各个连接状态因素加以检测。动态连接状态表中的记录可以是以前的通信信息,也可以是其他相关应用程序的信息。通过规则表与连接状态表的共同配合大大地提高了系统的性能。由于不是孤立地看待每一个 IP 包,因此黑客很难伪造一个连续的状态,也大大加强了系统的安全性。该类型防火墙兼具有包过滤型和代理型防火墙的特点,具有更好的灵活性和安全性,包处理效率高,能够提供吉比特的线速处理。

【思考】状态检测型防火墙是如何工作的?

状态检测型防火墙的工作过程如下,当一个数据包到达防火墙时,首先检查其是否属于一个已经建立的连接,这个连接状态包括源地址、目的地址、源端口号、目的端口号以及对该数据连接采取的策略,如丢弃、拒绝或转发。如果不属于已有的连接,则会检查该包是否与配置的规则集匹配,该规则与包过滤防火墙类似。例如,如果传入的包包含视频数据流,而防火墙可能已经记录了有关信息,是关于位于特定 IP 地址的应用程序最近向发出包的源地址请求视频信号的信息,如果传入的包是要传给发出请求的相同系统,防火墙进行匹配,包就可以被允许通过。

9.5.3　加强防火墙的防御功能

传统的防火墙通常都设置在网络的边界位置,现在越来越多的防火墙产品开始呈现出一种分布式结构的特点。以分布式体系进行设计的防火墙产品以网络节点为保护对象,可以最大限度地覆盖需要保护的对象,大大提升了安全防护强度,这不仅仅是单纯的产品形式的变化,而是象征着防火墙产品防御理念的升华。

【思考】带有状态检测功能的数据包过滤有什么优缺点?

防火墙的几种基本类型可以说各有优点,所以很多厂商将这些方式结合起来,以弥补单纯一种方式带来的漏洞和不足。例如,比较简单的方式就是既针对传输层面的数据包特性进行过滤,同时也针对应用层的规则进行过滤,这种综合性的过滤设计可以充分挖掘防火墙核心功能的能力,可以说是在自身基础之上进行再发展的最有效途径之一。目前较为先进的一种过滤方式是带有状态检测功能的数据包过滤,其实这已经成为现有防火墙产品的一种主流检测模式。但状态检测防火墙也是工作在网络层和传输层的,所以它仍然有一些不能解决的问题需要在应用层进行解决,如对于动态分配端口的 RPC 就必须进行特殊处理;另外它也不能过滤掉应用层中特定的内容,如对于 HTTP 内容,它要么允许进,要么允许出,而不能对 HTTP 内容进行过滤,这样就不能控制用户访问的 Web 内容,也不能过滤掉外部进入内网的恶意 HTTP 内容等。

现在的防火墙产品已经呈现出一种集成多种功能的发展趋势,包括 VPN、AAA、PKI、IPSec 等附加功能,甚至防病毒、入侵检测这样的主流功能,都被集成到防火墙产品中了。总的来说,未来的防火墙的发展趋势是向更高速、更安全、更可用的方向发展,但防火墙并非是万能的,影响网络安全的因素很多。

课 堂 实 践

操作 1　Windows 2003 防火墙

［实训目的］

(1) 了解防火墙的含义与作用。

(2) 学习防火墙的基本配置方法。

［实训内容］

演示防火墙的基本配置及效果。

［网络环境］

系统:Windows 2003 Server。

交换网络结构。

［实训工具］

UdpTools。

Windows Server 2003 系统防火墙。

网络协议分析器。

[实训类型]

验证型。

[实训步骤]

主机 A、C、E 为一组,B、D、F 为一组。

首先使用"快照 X"恢复 Windows 系统环境。

1. 防火墙日志设置

在"Windows 防火墙"的"高级"选项卡中,单击"安全日志记录"中的"设置"按钮,在"日志设置"对话框中指定日志文件名称、大小及记录选项。

2. 防火墙基础操作

操作概述:启用 Windows Server 2003 系统防火墙,设置规则阻断 ICMP 回显请求数据包。

(1) 在启用防火墙之前,同组主机通过 Ping 指令互相测试网络连通性,确保互相是连通的,若测试未通过请排除故障。

C 主机 Ping A 主机,E 主机 Ping A 主机,A 主机 Ping C 主机,如图 9-9～图 9-11 所示。

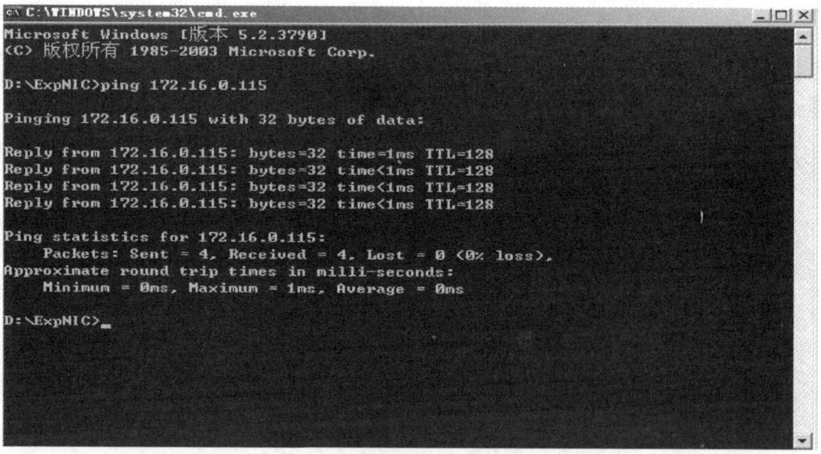

图 9-9　C 主机 Ping A 主机

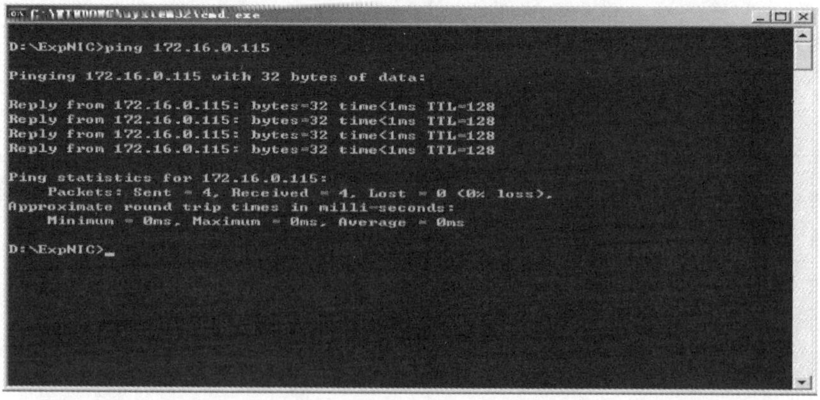

图 9-10　E 主机 Ping A 主机

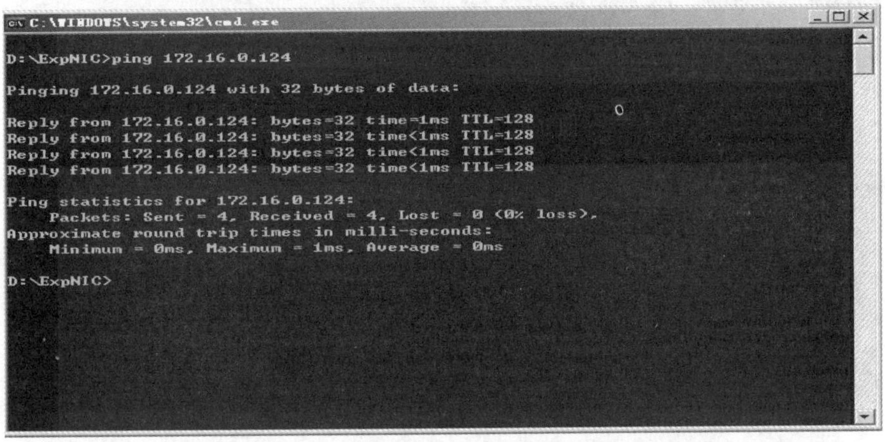

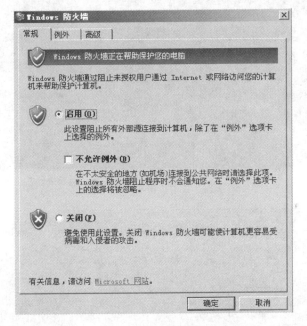

图 9-11　A 主机 Ping C 主机

（2）每台主机启用防火墙，并设置防火墙仅对"本地连接"进行保护，如图 9-12 所示。

图 9-12　启用防火墙

（3）同组主机再次通过 Ping 指令互相测试网络连通性，确认是否相互连通。

C 主机 Ping A 主机，E 主机 Ping A 主机，A 主机 Ping C 主机，如图 9-13～图 9-15 所示。

（4）设置本机防火墙允许其传入 ICMP 回显请求，如图 9-16 所示。

（5）同组主机第三次测试网络连通性，确认是否相互连通。再次测试 C 主机 Ping A 主机，如图 9-17 所示，E 主机 Ping A 主机，A 主机 Ping C 主机。

其余机器也可以相互 Ping 通。

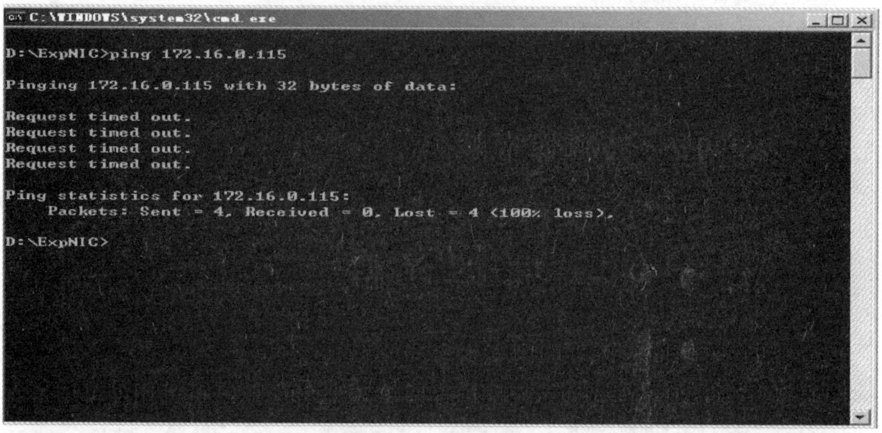

图 9-13　C 主机再次 Ping A 主机

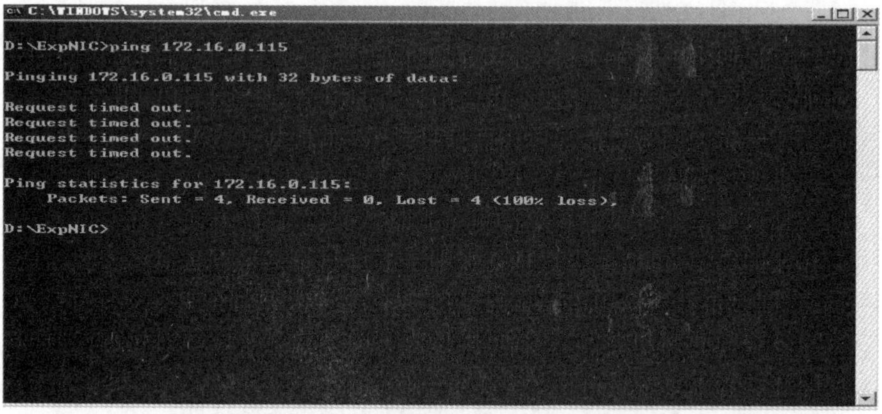

图 9-14　E 主机再次 Ping A 主机

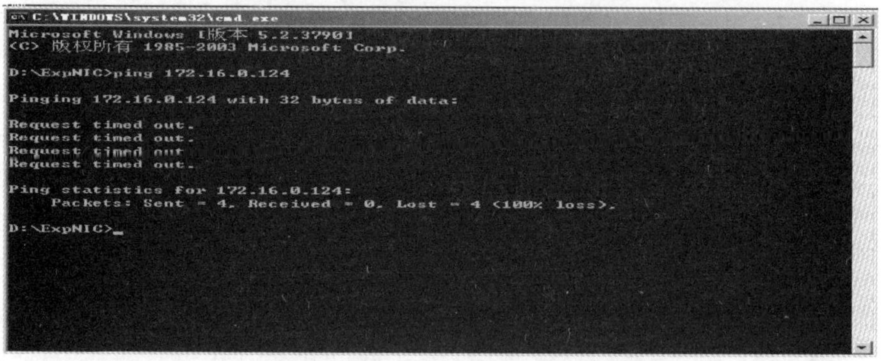

图 9-15　A 主机再次 Ping C 主机

3. 防火墙例外操作

操作概述:启用 Windows Server 2003 系统防火墙,在"例外"选项卡中添加程序 UdpTools(路径为 D:＼ExpNIC＼Common＼Tools＼UdpTools＼UdpTools.exe),允许 UdpTools 间通信,并弹出网络连接提示信息。

图 9-16　设置防火墙,允许其传入 ICMP 回显请求

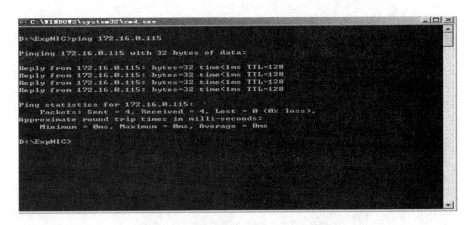

图 9-17　C 主机第三次 Ping A 主机

(1) 关闭防火墙,同组主机间利用 UdpTools 进行数据通信,确保通信成功。

【说明】UdpTools 通信双方分别为客户端和服务端,其默认通过 2513/UDP 端口进行通信,可以自定义通信端口,运行如图 9-18 所示。

(2) 本机启用防火墙(仅对本地连接),将本机作为 UdpTools 服务器端,同组主机以 UdpTools 客户端身份进行通信,确定客户端通信请求是否被防火墙阻塞(结果:不通)。

(3) 断开 UdpTools 通信,单击“例外”选项卡,在“程序和服务”列表框添加程序 UdpTools.exe(D:\ExpNIC\Common\Tools\UdpTools.exe)并将其选中。再次启动 UdpTools 并以服务器身份运行,同组主机仍以客户端身份与其通信,确定客户端通信请求是否被防火墙阻塞(结果:通),如图 9-19 所示。

计算机网络技术

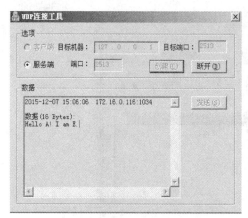

（a）A机UDP连接工具收到E的信息　　　　（b）A机UDP连接工具收到C的信息

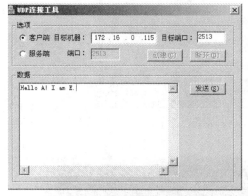

（c）E机UDP连接工具发送到A的信息　　　　（d）C机UDP连接工具发送到A的信息

图 9-18　通信运行结果

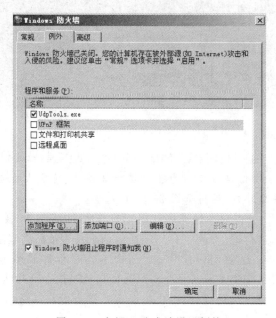

图 9-19　主机 A 防火墙设置例外

主机 E 的 UDP 连接工具发送到 A 的信息如图 9-20 所示。

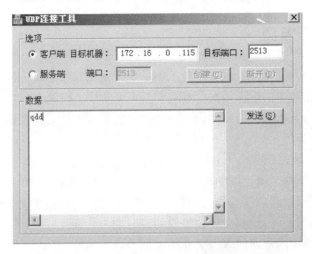

图 9-20 主机 E 的 UDP 连接工具发送到 A 的信息

主机 A 的 UDP 连接工具收到的信息如图 9-21 所示。

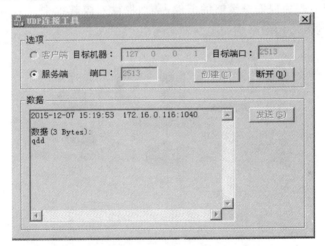

图 9-21 主机 A 的 UDP 连接工具收到的信息

操作完成,关闭系统防火墙。

9.6 认识主动防御

章节引导

民生银行作为首批上市的商业银行之一,为保证其金融、信贷业务的保密性和安全性,迫切需要一个安全、高效、稳定运行的信息办公系统,其中对客户终端认证进行集中统一控制,应用一致的用户安全策略,保证用户终端的健壮性,阻止病毒等威胁入侵网络,是保证办公网络安全运行的前提,特别需要对用户接入网络进行唯一身份合法性认证,对用户的网络访问进行有效的控制,实时监控用户行为及其安全状态。民生银行该制定怎样的方案来解决以上问题?

9.6.1 入侵检测

随着安全威胁传播速度的加快,留给人们响应的时间越来越短,使用户来不及对入侵作出响应,如果采用纯粹的防御策略. 攻击者拥有主动权。因此,在很多对安全等级要求很高的证券、金融以及电信的网络中,都需要更高级、更安全的检测及防御工具,能够实时阻断攻击。

【思考】有了防火墙还需要入侵检测做什么呢?

传统的信息安全技术侧重于防御性的方式,如防火墙、入侵检测、加密等,它们并不能完全满足网络安全对检测和反应能力的要求。其中,防火墙是粗粒度的访问控制产品,只能对网络层的数据包进行过滤,对于包级别的瞬时攻击效果较好,对于应用级攻击不具备分析和阻止能力,对于内部网的攻击更几乎无能为力。

入侵检测系统(Intrusion Detection System,IDS)从其英文意思上看,是对入侵行为的探测。它作为防火墙之后的第二道安全闸门,可以在几乎不影响网络性能的情况下对网络进行监测,以发现违反安全策略的事件,从而提供对内部攻击、外部攻击和误操作的实时保护。典型的入侵检测系统如图 9-22 所示。

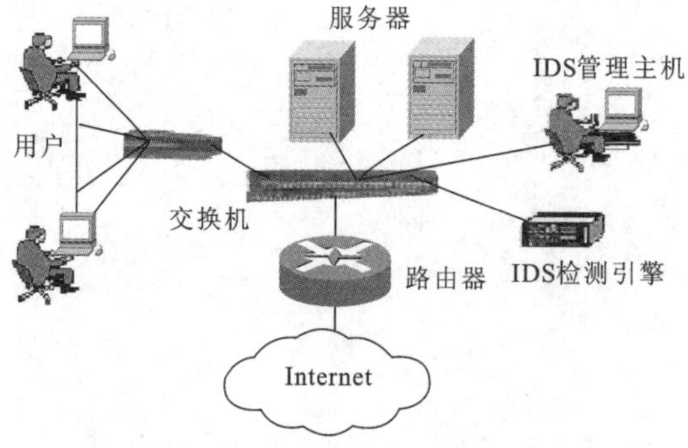

图 9-22　典型的入侵检测系统

目前,国内外把网络流量看成一个时间序列进行异常检测,作为入侵检测的主要依据。而网络流量数据通常表现出重尾性、长相关性、突发性和非平稳性等特性,需要在一定的时间段上才能体现,这是基于包过滤、代理型防火墙等安全产品不能分析和处理的。

【思考】怎样进行入侵检测?

入侵检测的第一步是信息收集,收集内容包括系统、网络、数据及用户活动的状态和行为。需要在计算机网络系统中的若干不同关键点(不同网段和不同主机)收集信息,关键点信息应是来自高危网络区域的访问流量和需要进行统计、监视的网络报文,同时应尽可能扩大检测范围,一般来说,范围越大越准确,但相应地,会花费更多的检测和模式识别时间。

入侵检测的第二步是信息分析。通常对收集的数据采用如下三种方式。

(1) 模式匹配(误用检测)。将收集到的信息与已知的网络入侵和系统误用模式数据库进行比较,从而发现违背安全策略的行为。

(2) 统计分析(异常检测)。该方法首先给系统对象(如用户、文件、目录和设备等)创建一个统计描述,统计正常使用时的一些测量属性(如访问次数、操作失败次数和延时等)。测量属性的平均值将用来与网络、系统的行为进行比较,任何观察值在正常值范围之外时,就认为有入侵发生。

(3) 完整性分析,往往用于事后分析。该方法主要关注某个文件或对象是否被更改,如文件和目录的内容及属性,它在发现被更改的、被安装木马的应用程序方面特别有效。

入侵检测的第三步是结果处理。入侵检测系统在发现入侵后会及时作出响应,主要包括检测后的响应机制,主要有以下三种形式。

(1) 阻止会话。

(2) 防火墙联动。

(3) 记录事件和报警。

目前入侵检测产品主要有基于网络的入侵检测系统和基于主机的入侵检测系统两类。基于网络的入侵检测系统,如图 9-23 所示,不停地监视网络的数据包,对每一个数据包进行特征分析。如果数据包与预置的安全模式吻合,入侵检测系统就发出警报并切断网络连接。基于主机的入侵检测系统,通常安装在被重点保护的主机之上,主要是对该主机的网络实时连接以及系统审计日志进行模式分析和判断。

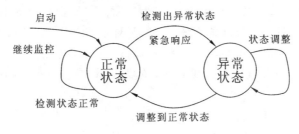

图 9-23　入侵检测工作原理

使用入侵检测产品可以弥补其他安全产品或措施的缺陷,帮助发现和处理攻击的企图,防止网络或系统探查,提供已发生入侵过程的详细信息,帮助确定系统存在的问题,为系统恢复和修正提供参考,提供攻击行为的证据,追查入侵的来源。目前主要的入侵检测产品有国外的厂商如 Internet Security System 的 RealSecure 和 Cisco 的 NetRanger 等,国内的有天融信 TopSentry、华为赛门铁克 NIP200 等。

9.6.2　主动防御

防火墙、入侵检测等安全系统对于网络的保护起到了一定的作用,但要应对当前的网络威胁,却都面临着如下的三个问题。

(1) 各个安全系统各自为政,各人自扫门前雪,导致安全孤岛的产生,各系统之间不能有效地协同工作,若同时应用这些产品,则存在重复地读取、分析网络数据的可能性,占用了网络带宽和增加了延迟。

（2）其次，安全事件的处理判断过于依赖人的参与。

（3）最后，从网络安全事件发生，到管理员接到报告，再到安全技术人员采取措施，整个过程可能持续数小时甚至数天，反应滞后。

【思考】入侵检测和主动防御有什么不同？

例如，防火墙主要基于包过滤、代理方式，其主要对单个的数据包进行规则设置和模式匹配，对于"瞬时攻击"效果较好，不能应对长相关性的流量攻击。入侵检测增强了网络整体的安全性，但它也是一种被动型的防御措施，致命缺点是只能报警而无法阻止攻击，其检测能力与检测效率互相制约，存在着虚警（false positive）和漏警（false negative）的情况。因此，被动"防护"仅仅是安全的一个方面，而且是相当薄弱的一环，行之有效的安全策略还应该包括实时检测和响应，它们是主动的和积极的。

一般意义上的"主动防御"，是指全程监视网络或进程的行为，一旦发现"违规"动作，就通知用户，直接终止网络连接或进程。"主动防御"被认为是资源访问规则控制、资源访问扫描、恶意行为分析引擎等多种技术的统称。

主动防御系统类似于警察判断潜在罪犯的技术，在实施犯罪行为之前，大多数人都有一些异常行为，如"性格孤僻，有暴力倾向，自私自利，对现实不满"等先兆，但是并不是说有这些先兆的人就一定都会发展为罪犯，或者说罪犯都有这些先兆。因此，对这些先兆早期识别能够进一步使得网络响应更为主动。

但是，"主动防御"的误判率较高，主动防御厂商不得不把权限给用户，让用户决定它到底有没有生病，因此，主动防御系统对用户的管理水平要求非常高，能够识别安全事件的规律。主动防御比起普通防御技术具备更多的智能性，但也正是主动防御的智能性，让黑客有了可乘之机。黑客可以利用黑名单，改变规则，绕过报警，对用户系统安全造成威胁。

【思考】网络主动防御系统有哪些技术？主动防御和入侵检测系统有什么联系？

网络主动防御系统的关键技术有：智能化异常行为检测、网络安全故障物理定位与隔离，网络运行环境的自适应性、网络管理与网络安全防范的无缝结合等。从工作原理上来看，主动防御系统和入侵检测系统有着必然的联系，主动防御系统可以认为是增加了主动阻断功能的 IDS。例如，McAfee 的 IntruShield 以在线方式接入网络时就是一台入侵防御系统（IPS），而以旁路方式接入网络时就是一台 IDS。

9.6.3 蜜罐技术

通过对各种网络攻击事件的研究发现，欺骗技术在攻击中已运用得十分普遍和娴熟。例如，IP 欺骗、身份欺骗、网址欺骗等，该方式使得攻击即使被发现，网络安全人员也无从查到真正的攻击源，从而无法有效地惩罚攻击者。基于同样的原理，也可以利用欺骗来保护网络。蜜罐则是目前较流行的反黑客欺骗技术。

【思考】蜜罐技术和普通的蜂蜜罐类似吗？

美国著名的蜜罐技术专家 Spizner 曾对蜜罐做了这样的一个定义：蜜罐是一种资源，

它的价值是被攻击或攻陷。这就意味着蜜罐是用来被探测、被攻击甚至最后被攻陷的,蜜罐不会修补任何东西,这样就为使用者提供了额外的、有价值的信息。蜜罐不会直接提高计算机网络安全,但是它却是其他安全策略所不可替代的一种主动防御技术。

蜜罐是一种预先配置好的系统,系统内含有各种伪造而且有价值的文件和信息,用于引诱黑客对系统进行攻击和入侵。蜜罐的工作原理如图 9-24 所示。

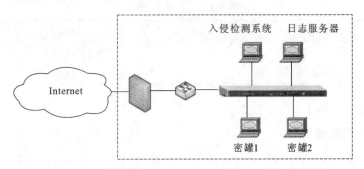

图 9-24　蜜罐原理结构

蜜罐技术提供了了解入侵者动机、意图和手段的技术实现,使用户在受到正式攻击前有可能对网络安全趋势进行预测,从而减轻恶意攻击行为对网络设施造成的危害。但蜜罐也可能为用户的网络环境带来风险。蜜罐一旦被攻陷,就可以用于攻击、潜入或危害其他的系统或组织。

课 堂 实 践

操作 1　洪泛攻击

[实训目的]

(1) 理解带宽攻击原理。

(2) 理解资源消耗攻击原理。

(3) 掌握洪泛攻击网络行为特征。

[实训内容]

演示洪泛攻击的过程及分析原理。

[网络环境]

系统:Windows 2003 Server。

交换网络结构。

[实训工具]

Nmap。

洪泛工具。

网络协议分析器。

[**实训类型**]

验证型。

[**实训步骤**]

主机 A、B 为一组，C、D 为一组，E、F 为一组。实验角色说明如表 9-1 所示。

表 9-1　实验角色说明

实验主机	实验角色
主机 A、C、E	攻击者(扫描主机)
主机 B、D、F	靶机(被扫描主机)

SYN 洪水攻击如下。

1. 捕获洪水数据

攻击者单击实验平台工具栏中的"协议分析器"按钮，启动协议分析器。单击工具栏"定义过滤器"按钮，在弹出的"定义过滤器"对话框中设置如下过滤条件。

在"网络地址"属性页中输入"any＜-＞同组主机 IP 地址"；如图 9-25 所示。

图 9-25　定义过滤器晒选靶机数据包

在"协议过滤"属性页中选中"协议树"→"ETHER"→"IP"→"TCP"节点项。

单击"确定"按钮使过滤条件生效，如图 9-26 所示。

单击"新建捕获窗口"按钮，再单击"选择过滤器"按钮，确定过滤信息。在新建捕获窗口工具栏中单击"开始捕获数据包"按钮，开始捕获数据包。

2. 性能分析

(1) 靶机启动系统"性能监视器"，监视在遭受到洪水攻击时本机 CPU、内存消耗情况，具体操作如下：执行"开始"→"程序"→"管理工具"→"性能"命令。在监视视图区右击，选择"属性"选项打开"系统监视器属性"窗口，在"数据"属性页中将"计数器"列表框中

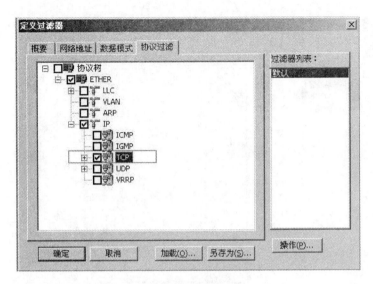

图 9-26　定义过滤器晒选 TCP 协议

的条目删除；单击"添加"按钮，打开"添加计数器"对话框，在"性能对象"下拉列表框中选择 TCPv4，在"从列表选择计数器"中选中 Segments Received/sec，单击"添加"按钮，然后关闭添加计数器对话框；单击"系统监视器属性"对话框中的"确定"按钮，使策略生效，如图 9-27 所示。

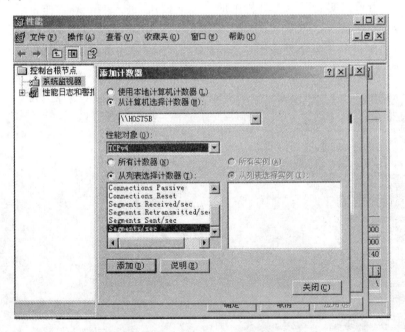

图 9-27　添加以 Segment/sec 为单位的计数器

（2）靶机打开"任务管理器"，单击"性能"选项卡，记录内存的使用状况。未攻击前 B 机的性能情况，如图 9-28 所示。

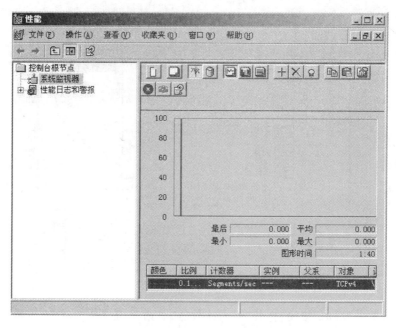

图 9-28　通过任务管理器查看攻击前 B 机性能

3. 洪水攻击

（1）攻击者单击实验平台工具栏中的 Nmap 按钮，进入 Nmap 工作目录。在控制台中输入命令：nmap-v -sS-T5 靶机 IP 地址--dns_server 127.0.0.1，对靶机进行端口扫描，根据 Nmap 对靶机的扫描结果选择一个开放的 TCP 端口作为洪水攻击的端口，如图 9-29 和图 9-30 所示。

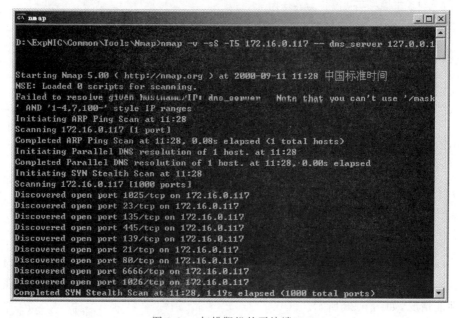

图 9-29　扫描靶机的开放端口

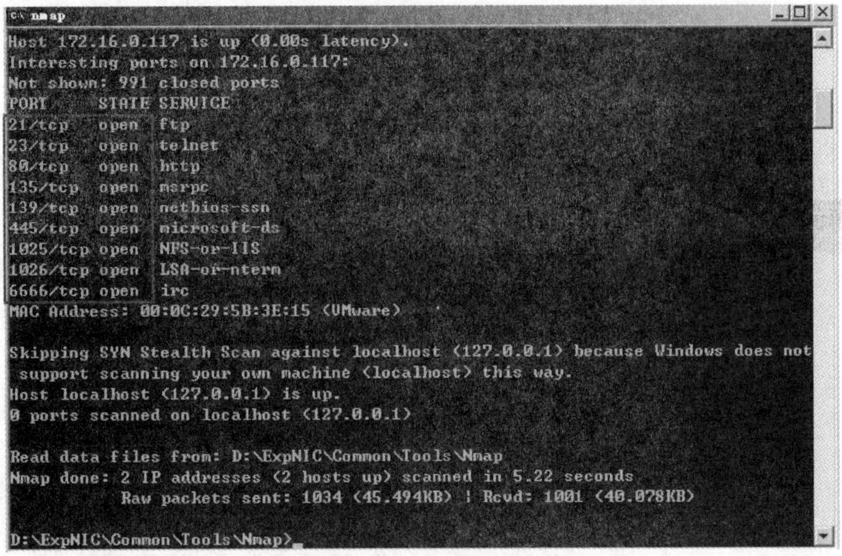

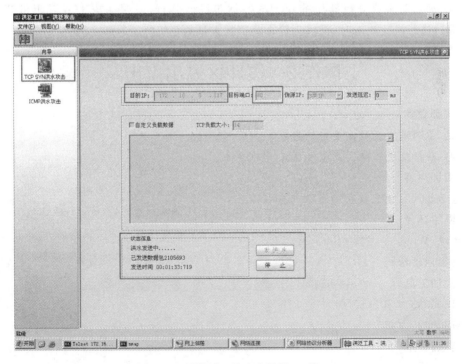

图 9-30　列出靶机开放端口

（2）单击工具栏"洪泛工具"按钮，启动洪泛工具，在视图中需要输入以下信息。

目的 IP：靶机 IP 地址。

目标端口：在步骤（1）中扫描所得的靶机开放端口（建议 80/tcp 端口）。

伪源 IP：任意。

单击"发洪水"按钮，对靶机进行 SYN 洪水攻击，如图 9-31 所示。

图 9-31　用洪泛工具攻击靶机 80 端口

（3）攻击者对靶机实施洪水攻击后，靶机观察"性能"监控程序中的图形变化，并通过"任务管理器"性能页签观察内存的使用状况，比较攻击前后系统性能变化情况，如图9-32所示。

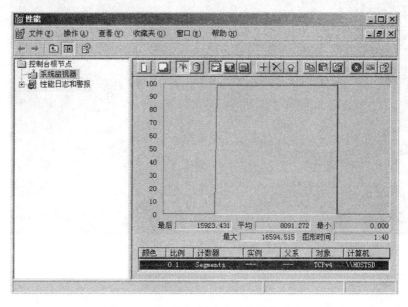

图 9-32　查看靶机被攻击时的性能状态

（4）攻击者停止洪泛攻击，靶机停止协议分析器捕获，分析攻击者与靶机间的 TCP 会话数据。

（5）通过对协议分析器所捕获到的数据包进行分析，说明在攻击者对靶机开放的 TCP 端口进行洪泛攻击时，靶机为什么会消耗大量的系统资源。

操作 2　缓冲区溢出攻击

[实训目的]

（1）了解缓冲区溢出攻击的现象。

（2）掌握使用缓冲区溢出攻击工具的方法。

[实训内容]

演示缓冲区溢出攻击的过程及分析原理。

[网络环境]

系统：Windows 2003 Server。

交换网络结构。

[实训工具]

MS06035 工具。

MS08025 工具。

[实训类型]

验证型。

[实训步骤]

主机 A、B 为一组，C、D 为一组，E、F 为一组，下面以主机 A、B 为例，说明实训步骤，如表 9-2 所示。

表 9-2 实验主机与角色

实验主机	实验角色
主机 A	攻击者
主机 B	被攻击者

1. 利用 MS06035 漏洞进行攻击

1）进入"MS06035 漏洞利用工具"目录

主机 A 单击工具栏中的"MS06035 工具"按钮，进入"MS06035 漏洞利用工具"工作目录。

2）查看当前目录内容

主机 A 用 dir 命令查看当前目录中的内容，如图 9-33 图所示。

图 9-33 查找 MS06035 工具位置

图 9-33 中标注的 ms06035.exe 就是 MS06035 漏洞利用工具。

3）使用"MS06035 工具"进行攻击

主机 A 执行"ms06035.exe 主机 B 的 ip 445"命令，发起对主机 B 的攻击，如图 9-34 所示。

图 9-34 应用工具对 B 机发起漏洞攻击

4）主机 B 观察被攻击现象

主机 B 被攻击后出现"蓝屏"死机的现象（实验结束，主机 B 用虚拟机"快照 X"恢复实验环境），如图 9-35 所示。

图 9-35　主机 B 被攻击后出现"蓝屏"现象

2. 利用 MS08025 漏洞进行攻击

以下步骤两主机互相攻击对方，操作相同，故以主机 A 为例说明实验步骤。

注：主机 B 单击"MS08025 工具"按钮，进入实验目录。将 MS08025.exe 复制到 D 盘的根目录下，以便实验下一步进行。

1）Telnet 登录系统

（1）主机 A 在命令行下使用 Telnet 登录同组主机，当出现"您将要把您的密码信息送到 Internet 区内的一台远程计算机上，这可能不安全，您还要送吗（y/n）"此提示时，选择 n，输入登录账号 student，密码 123456。登录成功如图 9-36 所示。

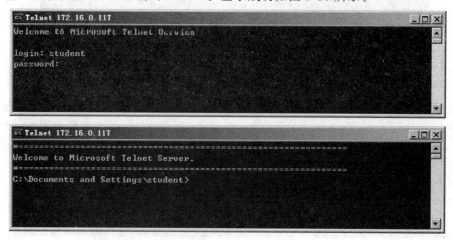

图 9-36　登录成功

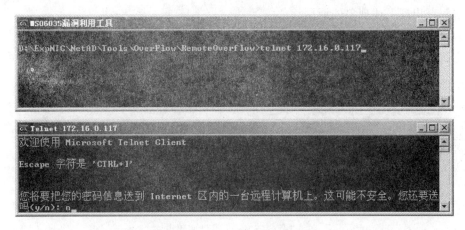

图 9-37　主机 A 远程登录 B 机

（2）主机 A 依次输入"d:"→"dir"查看同组主机 D 盘根目录，ms08025.exe 就是实验工具，如图 9-37 所示。

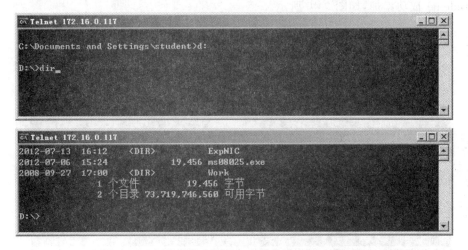

图 9-37　实验工具　主机 A 查看主机 B 的 D 盘目录

2）使用系统命令添加用户

主机 A 使用 net user student1/add 命令来试添加一个用户 student1，执行该命令，出现"发生系统错误 5，拒绝访问"的提示，如图 9-38 所示。

图 9-38　使用系统命令添加用户

请解释出现上述现象的原因。

3）查看 MS08025 工具使用方法

主机 A 在 Telnet 命令行中输入 ms08025.exe,查看工具的使用方法,如图 9-39 所示。

图 9-39　MS08025 工具使用方法

4）使用 MS08025 工具添加用户

主机 A 执行 ms08025.exe "net user student1 /add"命令,提示命令成功完成,证明用户 student1 成功添加,如图 9-40 所示。

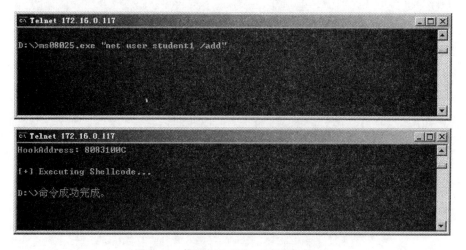

图 9-40　使用 MS08025 工具添加用户

5）查看用户信息

主机 A 用命令 net user student1 查看用户 student1 的信息,发现用户 student1 创建成功,隶属于 Users 组,如图 9-41 所示。

6）用 MS08025 工具对新建账户提权

主机 A 执行 ms08025.exe "net localgroup administrators student1/add"命令将新建账户 student1 添加至管理员用户组,如图 9-42 所示。

类似地,主机 A 使用命令 net user student1 查看用户 student1 的信息,可发现用户 student1 已被提升到管理员权限。

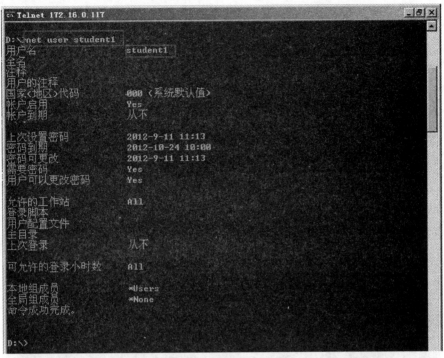

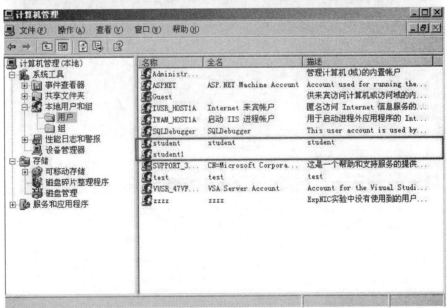

图 9-41 用户 student1 信息

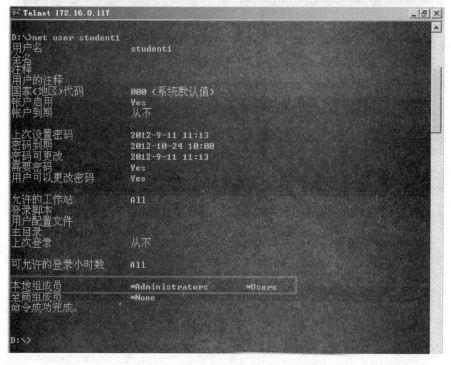

图 9-42　使用 MS08025 工具提升用户权限

习　　题

1. 计算机网络系统的主要安全威胁有哪些？
2. 计算机网络安全有哪些属性？
3. 防火墙的主要功能有哪些？
4. 简述身份认证的概念。
5. 简述入侵检测的概念。